BIBLIOTHÈQUE DES CONNAISSANCES UTILES

MONNAIE
MÉDAILLES ET BIJOUX

MONNAIE

MÉDAILLES ET BIJOUX

ESSAI ET CONTROLE

DES OUVRAGES D'OR ET D'ARGENT

PAR

A. RICHE

DIRECTEUR DES ESSAIS A LA MONNAIE
PROFESSEUR DE CHIMIE MINÉRALE A L'ÉCOLE DE PHARMACIE DE PARIS
MEMBRE DE L'ACADÉMIE DE MÉDECINE

Avec Figures intercalées dans le texte

LA MONNAIE A TRAVERS LES AGES

LES SYSTÈMES MONÉTAIRES

L'OR ET L'ARGENT. — EXTRACTION. — AFFINAGE

FABRICATION DES MONNAIES. — LA FAUSSE MONNAIE

LES MÉDAILLES ET LES BIJOUX
jusqu'à la fin du XVIIIᵉ siècle et sous le régime actuel.

LA GARANTIE ET LE CONTROLE EN FRANCE
ET A L'ÉTRANGER

PARIS

LIBRAIRIE J.-B. BAILLIÈRE et FILS
19, RUE HAUTEFEUILLE, PRÈS DU BOULEVARD SAINT-GERMAIN

—

1889

INTRODUCTION

Ce livre se compose de deux parties distinctes.

Dans la première, consacrée à la *monnaie*, je traite, sommairement, des monnaies dans l'antiquité, et, avec détail, des monnaies à notre époque : extraction des métaux précieux, préparation de ces matières à l'état de pureté, travail précis des alliages, et composition rigoureuse des monnaies afin d'en entraver la contrefaçon.

Un chapitre spécial est attribué à des questions peu connues et, cependant, d'un haut intérêt pour chacun : rapport de la production et, par suite, de la valeur de l'or à l'argent ; comparaison des systèmes monétaires au temps présent, monométallisme, bimétallisme.

Dans la deuxième partie je suis le même ordre pour les *ouvrages industriels de l'or et de l'argent*, autres que la monnaie, c'est-à-dire les médailles, les bijoux, etc.

On y trouvera l'étude détaillée des règlements qui régissent, en France, le contrôle des ouvrages d'or et d'argent, qu'on désigne sous le nom de *Garantie*, puis des notions sommaires sur l'organisation de cette surveillance dans les autres pays. Ce dernier travail n'a jamais été publié, à ma connaissance au moins; je n'en ai recueilli les éléments qu'avec beaucoup de difficultés, et je demande au lecteur un peu d'indulgence si quelque erreur de détail s'y est glissée. J'espère que toute cette partie pourra être consultée, avec un certain profit, par les contrôleurs, les essayeurs de la Garantie et par tous ceux qui s'occupent, par nécessité ou par intérêt, de ces questions, délicates par elles-mêmes, et rendues très ardues par l'échafaudage compliqué des réglementations qui ont été successivement appliquées, depuis les procédés sommaires et inexacts des Maisons communes d'orfèvres dans les premiers temps, jusqu'aux méthodes compliquées, mais correctes, suivies aujourd'hui pour l'essai et la marque à l'intérieur, à l'exportation et à l'importation.

L'essai des bijoux au touchau est décrit avec des détails précis, nécessaires pour que ce mode d'essai soit sérieux, et, à ce point de vue, le livre que j'offre au public est la suite, le complément de celui que j'ai publié récemment, avec M. Gélis, sous le titre : l'*Art de l'Essayeur*.

A. RICHE.

MONNAIE
MÉDAILLES ET BIJOUX

PREMIÈRE PARTIE

LA MONNAIE

CHAPITRE PREMIER

LA MONNAIE A TRAVERS LES AGES

A l'origine des sociétés, les transactions dûrent être rudimentaires, semblables à celles qui ont lieu chez les peuplades sauvages, le simple échange des productions de la contrée contre celles des régions voisines, et la rétribution d'un travail par le don d'une denrée.

Lorsque la civilisation eut fait quelques progrès, et que l'homme eut découvert les métaux, que l'industrie sortit des langes et que les idées d'épargne prirent naissance, on échangea les productions et le travail contre les métaux, c'est à-dire contre des matières susceptibles de se conserver sans altération, et utilisables comme objets de culte et d'ornements, comme armes, ou même comme instruments de travail.

L'or et l'argent ont été recherchés dès l'époque mythique : témoin, la légende de la conquête de la toison d'or par Jason et les Argonautes.

D'après une encyclopédie chinoise des arts et métiers, l'or était usité pour les échanges et l'ornementation, vingt-cinq siècles avant l'ère chrétienne ; il y est parlé aussi de l'argent et du cuivre, car ces trois métaux sont désignés clairement par leurs couleurs ; jaune, blanche, rouge. Les traditions hindoues ne laissent pas non plus de doutes sur l'emploi de l'or et de l'argent.

Les hommes ont eu, dès les époques primitives, des notions de métallurgie, mais ils ne connaissaient vraisemblablement pas l'emploi des acides pour purifier l'or et séparer les métaux. Au contraire, les peuples les plus antiques avaient approfondi l'étude de l'action du feu sur les métaux, et on trouve dans la plupart de ces premières civilisations la purification de l'or et de l'argent par la coupellation et par l'amalgamation. Ils savaient aussi attaquer les métaux précieux par certains mélanges salins, tels que les sulfures.

En Égypte et en Chaldée, l'étude des métaux a été poussée très loin dès l'époque la plus reculée.

L'or, l'argent, le cuivre, le plomb et le fer figurent parmi les inscriptions de l'antique Égypte. D'après Lepsius[1], on y trouve l'or, *nub;* l'argent, *hat ; l'asem,* alliage d'or et d'argent connu des Grecs et des Romains sous le nom d'électrum ; le cuivre ou airain, *chomt* qui

[1] Berthelot, *Origine de l'alchimie,* p. 212.

fut plus tard le χαλκὸς et l'æs; le plomb, *taht*, et le fer, *men* ou *tehset*.

Les transformations variables et profondes que les corps éprouvent sous l'action du feu et des matières salines; la production, mystérieuse dans l'état de la science de cette époque, de métaux blancs et jaunes-ressemblant plus ou moins à l'argent et à l'or, conduisirent les peuples primitifs à cette pensée que l'argent et l'or sont des états divers de pureté et de perfection des autres matières, et qu'on doit arriver à transformer celles-ci en argent, puis en or, le roi des métaux : de là l'idée, qui ne repose sur aucun fait sérieux, de la transmutation des corps de la nature en argent et en or, et l'origine de l'alchimie. On la fait remonter à un roi d'Égypte, Hermès, appelé *Trismégiste*, ou trois fois très grand, et dont le nom est l'origine du mot *hermétique*.

On avait observé notamment que l'argent présentait de grandes différences d'aspect : ce qui s'explique par ce fait qu'il était retiré des plombs argentifères et qu'alors il contenait des quantités variables de plomb et d'autres métaux qu'on enlevait en proportion variable par l'action du feu en présence de l'air. L'asem naturel variait beaucoup de couleur suivant la proportion relative d'or et d'argent, et on distinguait de cet asem, *l'asemon*, considéré comme une étape avancée du changement de l'argent en or.

L'asemon pouvait, affirmait-t-on, être obtenu avec les métaux communs : plomb, étain, cuivre, et il ne restait plus qu'à le purifier pour obtenir l'argent pur et à le colorer pour le transformer en or.

Dans la *Genèse*, dans l'*Iliade* et dans l'*Odyssée*, on

parle de l'emploi des métaux précieux s'échangeant, au poids, contre des matières diverses, d'or donné comme prix à des vainqueurs; certains détails d'Homère sembleraient montrer qu'il y avait déjà de l'or marqué.

Ce fait s'observe de nos jours dans l'extrême Orient. On n'y emploie pas de monnaies frappées : on porte sur soi de petites balances et des lingots d'argent, peu épais, qu'on divise en fragments proportionnels aux paiements à effectuer.

Il est impossible de préciser l'époque à laquelle les fragments de métaux sans marque firent place à la monnaie véritable, c'est-à-dire à des pièces de poids déterminé, identique, portant un signe de reconnaissance ; on sait cependant que les monnaies de Lycurgue, dix siècles avant l'ère chrétienne, étaient des masses de fer. Il peut y avoir eu, il y a eu, vraisemblablement, une époque différente suivant les pays, où cette transformation a été opérée. Elle est antérieure en Grèce, à Solon (600 ans avant J.-C.), car il édicte, dans ses lois, la peine de mort contre ceux qui contrefont les monnaies.

Hérodote attribue l'honneur de l'invention de la monnaie aux Lydiens; d'après d'autres auteurs, il appartient à Phidon, roi d'Argos. Lenormant a concilié ces deux opinions par des recherches approfondies desquelles il résulterait que la première monnaie d'argent a été faite à Égine par Phidon et la première monnaie d'or par un roi de Lydie. La création des monnaies d'argent (ἀργός, ἄργυρον) paraît devoir être attribuée, en réalité, aux rois d'Argos, au VIIe siècle avant l'ère chrétienne.

Aristophane, dans les *Grenouilles*, nous apprend que

le cuivre n'a été monnayé que plus tard, peu de temps avant la publication de cette comédie.

Les monnaies des premiers temps étaient mal aplaties, globuleuses. Sur l'une des faces existe fréquemment une partie creuse, de forme carrée, portant des divisions ; elle correspondait à une partie saillante du coin. Les numismates pensent que cette disposition était prise pour fixer le coin contre le flan et obtenir une empreinte nette sur l'autre face.

Certaines des monnaies les plus anciennes présentent un grand mérite artistique et il n'est pas douteux qu'on n'en confiât la gravure à des artistes de valeur.

Le droit de battre monnaie a été, dès l'origine, considéré comme l'apanage de la souveraineté, car on trouve sur les plus anciennes, soit le nom du prince, soit celui de la ville ; l'effigie ne fut imaginée que plus tard. Quand un pays était conquis, le vainqueur lui enlevait le droit de frapper monnaie, et la République romaine ne l'accorda jamais à à un peuple vaincu.

La monnaie des Grecs et des Romains. — Les premières monnaies romaines remontent à Numa Pompilius ou à Servius Tullius. Elles étaient en cuivre ; les monnaies d'argent furent créées plus tard, dans l'année de Rome, 485 (269 ans avant J.-C.), et celles d'or, en 548 (206 ans avant J.-C).

Elles portaient le mot *Roma.*

Aucune effigie particulière ne fut appliquée sur les pièces romaines avant Jules César, auquel le Sénat accorda cet honneur qui devint aussitôt banal ; ainsi la même faveur fut donnée à Junius Brutus, son meurtrier. Sous l'empire romain, tout César de quelques jours frap-

pait de la monnaie à son effigie ; il y en a même qui,
manquant de matières, se servirent de monnaies déjà
frappées, car on y trouve deux empreintes.

A partir d'Adrien (117 ans après J.-C.) la décadence
des arts amena celle des monnaies et leur altération :
l'or disparut et l'argent devint rare et à bas titre.

La monnaie eut en Grèce, au début, le nom de l'argent
parce que les premières monnaies furent obtenues avec
ce métal ; ce nom fit place plus tard à celui de νόμισμα,
d'où est venu celui de *numismatique*.

Chez les Romains, on employa le mot de *pecunia*,
parce que, pense-t-on, un troupeau, *pecus*, figurait sur les
premières pièces ; puis ceux de *moneta*, et de *numisma*.
Le nom de *monnaie* vient précisément de *moneta* qui
était une des appellations de Junon, et il fut donné, pa-
raît-il, parce que la fabrication des monnaies a été établie,
d'abord, dans le temple de Junon *moneta*.

On ne connaît rien de précis sur la surveillance de cette
fabrication chez les Grecs, mais on sait qu'à Rome, il fut
créé aussitôt un corps de magistrats (questeurs) dont la
charge était de diriger le travail et de déjouer la fraude.
Ils étaient au nombre de trois, et prenaient le nom de
triumviri, auro, argento, œre, flando, feriundo.

On devait les choisir parmi les chevaliers. Leur rôle
était très actif et les procédés d'essais eurent une certaine
perfection de bonne heure, car Tite-Live nous apprend
au commencement du livre xxxii, que lorsque les Car-
thaginois apportèrent à Rome la première partie de
leur tribut, les questeurs reconnurent que l'argent contenait un quart d'impuretés : *pars quarta decocta est,*
l'argent se réduisit d'un quart en fondant. Il paraît

résulter de ce texte et d'autres que les Romains savaient retirer l'argent par le feu, vraisemblablement par la *coupellation*; Strabon dit, en effet, que l'extraction de l'argent s'exécute au moyen du plomb.

Il semble aussi ressortir du texte précédent que l'argent employé au *monnayage* était voisin de l'état de pureté comme chez les peuples antérieurs.

Il est remarquable de voir chez les Anciens, à toutes les époques, les trois métaux, or, argent, cuivre, servir à peu près exclusivement à la fabrication des monnaies. Une très belle pièce romaine nous a d'ailleurs transmis, par la gravure, cet usage général des peuples; elle représente trois femmes : dans une main est la balance, dans l'autre la corne d'abondance ; aux pieds de chacune est un bloc du métal qu'elle personnifie.

Les Anciens, comme les Modernes, ont fabriqué, outre les monnaies qui sont un objet d'échange, des médailles, c'est-à-dire des pièces commémoratives, n'ayant pas de cours.

Les monnaies et les médailles ont été obtenues généralement par la frappe dès les temps les plus anciens ; il y en a eu cependant qui ont été préparées par le moulage.

Il y a eu aussi des pièces obtenues par moulage, qu'on a frappées ensuite.

On a retrouvé des moules en terre cuite, formés de diverses plaques s'adaptant les unes aux autres et laissant entre elles un creux convenable; il est probable qu'ils ont servi surtout à faire des fausses monnaies, soit par des particuliers, soit par des princes, peu scrupuleux et mal outillés comme certains empereurs du bas-empire, car la plupart des pièces moulées sont à bas titre.

On a trouvé des coins en bronze, lesquels ne devaient rendre que de faibles services, mais les Anciens avaient aussi des coins en fer que la rouille a annéantis.

Les pièces frappées sont irrégulières de contour et d'épaisseur par ce qu'on n'avait pas imaginé la virole qui retient la pièce et permet de la fixer à une place déter-minée.

Les Anciens n'ont pas connu davantage le balancier; leurs moyens de frappe étaient très imparfaits, néan-moins, le nombre des monnaies et des médailles antiques a été très considérable.

L'or n'a été employé qu'en faible proportion par rap-port à l'argent et au cuivre, et il était généralement très voisin de l'état de pureté; il faut attribuer ce fait à ce que l'or se rencontre le plus souvent à l'état isolé dans la nature. Néanmoins, on a trouvé des monnaies en or allié d'argent, mais la raison en est tout aussi simple, car nous avons dit que l'or existait dans le sol en combinaison avec l'ar-gent; que les Anciens appelaient électrum le résultat de cette union; que, dès les premiers temps, ils avaient cru que ce métal mixte était un acheminement vers la prépa-ration de l'or, et qu'il est établi que nombre de cher-cheurs, véritables alchimistes, avaient reproduit l'élec-trum pour chercher à fabriquer de l'or avec les autres métaux.

L'argent des monnaies anciennes était aussi voisin de l'état de pureté.

Quant au cuivre des monnaies, il était le plus ordinai-rement un alliage de ce métal avec l'étain, le zinc, en proportions variables, et il est vraisemblable que cela ne tient pas, toujours du moins, à des mélanges de minerais,

mais qu'ils avaient reconnu que l'addition de l'étain, notamment, facilite la fusion et produit de meilleurs empreintes. Beaucoup de monnaies et de médailles renferment 5 à 12 d'étain.

On entend par *unité monétaire* la valeur fondamentale
qui sert à compter toutes les monnaies, soit en la multipliant par certains nombres pour obtenir les valeurs supé-
rieures, soit en la divisant pour les valeurs inférieures.

L'unité monétaire des Grecs a été la *Drachme*, qui se
divisait en six *Oboles*, une *Mine* était formée de cent
drachmes, et un *Talent* de six mille drachmes.

Il y a eu aussi des *Statères* d'or et d'argent : le statère
d'or valait vingt drachmes d'argent, et le statère d'argent
quatre drachmes.

Aucune monnaie grecque ne porte l'indication de sa
valeur.

L'or a servi à faire des drachmes et même des pièces
plus petites; l'argent a été surtout le métal usité.

La drachme avait ses multiples par 2, 3 et 4. Ses
sous-multiples l'obole, les *di, tri, tétrobole*, et même le
semi et le *dimidium-semi obulus* étaient en argent et en
cuivre. Sous la domination romaine, on fit une pièce
(ἀσσάριον) qui paraît avoir eu la valeur de l'obole.

On a trouvé une monnaie des princes de Judée, nommée le Sicle, qui avait la valeur de la drachme grecque.

On est mieux renseigné sur certaines monnaies romaines,
car le denier d'or est indiqué valoir 25 deniers d'argent
et les textes indiquent d'une façon assez approximative
leur rapport de poids ; néanmoins, il reste le plus souvent
des doutes, parce qu'il faudrait que cette double considération s'appliquât à la même époque. De même que le

poids de l'as a varié, il n'est pas impossible que le poids des monnaies d'or et d'argent ait subi des changements. Cette difficulté s'aplanit cependant pour quelques monnaies d'or qui paraissent avoir été frappées aux premiers temps de l'application de ce métal aux monnaies et qui portent l'indication de leur valeur légale, et le rapport devait être voisin de 11 à 12 dans les premières monnaies romaines, c'est-à-dire vers l'année 547 de Rome (206 ans avant J.-C.). Quelques auteurs ont même établi une échelle des variations de ce rapport jusqu'à l'année 217 de Jésus-Christ, mais il est loin d'être certain ; cependant il y a lieu de croire que le rapport s'est maintenu dans le voisinage de 12, sous la République, et sous l'Empire jusqu'à Néron, où il descend à 10 pour osciller ensuite, depuis 9, 5 sous Trajan, à 18 sous Théodose, à 15, sous Justinien.

La première unité monétaire des Romains a été l'*As* qui se confondait avec l'unité de poids ; il se divisait en 12 *Onces* et en fractions. Lorsque la monnaie d'argent fut créée, on établit le *Denarius* (10 as), le *Quinarius* (5 as) et le *Sertertius* (2 as 1/2).

Quand l'or forma des monnaies, on créa le *denarius* (denier) d'or valant 25 deniers d'argent, et le *quinarius* valant un demi-denier d'or. A cette époque, l'unité monétaire changea ; à l'as qui était de trop faible valeur on substitua le sesterce dont la valeur était intermédiaire entre celle des monnaies de cuivre et d'or.

Le volume et le poids de l'as étant considérables, on éprouva bientôt le besoin de le diminuer et, suivant Pline, l'*as sextantarius*, pesant 2 onces-poids, prit sa place à l'époque de la première guerre Punique, pour être changé dans *l'as uncialis*, ne pesant qu'une once, et, à cette même époque, le denier valut 16 as. Il y eut même plus tard *l'as semiuncialis* et un autre, moitié plus faible que ce dernier, de telle sorte qu'il n'était plus que la quarante-huitième partie de l'as primitif, tout en conservant sa valeur nominale et légale.

Le denier fut, de beaucoup, la monnaie des Romains la plus usitée.

L'or ne se répandit que depuis Jules César, il fut abondant sous Auguste et ses premiers successeurs, et on en trouva, sauf de rares lacunes, jusqu'à la chute de l'Empire d'Orient.

On a vu que les deux métaux précieux étaient généralement à peu près purs. Pline dit, cependant, que le tribun Livius Drusus ajouta un huitième de cuivre à la monnaie d'argent et que Marc Antoine y introduisit du fer. Ce dernier fait est invraisemblable, car l'argent ne s'allie pas au fer, et si l'on a cherché à l'y incorporer on n'y est pas arrivé. Ce qui est certain, c'est que Septime Sévère et Caracalla commencèrent l'altération des monnaies qui s'aggrava si vite qu'il y avait moins d'un tiers d'argent dans les monnaies au temps de Galien.

La fraude, la plus ordinairement pratiquée chez les Anciens, a consisté dans la fabrication de pièces dites fourrées ; ce sont des pièces dont le centre, — l'âme suivant l'expression admise, — est en métal commun et l'extérieur en métal précieux : l'or et l'argent sont fourrés généralement de cuivre ou de plomb ; le cuivre est fourré par du fer.

La place nous manque pour traiter des monnaies depuis

les origines des peuples modernes jusque vers la fin du
siècle dernier. C'est d'ailleurs, une histoire peu intéressante : on y voit fréquemment les princes, à court d'argent, altérer les monnaies; une complication extrême
régir les rapports de l'unité monétaire avec ses multiples
et ses divisions; la diversité la plus grande régner non
seulement dans les monnaies des pays voisins, mais encore
dans celles des provinces d'une même nation.

En France, l'unité était la *Livre tournois*. Le *Sol*
était la vingtième partie de la livre, et le *Denier* la
douzième partie du sol. La *Livre parisis* avait une valeur
supérieure d'un quart, à la livre tournois.

Le poids et le titre des espèces métalliques ont changé
si souvent que la *livre tournois* à dû correspondre à des
poids de métal très différents [1].

La valeur de la livre tournois a changé [2] 4 fois en 1304,
6 fois en 1351, 9 fois en 1355, 16 fois en 1359, 26 fois en
1720. Il ne s'agit pas toujours de faibles variations : en
1359, les valeurs successives de la livre vont de 7 fr. 91
à 3 fr. 49 ; en 1720, elles oscillent entre 88 centimes à
41 1/2. Mais ce sont là des époques tout à fait exception-
nelles d'anarchie monétaire; les décisions arbitraires du
pouvoir ne réglaient que les opérations dans lesquelles
intervenait le Trésor public à ce moment de crise, et elles
n'avaient, il faut bien le constater, qu'une très faible
influence sur le marché.

La monnaie moderne. — On n'emploie plus aujour-
d'hui l'or et l'argent purs ou presque purs, comme les An-

[1] Natalis de Wailly. *Mémoire sur les variations de la livre
tournois depuis saint Louis.*

[2] *Bulletin de statistique.* Janvier 1888.

ciens; on fait usage d'alliages définis de ces métaux avec le cuivre, qui ont le double avantage d'être plus résistants au frottement, et de pouvoir prendre un plus beau poli.

Par conséquent, il faut tenir compte dans une monnaie de deux éléments : le poids, et le titre qui est le degré du métal précieux, *fin*, existant dans la monnaie. En France, avant la loi du 18 germinal an III (7 avril 1795) qui a établi le système métrique et constitué le franc comme base du système, l'unité de poids pour les matières d'or et d'argent était le marc; il se divisait en 8 onces, l'once en 8 gros, le gros en 3 deniers et le denier en 24 grains. On voit de suite la complication de calcul qui résultait de ces diverses subdivisions qui ne sont pas en rapport régulier et simple entre elles.

Rapport des poids métriques avec l'ancien poids de Marc.

		MARCS	ONCE	GROS	GRAINS
Le myriagrame. . .	équivaut à	40	6	6	63.5
Le kilogramme. . .	—	4	0	5	35.15
L'hectogramme. . .	—	»	3	2	10.715
Le décagramme. . .	—	»	»	2	44.271
Le gramme. . . .	—	»	»	»	18.827
Le décigramme. . .	—	»	»	»	1.887
Le centigramme. .	—	»	»	»	0.188
Le milligramme. .	—	»	»	»	0.018

Les titres d'or s'exprimaient en carats; l'or pur était à 24 carats. Le carat se divisait en 32 parties : 24 carats valaient 768/32 de fin. Il fallait chercher le rapport de ces carats avec les divisions du poids de marc composé de 4608 grains, et il fallait aussi trouver le rapport de la vingt-quatrième partie du titre avec la vingt-quatrième partie du poids.

L'argent s'évaluait en deniers; 12 deniers de fin correspondaient aussi au marc ou à 4608 grains, et le denier se divisait en 24 grains de fin ; 12 deniers égalaient 288 grains de fin.

La douzième partie du titre, ou 1 denier, était égale à 384 grains, douzième partie du poids, et 1 grain de fin répondait à 16 grains de poids.

Aujourd'hui la simplicité a remplacé la complication par ce que le poids et le titre s'évaluent en millièmes. Le degré de fin fait connaître le poids ; ainsi, 1 kilogramme d'or ou d'argent à 900 millièmes contient 900 grammes de fin : la même opération fournit le titre et le poids. Le tableau qui suit donne la conversion des carats et des deniers et grains en millièmes.

CONVERSION DES CARATS ET 32es DE CARAT ancien titre des matières d'or, en millièmes						CONVERSION DES DENIERS ET GRAINS ancien titre des matières d'argent, en millièmes					
32ᵉˢ DE CARAT	MILLIÈMES	CARATS	MILLIÈMES	CARATS	MILLIÈMES	GRAINS	MILLIÈMES	GRAINS	MILLIÈMES	DENIERS	MILLIÈMES
1	1	1	42	13	542	1	3	13	45	1	83
2	3	2	83	14	583	2	7	14	49	2	167
3	4	3	125	15	625	3	10	15	52	3	250
4	5	4	167	16	667	4	14	16	56	4	333
5	7	5	208	17	708	5	17	17	59	5	417
6	8	6	250	18	750	6	21	18	63	6	500
7	9	7	292	19	792	7	24	19	66	7	583
8	10	8	333	20	833	8	28	20	69	8	667
9	12	9	375	21	875	9	31	21	72	9	750
10	13	10	417	22	917	10	35	22	73	10	833
20	26	11	458	23	958	11	38	23	80	11	917
30	39	12	500	24	1000	12	42	24	83	12	1000

On a vu que notre système actuel a été créé le 18 germinal an III (7 avril 1795); il a été complété par les lois du 28 thermidor an III (15 août 1795) et du 7 germinal an XI (28 mars 1803).

Le franc fut fixé à 5 grammes d'argent au titre de 9/10 de fin : ce qui lie notre système monétaire au système général des poids et mesures dont les bases, — le mètre et le kilogramme, — sont prises dans la nature. Un kilogramme d'argent à 900 millièmes, étant divisé en 200 parties égales, chacune d'elles représente 1 franc. Ce n'est qu'en l'an XI que la monnaie d'or nouvelle fut établie, en prenant pour rapport de la valeur des deux métaux précieux — 1 et 15,5.

Un kilogramme d'or, à 900 millièmes de fin, est divisé en 155 pièces de 20 francs qui représentent conséquemment 3100 fr. d'argent et équivalent à 3100 pièces de 5 grammes d'argent à 900 millièmes de fin. Le poids de la pièce de 20 francs est rien moins que simple, il est de 6 gr. 452.

Il fut spécifié que les porteurs de matières d'or et d'argent au change n'auraient à payer que les frais de fabrication. L'État a donc abandonné par cette disposition le monopole qu'il possédait auparavant, droit de *seigneuriage*, qu'il prélevait pour la transformation des matières en monnaies.

Les pièces fondamentales sont celles de 1 centime, 10 centimes, 1 franc, 10 francs, 100 francs dont la valeur croit de dix en dix. Les autres s'obtiennent en prenant pour diviseur exclusivement les nombres 2 et 5; aussi les pièces de 25, 75 centimes, 1 fr. 50, créées à diverses époques, ont-elles été successivement retirées, ainsi que les pièces de 40 francs.

La pièce d'or de 20 francs et celle d'argent de 5 francs remontent seules à l'an XI, et voici l'époque de création des autres : la pièce de 10 francs (3 mai 1843), celle de 5 francs en or (12 janvier 1854), celles de 100 francs et 50 francs (12 décembre 1854).

Pendant un temps assez long, la circulation métallique a offert, en France, une confusion inévitable, fort incommode, parce que si le système décimal était inscrit dans la loi, la majeure partie des monnaies anciennes restait, en plus grand nombre que les nouvelles, avec celles-ci; or, elles en différaient par le module, par le titre et par le mode de division qui était duo-décimal.

A côté des pièces de 20 francs en or, on trouvait beaucoup d'anciens *louis*.

Les pièces de 5 francs, de 2 francs et de 1 franc coexistaient avec les écus de 3 et de 6 livres et avec les monnaies de 30 sous et 15 sous, ainsi que de 24 et de 12 sous. Il y avait aussi d'anciennes pièces de 6 liards confondues avec des pièces de 10 centimes à la lettre N; ces dernières monnaies *(billon)*, qui avaient une valeur réelle parce qu'elles contenaient de l'argent, avaient été falsifiées sur une grande échelle à la suite de la disparution des empreintes, en introduisant des métaux blancs, communs, en place de l'argent.

Pour le cuivre, on avait des pièces très diverses de poids, d'effigie et même de métal ; à côté des centimes, figuraient, en abondance, d'anciens liards informes, et les calculs incessants des petits achats étaient d'une extrême difficulté.

Dès 1838, une commission, présidée par le baron Thenard, avait étudié la question de la refonte de ces

monnaies inférieures et la création d'une monnaie uniforme.

Au point de vue économique, la nature du métal commun importait peu, mais il y avait lieu d'employer une
substance difficile à reproduire par un art nouveau à
l'époque, la galvanoplastie, et le cuivre se trouva de suite
éliminé.

On reconnut aussi la nécessité d'écarter le métal des
cloches, formé de 80 de cuivre et de 20 d'étain environ,
qui est d'un moulage trop commode pour les contrefacteurs, et surtout dont la frappe est difficile.

A la suite de longues études, on observa qu'un alliage
de 94 à 96 pour 100 de cuivre et de 6 à 4 d'étain se pré-
tait mal aux reproductions électriques et au moulage ;
que de plus, il était d'une dureté modérée qui ne fatiguait
pas trop les coins ; qu'il n'était pas très altérable ; qu'enfin
il fournissait de très belles empreintes.

On constata que si l'on ajoute 1 pour 100 de zinc, à
95 de cuivre et à 4 d'étain, l'alliage gagne en malléabilité,
sans perdre les propriétés avantageuses précédentes, et on
se décida pour cet alliage.

La question du poids des pièces fut longuement discutée.

Deux opinions principales étaient en présence. Les uns,
pour s'opposer efficacement à la contrefaçon, demandaient
des pièces dont la valeur réelle fut voisine de la valeur
nominale comme pour celles d'or et d'argent ; 5 francs de
cette monnaie auraient pesé 2 kilogrammes car le centime aurait été du poids de 4 grammes.

Les autres, dont l'opinion a été suivie, insistaient pour
que cette monnaie fut absolument conventionnelle, fiduciaire et fabriquée par l'État seul, avec un poids faible, et

en proportion limitée, pour que cette monnaie ne possédât qu'une force libératoire, limitée aussi dans les paiements à accomplir.

Ils pensaient, — et l'avenir leur a donné raison, — qu'on éviterait la contrefaçon avec l'alliage déterminé ci-dessus en confectionnant cette monnaie avec la plus grande homogénéité, et au moyen de coins très soignés, de façon à obtenir des empreintes parfaites. Ils invoquaient l'expérience des siècles en insistant sur ce fait que l'or et l'argent doivent à leur valeur d'être incessamment refondus pour être changés en ouvrages d'utilité et d'ornementation, tandis que le cuivre subsiste en raison de son manque de prix et a toujours été le monument le plus stable des civilisations anciennes.

Grâce à ces précautions, la monnaie commune sera d'une part sauvée de la contrefaçon, et, d'autre part, le témoin de la civilisation avancée du pays.

On admit les poids suivants :

1 centime.	1 gramme.
2 centimes.	2 grammes.
5 —	5 —
10 —	10 —

Une loi, datée du 16 mai 1852, sanctionna ces dispositions en spécifiant que les pièces de bronze monétaires seraient formées de :

95	cuivre.
4	étain.
1	zinc.
100	

et qu'elles ne pourraient entrer dans les paiements que pour une somme, maximum, de 4 fr. 99.

A partir de 1850, l'or et l'argent dont la valeur relative avait subi des variations en sens inverse depuis 1795, variations sans grande durée et surtout sans grande intensité, donnèrent lieu à une crise d'une gravité extrême.

L'or, qui, comme toujours, aux moments de commotions politiques, avait disparu en 1848, devint très abondant par suite de la découverte des mines de l'Oural, de Californie puis d'Australie, et l'argent en éprouva une telle hausse que tous les États, chez lesquels le métal argent joue un grand rôle monétaire, voyant ce métal drainé et démonétisé, furent pris d'une crainte naturelle, qui devint une panique véritable.

Le Gouvernement français, pour parer au drainage de l'argent, édicta une loi, en date du 25 mai 1864, en vertu de laquelle les pièces de 50 et de 20 centimes à 900 millièmes furent retirées et remplacées par des pièces à 835 millièmes. Une autre loi du 14 juillet 1866 appliqua les mêmes dispositions aux pièces de 2 francs et de 1 franc.

La frappe des nouvelles monnaies fut réservée à l'État.

Cette démonétisation de l'argent, qui exerçait aussi la même action désastreuse sur les autres pays, amena les nations voisines de la France à établir avec celle-ci une convention monétaire qui fut conclue le 23 décembre 1865, et qui est connue sous le nom d'*Union latine*. L'Union latine comprit, dès le début, la Belgique, la France, l'Italie et la Suisse; la Grèce est entrée dans l'union en 1868.

Cette convention a été renouvelée le 5 novembre 1878 et le 6 novembre 1885. Les principales dispositions sont les suivantes:

Le titre, le poids, le diamètre, la tolérance des pièces sont les mêmes.

Les types frappés en monnaies d'or sont ceux des pièces de 100 francs, 50 francs, 20 francs, 10 francs et 5 francs, et ces pièces sont admises sans distinction dans les caisses publiques des cinq États contractants.

Les types des pièces d'argent sont de 5 francs, 2 francs, 1 franc, 50 centimes et 20 centimes. Les premières sont à 900 millièmes et les autres à 835 millièmes.

Les pièces d'argent à 835 ont cours légal entre les particuliers de l'État qui les a émises jusqu'à concurrence de 50 francs pour chaque paiement.

L'État les reçoit de ses nationaux sans limitation de quantité, mais les caisses publiques ne peuvent les faire entrer pour plus de 50 francs dans les paiements qu'elles effectuent.

Les caisses publiques de chacun des cinq pays acceptent les monnaies d'argent fabriquées par les autres États jusqu'à concurrence de 100 francs pour chaque paiement fait à ces caisses.

Chacun des gouvernements s'engage à reprendre des particuliers ou des caisses publiques des autres états les monnaies d'appoint qu'il a émises et à les échanger contre une égale valeur de monnaie courante en pièces d'or ou d'argent à 900, à condition que la somme présentée à l'échange ne soit pas inférieure à 100 francs. Cette obligation sera prolongée pendant deux années à partir de l'expiration de la convention.

Le monnayage des pièces de 5 francs en or et des pièces de 5 francs en argent, autorisé d'abord, a été limité, puis définitivement arrêté le 1er février 1878. Le monnayage de ces dernières ne pourra être repris que lorsqu'un accord unanime se sera établi, à cet égard, entre tous les États contractants.

Ces gouvernements ne pourront émettre des pièces divisionnaires que pour une valeur correspondant à 6 francs par habitant, et ce chiffre est fixé pour :

La France, l'Algérie et les Colonies à   256.000.000 fr.
La Grèce 15.000.000
L'Italie 182.400.000
La Suisse 19.000.000
La Belgique 35.800.000

Cette convention expire le 1er janvier 1891.

Tolérance de titre et de poids. — On a prononcé plus haut le nom de *tolérance*. Il faut distinguer la tolérance de poids et celle de titre. On comprend qu'il est impossible d'obtenir, quelque soin que l'on prenne, une pièce au poids rigoureux qu'elle doit avoir, et une fonte à un titre absolument exact. D'ailleurs, pour les alliages d'argent, ce dernier résultat est inexécutable[1], parce qu'ils se séparent, au moment de la solidification, en alliages de composition différente dans une proportion qui n'est pas négligeable.

On verra plus loin les limites de poids entre lesquelles doivent se trouver les diverses pièces. Pour les monnaies d'or, la tolérance de titre, qui était de 2/1000 soit au dessus, soit au-dessous du titre légal, a été réduite à 1 millième. Pour les monnaies d'argent à 900, elle est de 2 millièmes en dessus et en dessous et de trois millièmes pour les autres. Autrefois, la tolérance était exprimée par les mots : remède de poids et d'aloi.

[1] *Manuel de l'Essayeur*, p. 149.

Texte détérioré — reliure défectueuse
NF Z 43-120-11

TABLEAU SYNOPTIQUE
DE LA FABRICATION DES MONNAIES FRANÇAISES

VALEUR INTRINSÈQUE DU KILOGRAMME DE MATIÈRES		RETENUE PAR KILOGRAMME SUR LA MATIÈRE AU TITRE DE 900 MILLIÈMES POUR FRAIS DE FABRICATION	PRIX DU KILOGRAMME DES MATIÈRES D'APRÈS LE TARIF DU CHANGE		NATURE ET VALEUR DES PIÈCES		DIAMÈTRE DES PIÈCES	NOMBRE DE PIÈCES PAR KILOGRAMME	POIDS LÉGAL D'UNE PIÈCE	LIMITES DU POIDS		TITRE LÉGAL	TOLÉRANCES DE TITRE	TOLÉRANCES DE POIDS	
à 1000 MILLIÈMES	à 900 MILLIÈMES		à 1000 MILLIÈMES	à 900 MILLIÈMES	VALEUR NOMINALE	VALEUR AU TARIF			POIDS DROIT	POIDS FORT	POIDS FAIBLE		DE TITRE	PAR KILOGRAMME EN DESSUS ET EN DESSOUS	PAR PIÈCE EN DESSUS ET EN DESSOUS
					fr c	fr	mm		gr	gr	gr			gr	10gr
fr c 3444,44 (or.)	fr c 3100,00	fr c 6,70	fr c 3437,00	fr c 3093,30	Or { 100 »	99,7839	35	31	32,25806	32,29031	32,22581	900	1 millième en dessus et 1 millième en dessous	1	32,258
					50 »	49,8919	28	62	16,12903	16,14515	16,11291			1	16,129
					20 »	19,9568	21	155	6,45161	6,46451	6,43871			2	12,902
					10 »	9,9784	19	310	3,22580	3,23225	3,21935			2	6,450
					5 »	4,9892	17	620	1,61290	1,61774	1,60806			3	4,836
222,22 (argent).	200,00 / 185,56	1,50	220,56	198,50 / 184,16	Argent { 5 »	4,9625	37	40	25,000	25,075	24,925	900	2 millièmes en dessus et 2 millièmes en dessous	3	75
					2 »	1,8416	27	100	10,000	10,050	9,950			5	50
					1 »	0,9208	23	200	5,000	5,025	4,975	835	3 millièmes en dessus et 3 millièmes en dessous	5	25
					» 50	0,4604	18	400	2,500	2,5175	2,4825			7	17,500
					» 20	0,1842	16	1000	1,000	1,010	0,990			10	10
					Bronze { » 10		34	100	10,000	10,100	9,900	Cuivre, 95 Étain, 4 Zinc, 1 /100	1 pour 100, 1,2 pour 100	10	10
					» 05		25	200	5,000	5,050	4,950			10	50
					» 02		20	500	2,000	2,030	1,970			15	30
					» 01		15	1000	1,000	1,015	0,985			15	15

Les monnaies d'or Austro-Hongroises et Monégasques ont reçu cours en France par suite d'arrangements diplomatiques. Les premières sont de 8 florins (20 francs) et 4 florins (10 francs) ; les deuxièmes sont de 20 francs et 100 francs.

On entend par monnaie de *compte* celle qu'on emploie exclusivement dans les transactions. Avant l'établissement de notre système monétaire actuel, on comptait par livre de 20 sols tournois et le sol se divisait en 12 deniers. Aujourd'hui la monnaie de compte est le franc qui se divise en centimes. Chez nous, cette monnaie se confond avec l'unité monétaire, il n'en est pas de même chez tous les peuples.

La valeur *légale, nominale* est celle pour laquelle la monnaie est admise dans les transactions intérieures.

Dans les relations internationales, sauf les cas de conventions entre divers pays, il n'y a plus d'unités monétaires particulières, de francs, de souverains, de marcs, de dollars : on ne connait aujourd'hui qu'un poids d'or qui est une marchandise ayant cours, admise pour les échanges universels, ayant une valeur idéale : c'est l'*étalon*, le *standard* admis.

Le tableau précédent et plusieurs qui suivent, empruntés, en grande partie, à l'*Annuaire* du *Bureau des longitudes* pour 1888, contiennent les renseignements officiels fournis par la Direction générale des monnaies. Ils sont rédigés par M. Sudre, chef des travaux à la Monnaie.

Tableau des espèces d'or et d'argent fabriquées en France selon le système décimal, de 1795 au 31 décembre 1886.

DÉSIGNATION DES TYPES	OR	ARGENT
	fr	fr c
1re République (Hercule).	» »	106.237.255 »
Napoléon.	528.024.440	887.830.055,50
Louis XVIII.	389.333.060	614.830.109,75
Charles X.	52.918.920	632.511.320,50
Louis-Philippe.	215.912.800	1.756.938.533 »
2e République, 1848.		
Génie pour l'or.	56.921.220	» »
Hercule pour l'argent. . .	» »	259.628.845 »
Déesse de la liberté. . .	370.361.640	199.619.436,60
Napoléon III.	6.151.961.600	626.294.792 »
3e République, 1870.		
Hercule pour l'argent. . .	» »	363.848.840 »
Déesse de la liberté. . .	» »	72.251.560 »
Génie pour l'or.	980.789.620	» »
TOTAL.	8.746.223.300	5.520.000.547,35

A déduire :

Retiré de la circulation les pièces de 10 et 5 fr. or, petit module.	71.082.860	
Les pièces d'argent démonétisées : 25 c., 2 fr., 1 fr., 50 c., 20 c. . .		222.166.304,25
RESTE NET.	8.675.140.440	5.297.834.243,10
RESTE EN MONNAIE AYANT COURS..	13.972.974.683 fr. 10 c.	

Tableau récapitulatif par nature de pièces

NATURE DES PIÈCES		OR	ARGENT
		fr	
Pièces de	100	59.575.500 »	
»	50	46.833.400 »	
»	40	204.432.360 »	
»	20	7.188.300.300 »	
»	10	965.051.690 »	
»	5	210.947.190 »	
			fr
Pièces de	5		5.060.606.240 »
»	2		81.144.084 »
»	1		101.985.152 »
»	50c		49.593.638 50
»	20		2.504.728 60
Total. . .		8.675.140.440 »	5.297.834.243 10

Total général.   13.972.974.683 fr. 10 c.

Ce total général ne comprend pas les pièces démoné-
tisées.

Pièces de 10 francs.	48.589.920 fr.
» 5.	22.492.940
Or démonétisé.	71.082.860

Les pièces de 25 c., 2 fr., 1 fr. 50
et 20 c. retirées de la circulation :

Argent démonétisé. 222.166.305 25

Tableau des monnaies décimales de bronze fabriquées en France jusqu'au 31 décembre 1886.

ATELIERS MONÉTAIRES DANS LESQUELS LES MONNAIES DE BRONZE ONT ÉTÉ FABRIQUÉES	MONNAIES FABRIQUÉES EN CONFORMITÉ DE LA LOI DU 6 MAI 1852	MONNAIES FABRIQUÉES EN CONFORMITÉ DES LOIS DES 18 JUILLET 1860 ET 2 AOUT 1872
	fr	fr c
Paris.	11.800.000	7.171.785 09
Bordeaux. . . .	5.600.000	5.119.439 74
Lille.	6.500.000	» »
Lyon.	5.500.000	» »
Marseille. . . .	6.200.000	» »
Rouen.	6.600.000	» »
Strasbourg. . .	6.300.000	3.600.000 07
	48.500.000	15.891.224 90

Total au 31 décembre 1884. 64.391.224 fr. 90 c.

Tableau par nature de pièces

NATURE DES PIÈCES	TOTAL PAR NATURE DE PIÈCES	TOTAL GÉNÉRAL
	fr c	
Pièces de 10 cent. .	34.041.573 40	
» 5. . .	27.243.348 05	fr c
» 2. . .	1.916.706 52	64.391.224 90
» 1. . .	1.189.596 93	

Les monnaies de bronze émises en conformité de la loi du 6 mai 1852 ont été fabriquées avec les matières provenant de la fonte des anciens sous retirés de la circulation.

Les fabrications exécutées d'après les lois des 18 juillet 1860 et 2 août 1872 ont été faites avec des métaux neufs.

Ateliers où ont été frappées les monnaies françaises fabriquées selon le système décimal résultant des lois des 18 germinal an III et 7 germinal an XI.

LETTRES MONÉTAIRES		LETTRES MONÉTAIRES	
Paris.	A	Nantes.	T
Rouen. . . .	B	Lille.	W
Lyon. . . .	D	Strasbourg. . . .	BB
La Rochelle. .	H	Marseille. . . .	AM
Limoges. . . .	I	Genève (an VI à XIII.)	G
Bordeaux. . .	K	Rome (1812-1813). .	R [1]
Bayonne. . .	L	Turin (1804-1813). .	U
Toulouse. . .	M	Génes (1813-1814). .	CL
Perpignan. .	Q	Utrecht (1812-1813). Un mât.	

En outre de la lettre qui sert à désigner l'atelier où elles ont été frappées, les pièces portent deux autres signes particuliers, appelés *Différents*, dont l'un est la marque distinctive du graveur général des monnaies et l'autre celle du directeur de la fabrication de l'atelier monétaire.

L'hôtel des monnaies de Paris est seul en activité depuis la mise en vigueur de la loi du 31 juillet 1879. — Les monnaies étrangères versées au bureau du change de la monnaie sont reçues comme des lingots, c'est-à-dire au poids et à un titre déterminé par un tarif qui est établi d'après des analyses qui sont faites journellement au laboratoire des essais.

Il ne faut donc pas confondre la valeur au change par kilogramme de métal précieux, avec la valeur, dite au *pair*, qu'on obtient en comparant les monnaies des

[1] Cette lettre est surmontée de la couronne impériale.

pays au point de vue de la quantité de métal pur qu'elles contiennent en multipliant le poids légal par le titre légal.

Supposons, par exemple, qu'on veuille connaitre la valeur du souverain anglais par rapport à la pièce de 20 francs de France. Le titre légal du souverain est de 0,916 et le poids de 7^{gr},99. Cette pièce contient donc en métal pur 7^{gr},32. D'un autre côté, la pièce de 20 francs française est au titre légal de 0,900 et du poids de 6^{gr},451 ; elle renferme, en conséquence, 5^{gr},806 d'or fin.

En établissant la proportion suivante :

$$5,806 : 20 :: 7,322 : x = 25^{fr},22,$$

on trouve que le souverain d'Angleterre, vaut, au pair, 25 fr. 22 en monnaie de France.

C'est en se basant sur ce principe qu'on a opéré pour trouver le pair des monnaies d'or et d'argent portées sur les tableaux qui suivent.

On verra plus loin que l'argent subit une déprime considérable, qui varie chaque jour. Il faut pour obtenir la valeur commerciale des pièces d'argent qui n'ont pas cours en France, déduire des valeurs, qui figurent dans les tableaux suivants, la déprime au cours du jour.

L'Algérie est soumise aux mêmes règlements monétaires que la métropole. Les billets de la Banque de France y sont remplacés par des billets de la Banque d'Algérie qui ont cours légal et sont remboursés à présentation.

Le régime français est entièrement appliqué dans les Antilles françaises, à la Guyane, à la Nouvelle-Calédonie, au Sénégal, à l'île de la Réunion, à Mayotte et Nossi-Bé, à Taïti; dans ces quatre dernières contrées les monnaies divisionnaires ont cours légal sans limitation de poids. Il y a généralement dans les colonies des banques locales dont les billets ont cours légal.

Au Gabon, les livres sterling ont cours; à Saint-Pierre et Miquelon les livres sterling et les monnaies d'or des États-Unis sont admises entre particuliers; le taux de conversion est réglé par l'Administration.

Dans l'Inde française, on fait usage de la *roupie* indienne qui valait autrefois 2 fr. 40; depuis 1885, le cours est fixé pour chaque année au mois de novembre.

A Obock, il y a, outre les monnaies de l'Union latine, les roupies de l'Inde et les pièces de commerce autrichiennes, nommées *thalaris*.

Dans les pays soumis au protectorat français, il est de règle de conserver en circulation les monnaies qui avaient cours avant l'établissement du protectorat.

La piastre tunisienne est de 60 centimes, et la valeur de compte est une pièce d'or de 25 piastres. Il y a perte sur les monnaies françaises d'argent et même d'or.

Le journal officiel tunisien du 26 juillet 1888 contient un décret Beylical qui établit un commencement d'assimilation entre la circulation tunisienne et la circulation française.

En voici le texte :

ARTICLE PREMIER. — « Les monnaies de l'Union latine, à l'exception des monnaies d'argent divisionnaires de la pièce de cinq francs ou de la pièce équivalente à la pièce de cinq francs et à l'exception des monnaies de billon, seront, à l'avenir, reçues dans toutes les caisses publiques de la Régence à raison de soixante centimes de franc pour

une piastre tunisienne. Les mêmes monnaies seront employées par ces mêmes caisses, au même taux, dans tous
les paiements que lesdites caisses auront à effectuer à des
tiers, et cela concurremment avec les piastres tunisiennes
et indistinctement ».

Dans l'Annam, au Cambodge et au Tonkin on trouve
un grand nombre de monnaies : la piastre de commerce
française, la piastre mexicaine, le trade-dollar des États-
Unis d'Amérique, et une petite monnaie dont 4000
sont nécessaires pour constituer une piastre, nommée
sapèque.

*Tableau des Monnaies fabriquées pour l'Indo-Chine
française.*

NATURE DES PIÈCES		TITRE DROIT	TOLÉRANCE DE TITRE	POIDS DROIT	TOLÉRANCE DE POIDS PAR KILOG. EN DESSUS ET EN DESSOUS	DIAMÈTRE DES PIÈCES
Argent	1 piastre.	mm 900	2 millièmes	gr 27,215	gr 3	mm 39
	50 centièmes de piastre	—	en dessus et	13,607	3	29
	20 — —	—	2 millièmes	5,443	5	26
	10 — —	—	en dessous	2,721	7	19
Bronze	1 centième de piastre	Cuivre. 95 Étain.. 4 Zinc. . 1 ——— 100	1 pour 100 1/2 pour 100	10,0	10	31
	Sapèque	—	—	2,0	15	20

Circulation de l'or et de l'argent. — Il est très difficile de connaître la circulation de l'or et de l'argent dans la plupart des pays parce que la démonétisation y est très ancienne. Aussi les renseignements suivants ne sont-ils qu'approchés; cependant l'approximation parait être assez exacte parce qu'elle résulte de travaux, qui sont concordants, de divers économistes, et notamment de MM. Soetbeer, Burchard, Haupt et Kimball.

D'après M. Burchard, directeur des monnaies aux États-Unis[1], voici quel serait, en 1882, le chiffre total de cette circulation collective :

		fr
Or..		17.372.030.015
Argent à plein pouvoir libératoire.	11.306.742.725	13.575.587.744
— divisionnaire.	2.268.845.019	
Billets de banque.	13 686.416,290	19.814.640.000
Billets du Trésor.,	6.128.223.710	
TOTAL GÉNÉRAL.		50.762.257.759

Le tableau ci-après donne la répartition de cette somme entre les divers pays.

[1] *Bulletin de statistique du ministère des Finances,* janvier, 1886.

Montant du stock métallique et de la circulation fiduciaire.

PAYS	ESPÈCES MÉTALLIQUES			CIRCULATION FIDUCIAIRE	TOTAL DE LA CIRCULATION MÉTALLIQUE ET FIDUCIAIRE	RÉSERVE MÉTALLIQUE BANQUE ET TRÉSOR PUBLIC	CIRCULATION TOTAL DÉDUCTION FAITE DE LA RÉSERVE MÉTALLIQUE	OBSERVATIONS
	OR	ARGENT	TOTAL					
	millions fr.	millions fr.	millions fr.	millions fr.	millions fr.	millions fr.	millions fr.	
Royaume-Uni (Grande-Bretagne et Irlande).	3.066 5	479 6	3.546 1	1.055 2	4.601 3	776 1	3 825 2	[1] Suède, Norvège et Danemark.
Allemagne.	3.005 4	1.143 0	3.148 4	1.093 6	4.242 0	697 7	3.544 3	[2] Grèce, Roumanie et Turquie. Les chiffres relatifs à la circulation fiduciaire ne concernent que la Grèce; cette observation s'applique aussi à la réserve métallique
France.	4.531 9	3.124 5	7.656 4	2.652 8	10.309 2	2.148 7	8.160 5	
Belgique. . . .	533 5	307 3	840 8	334 3	1.175 1	98 4	1.076 7	
Suisse.	103 6	76 2	179 8	86 1	265 9	39 0	226 9	
Italie.	749 8	362 6	1.112 4	1.521 8	2.634 2	2.906 5	1.727 7	
Union scandinave [1]. . . .	161 0	43 2	204 2	282 6	486 8	123 0	363 8	
Pays-Bas.	151 8	292 6	444 4	404 6	849 0	229 9	619 1	[3] Y compris les Açores et Madère.
Autriche-Hongrie. . . .	169 7	274 0	443 7	1.549 3	1.993 0	443 7	1.549 3	[4] Y compris Manitoba et Terre-Neuve.
Russie. . . .	617 5	»	617 5	3.174 9	3.792 4	641 1	3.151 3	[5] Mexique, Amérique centrale, République Argentine, Colombie, Brésil, Pérou, Vénézuela, Chili, Bolivie, Cuba et Haïti.
Presqu'île des Balkans [2]. . . .	82 9	84 9	167 8	94 9	262 7	9 3	253 4	
Espagne.	673 4	362 6	1.036 0	324 1	1.360 1	143 5	1.216 6	
Portugal [3].	248 6	62 2	310 8	26 0	336 8	49 3	287 5	
Europe. . . .	13.095 6	6.612 7	19.708 3	12.600 2	32.308 5	6.306 2	26.002 3	
États-Unis.	2.919 6	1.087 6	4.007 2	4.108 1	8.115 3	1.730 7	6.384 6	[6] Encaisse de la Banque seulement.
Canada [4].	46 8	5 3	52 1	233 7	285 8	46 9	238 9	
Mexique, Amérique centr. et mérid [5]	304 4	305 0	609 4	1.609 3	2.218 7	149 8	2.068 9	[7] Dans le chiffre de la circulation métallique n'est pas compris le Brésil; dans le tableau comparatif de M Burchard, le Brésil ne figure que pour la circulation fiduciaire; par contre, Haïti n'a pas de circulation fiduciaire
Amérique.	3.270 8	1.397 9	4.668 7	3.951 1	10.619 8	1.927 4	8.692 4	
Australie (Tasmanie et Nouvelle-Zélande). .	280 8	»	280 8	123 7	404 5	280 8	123 7	
Inde anglaise.	»	5.257 7	5.257 7	289 4	5.547 1	129 6	5.417 5	
Japon.	517 2	262 4	779 6	763 0	1.542 6	82 3	1.460 3	
Asie.	517 2	5.520 1	6.037 3	1.052 4	7.089 7	211 9	6.877 8	
Algérie.	52 2	32 3	84 5	58 0	142 5	32 5	110 0	
Cap de Bonne-Espérance. . . .	155 4	12 6	168 0	29 2	197 2	41 9	155 3	
Afrique.	207 6	44 9	252 5	87 2	339 7	74 4	265 3	
TOTAL GÉNÉRAL.	17.372 0	13.575 6	30.947 6	19.814 6	50.762 2	8.800 7	41.961 5	

La France est, d'avis général, le pays qui possède la plus grande quantité de métaux précieux.

Soit, d'après M. Burchard :

Or. . . . . 4.401.000.000 fr.
Argent (pièces de 5 francs). 2.685.000.000
Argent (pièces divisionnaires). 290.000.000

Ce qui représenterait environ par tête d'habitant.

Or. . . . . 115 fr.
Argent à force libératoire illimitée (5 francs). 88
Argent en pièces divisionnaires. 6

D'après M. Cochut [1], l'argent français monnayé n'atteindrait pas un chiffre aussi élevé que celui qui vient d'être indiqué. En 1869, on avait évalué à 940 millions le montant de l'argent monnayé; si on ajoute 420 millions de pièces de 5 francs frappées de 1870 à 1878 on n'arriverait qu'à 1300 millions. Mais il y a lieu d'ajouter que les autres économistes, loin de vérifier les calculs de M. Cochut, tendraient plutôt à élever encore les chiffres de M. Burchard pour l'argent.

On frappe 3100 francs de monnaie d'or avec un kilogramme d'or à 900 millièmes.

On frappe 200 francs de pièces de 5 francs, avec 1 kilogramme d'argent à 900 millièmes.

Ces monnaies possèdent la valeur qu'elles représentent; on peut les faire entrer en proportion quelconque ou totale dans les paiements : ce qu'on exprime en disant qu'elles ont une force libératoire illimitée.

On frappe pour une valeur de 200 francs de monnaie à force libératoire limitée avec 1 kilogramme d'argent à 835 millièmes.

[1] *Revue des Deux Mondes*, 15 juillet 1887.

Toute personne a pu, jusqu'en 1878, en payant des frais de fabrication fixes qui sont de 6 fr. 70 pour l'or et de 1 fr. 50 pour l'argent, faire frapper de l'or et des pièces de 5 francs d'argent. Cette faculté ne subsiste plus que pour l'or. L'État frappe seul les pièces divisionnaires d'argent et le bronze.

BELGIQUE

MONNAIE DE COMPTE	NOMS DES MÉTAUX	DÉSIGNATION DES PIÈCES	POIDS LÉGAL	TITRE LÉGAL	TITRE DU TARIF	VALEUR AU PAIR		VALEUR AU TARIF	
						DU KIL.	DES PIÈCES	DU KIL.	DES PIÈCES
	Or	20 francs. . . .	gr 6,452	900		3100 00	20 00	3093 30	19 95
	—	10 francs. . . .	3,226				10 00		9 97
France de 100 centimes = 1 franc	Argent	5 francs. . . .	25,000	900		200 00	5 00	198 50	4 96
	—	2 francs. . . .	10,000			—	1 86		1 84
	—	1 franc. . . .	5,000	835		185 56	0 93	184 16	0 92
	—	50 centimes. . .	2,500				0 46		0 46
	Alliage de nickel	20 centimes. . .	7,000						
		10 centimes. . .	3,000						
		5 centimes. . .	2,000						
	Cuivre ou bronze	2 centimes. . .	4,000						
		centime. . . .	2,000						

La Belgique forme, avec la France, l'Italie, la Suisse et la Grèce, l'Union latine depuis le 23 décembre 1865. Le système est le même qu'en France : poids métriques, titres décimaux, double étalon.

La fabrication se fait à l'entreprise.

La circulation en Belgique est mal connue. M. Haupt l'évalue au 1er janvier 1885, à :

Or. . . . . 365.000.000 fr.
Argent. 300.000.000
Ce qui représenterait 64 francs d'or,
et 53 francs d'argent par tête.

ITALIE

MONNAIE DE COMPTE	NOMS DES MÉTAUX	DÉSIGNATION DES PIÈCES	POIDS LÉGAL	TITRE LÉGAL	TITRE DU TARIF	VALEUR AU PAIR		VALEUR AU TARIF	
						DU KIL.	DES PIÈCES	DU KIL.	DES PIÈCES
			gr.						
	Or	100 lire	32,258				100 00		99 78
	—	50 lire	16,129				50 00		49 89
	—	20 lire.	6,452	900		3100 00	20 00	3093 30	19 95
	—	10 lire.	3,226				10 00		9 97
Lira de 100 centesimi = 1 fr.	—	5 lire	1,613				5 00		4 99
	Argent	5 lire.	25,000	900		200 00	5 00	198 50	4 96
	—	2 lire	10,000				1 80		1 84
	—	1 lira.	5,000				0 93		0 92
	—	50 centesimi.. . .	2,500	835		185 56	0 46	184 16	0 46
	—	20 centesimi.. . .	1,000				0 19		0 18
	Cuivre	10 centesimi.. . .	10,000						
	ou	5 centesimi. . . .	5,000						
	bronze	2 centesimi. . . .	2,000						
	—	centesimo. . . .	1,000						

L'Italie forme, avec la France, la Belgique, la Suisse et la Grèce, l'Union latine. Le système est celui de la France : poids métriques, titres décimaux, double étalon.

L'unité monétaire est la *lira* qui équivaut au franc.

Voici des renseignements provenant des évaluations de MM. Stringler et Ferraris, publiées en novembre 1883 :

Or (maximum).	730.000.000 lire
Argent ayant force libératoire illimitée. . . .	170.000.000
Argent ayant force libératoire limitée. . . .	170.000.000
Monnaies de bronze..	76.000.000
Piastres bourboniennes.	20.000.000
TOTAL.	1.166.000.000 lire
Billets sans couverture et billets.	235.000.000 lire
Billets de banque sans couverture métallique.	474.000.000
TOTAL.	1.875.000.000 lire

Un aperçu de la situation monétaire, présumée, de l'Italie à la fin de 1884, dû à M. Ferraris, indique :

Or (maximum).	600.000.000	par tête 17 m.	
Pièces de 5 francs en argent.. . .	110.000.000	—	3
Monnaies d'appoint en argent. . .	170.000.000	—	5
Monnaies de bronze.	76.000.000	--	
Piastres bourboniennes.	27.000.000	--	
Total.	983.000.000	—	

A part ces monnaies, il y avait encore dans la circulation en papier monnaie du gouvernement et en billets, une valeur voisine de 1 milliard de lires.

SUISSE

MONNAIE DE COMPTE	NOMS DES MÉTAUX	DÉSIGNATION DES PIÈCES	POIDS LÉGAL	TITRE LÉGAL	TITRE DU TARIF	VALEUR AU PAIR		VALEUR AU TARIF	
						DU KIL.	DES PIÈCES	DU KIL.	DES PIÈCES
Franc de 100 centimes = 1 fr.	Or	20 francs. . . .	gr 6,452	900		3100 00	20 00	3093 30	19 95
	Argent	5 francs. . . .	25,000	900		200 00	5 00	198 50	4 96
	—	2 francs. . . .	10,000				1 86		1 84
	—	1 franc.. . . .	5,000	835		185 56	0 93	184 16	0 92
	—	50 centimes. . .	2,500				0 46		0 46
	Nickel	20 centimes . . .	4,000						
	—	10 centimes. . .	3,000						
	—	5 centimes. . .	2,000						
	Cuivre ou bronze	2 centimes. . .	2,500						
		centime. . . .	1,500						

La Suisse forme, avec la France, la Belgique, l'Italie et la Grèce, l'Union latine depuis le 23 décembre 1865. Le système est celui de la France : poids métriques, titres décimaux, double étalon.

Le numéraire serait représenté, d'après M. Soetbeer, environ par :

Or. . . . .   100,000,000 fr.
Argent (5 francs)   40,000,000
Billon.   20,000,000

Soit 34 à 35 francs d'or par tête,
Soit 13 à 14 francs d'argent,
Soit 6 fr. 50 à 7 francs de billon.

GRÈCE

MONNAIE DE COMPTE	NOMS DES MÉTAUX	DÉSIGNATION DES PIÈCES	POIDS LÉGAL	TITRE LÉGAL	TITRE DU TARIF	VALEUR AU PAIR		VALEUR AU TARIF	
						DU KIL.	DES PIÈCES	DU KIL.	DES PIÈCES
	Or	100 drachmes. . .	gr 32,258				100 03		99 78
	—	50 drachmes.. . .	16,129				50 00		49 89
	—	20 drachmes.. . .	6.452	900		3100 00	20 00	3093 30	19 95
	—	10 drachmes.. . .	3,226				10 00		9 97
	—	5 drachmes. . . .	1,613				5 00		4 99
Drachme de 100 lepta = 1 fr	Argent	5 drachmes. . . .	25,000	900		200 00	5 00	198 50	4 96
	—	2 drachmes. . .	10,000				1 86		1 84
	—	2 drachme. 100 lepta	5,000				0 93		0 92
	—	50 lepta.	2,500	835		185 56	0 46	184 16	0 46
	—	20 lepta.	1,000				0 19		0 18
	Cuivre	10 lepta.	10,000						
	ou	5 lepta..	5,000						
	bronze	2 lepta..	2,000						
	—	lepton.	1,000						

La Grèce est entrée dans l'Union latine par une loi du 22 avril 1867.

L'unité est la drachme qui équivaut au franc. Le système est celui de la France : poids métriques, titre décimal; double étalon.

On a frappé dans l'union latine les quantités suivantes de pièces de 5 francs,

PAYS	AVANT 1865	DE 1866 A 1884
France.	4,435,140,000 fr.	625,466,380 fr.
Belgique.	146,800,000	350,497,720
Italie.	184,624,000	359,059,820
Suisse.	2,500,000	10,478,250

On admet approximativement les chiffres suivants :

fr

Totalité des monnaies en banque et en circulation. 3,910,000,000
Dont sont : en France. 3,400,000,000
    en Belgique 300,000,000
    en Italie. 170,000,000
    en Suisse. 40,000,000

L'origine de ces pièces serait :

Françaises. . . . . 3,100,000,000 fr.
Belges et italiennes. 400,000,000
Suisses et grecques. . . . . . . le reste.

ANGLETERRE

MONNAIE DE COMPTE	NOMS DES MÉTAUX	DÉSIGNATION DES PIÈCES	POIDS LÉGAL	TITRE LÉGAL	TITRE DU TARIF	VALEUR AU PAIR		VALEUR AU TARIF	
						DU KIL.	DES PIÈCES	DU KIL.	DES PIÈCES
Livre sterling de 20 shillings, soit 25 fr. 2213	Or	Souverain, liv. ster. de 20 shillings. .	gr 7,988	916 66	916	3157 40	25 22	3148 29	25 15
	—	1/2 souverain. . .	3,994				12 61		12 57
	Argent	Couronne 5 shillin.	28,276				5 81		5 75
	—	1/2 couronne. . .	14,138				2 91		2 87
	—	Florin, 2 shillings.	11,310				2 32		2 30
	—	Shillings, 12 pence.	5,655				1 16		1 15
	—	6 pence.	2,828	925 00	923	205 55	0 58	203 57	0 57
	—	4 pence.	1,885				0 39		0 38
	—	3 pence.	1,414				0 29		0 28
	—	2 pence.	0,942				0 19		0 19
	—	1 penny.	0,471				0 10		0 09
	Cuivre ou bronze	Penny.	9,450						
		1/2 penny. . . .	5,670						
		1/4 penny, farthing.	2,830						

En 1816, lord Liverpool, premier ministre d'Angleterre, fit adopter par le Parlement la loi monétaire qui régit ce pays et qui est le premier exemple du monométallisme métallique. Elle consiste, non pas dans la démonétisation de l'argent, mais dans la limitation de sa force monétaire : il n'est plus qu'une monnaie d'appoint, un billet métallique. La monnaie de compte est la livre sterling qui vaut 25 fr. 2213, dont le titre *(standard)* est de 916 millièmes 2/3 soit 22 carats de fin.

Les monnaies réelles sont : le souverain qui est la livre sterling, et le demi-souverain. Ils ont une force libératoire illimitée si, toutefois, ils sont au-dessus de la limite de frai qui est de 122,5 grains ou de 61,25 pour le demi-souverain. La Banque d'Angleterre coupe les pièces légères et rembourse leur valeur basée sur le poids réel d'or standard ; de telle sorte que c'est le public qui supporte la perte résultant de l'usure.

La Banque est chargée de recevoir l'or des particuliers et elle le présente à la monnaie. Néanmoins le public peut le porter lui-même à la fonte, mais il a plus d'intérêt à le déposer à la Banque qui ne prélève que 3 demi-pence par once.

Les monnaies d'argent représentent les divisions du souverain ; elles n'ont de pouvoir libératoire que jusqu'à 40 schillings seulement dans un paiement.

On fabrique 66 schillings par once troy d'argent, au titre de 925 millièmes ou 11 onces 2 pennyweight.

L'État fabrique seul les monnaies d'argent et de cuivre.

Il résulte d'une enquête très sérieuse, faite en 1884, les résultats suivants :

Or en circulation ou dans les banques. . . . 120,829,000 li . st
Argent en circulation ou dans les banques. . . 19,530,000 » »

Soit par tête d'habitant :

Or. . . . . 83 fr.
Argent. . . . . 13 fr. 50

Ce chiffre est beaucoup plus considérable en Australie
où il atteint :

Or. . . . . 170 fr.
Argent. . . . . 9 .

INDES ANGLAISES

MONNAIE DE COMPTE	NOMS DES MÉTAUX	DÉSIGNATION DES PIÈCES	POIDS LÉGAL	TITRE LÉGAL	TITRE DU TARIF	VALEUR AU PAIR		VALEUR AU TARIF	
						DU KIL.	DES PIÈCES	DU KIL.	DES PIÈCES
Roupie de 16 annas ou 192 pices = 2 fr. 35½.	Or	Mohur 15 roupies.	gr 11,664				36 83		36 72
	—	2/3 mohur 10 roup.	7,776	916 66		3157 40	24 55	3148 29	24 48
	—	1/3 mohur 5 roupies.	3,888				12 28		12 24
	Argent	Roupie.	11,664				2 38		2 36
	—	1/2 roupie. . . .	5,832				1 19		1 18
	—	1/4 roupie. . . .	2,916	916 66		203 70	0 59	202 03	0 59
	—	1/8 roupie 2 annas.	1,458				0 30		0 29
	Cuivre ou bronze	Double pice ou 1/2 d'anna. . . .	12,960						
	—	Pice ou 1/4 d'anna.	6,430						
	—	1/2 pice ou 1/8 d'an.	3,215						
	—	Pice ou 1/3 du pice ou 1/12 d'anna. .	2,610						

Aucune monnaie d'or n'a cours légal.

La roupie et la demi-roupie qui n'ont pas perdu 2 pour
100 de leur poids ont seules cours légal illimité.

AUTRICHE-HONGRIE

MONNAIE DE COMPTE	NOMS DES MÉTAUX	DÉSIGNATION DES PIÈCES	POIDS LÉGAL	TITRE LÉGAL	TITRE DU TARIF	VALEUR AU PAIR		VALEUR AU TARIF	
						DU KIL	DES PIÈCES	DU KIL.	DES PIÈCES
Florin de 100 kreuzers = 2 fr. 469	Or	Quadruple ducat. .	gr 13,960	f 986	984	3396 23	47 41	3381 00	47 21
	—	Ducat.	3,490				11 85		11 80
	—	8 florins, 20 francs.	6,452	900		3100 00	20 00	3093 30	19 95
	—	4 florins, 10 francs.	3,226				10 00		9 97
	Argent	2 florins.	24,691	900		200 00	4 94	198 50	4 90
	—	1 flor., 100 kreuzers.	12,345				2 47		2 45
	—	1/4 florin.	5,341	520		115 55	0 62	114 69	0 61
	—	20 kreuz. ⎱ frappés	2,666	500		111 11	0 29	110 28	0 29
	—	10 kreuz ⎰ dep. 1868	1,666	400		88 89	0 15	88 23	0 14
	—	Maria Thérésien thaler 1780 dits levantins, monnaie de commerce.. .	28,073	833		185 11	5 20	183 72	5 15
	Cuivre ou bronze	4 kreuzers. . . .	13,330						
		Kreuzer.	3,330						
		1/2 kreuzer. . . .	1,660						

Les lois qui régissent les monnaies sont en date du 24 décembre 1867 et du 9 mars 1870. L'étalon unique est l'argent. Les monnaies d'or sont des monnaies commerciales. Cependant, depuis 1868, on fabrique des pièces nationales de 8 et 4 florins aux mêmes titre, poids et valeur, que nos pièces de 20 francs et 10 francs.

L'unité est le florin (2fr 469); il est divisé en 100 kreuzers, on en frappe 90 avec 1 kilogramme d'argent fin.

Le cours forcé est établi depuis 1848. Les billets sont émis par la Banque nationale; ils sont formés de coupures de 1, 5 et 50 florins.

La frappe de l'argent à puissance libératoire illimitée est suspendue.

Depuis 1879, les droits de douane sont payés en or.

M. Soetbeer évalue la circulation à

200 millions de marks d'or.

et à 300 millions de marks d'argent.

EMPIRE ALLEMAND

MONNAIE DE COMPTE	NOMS DES MÉTAUX	DÉSIGNATION DES PIÈCES	POIDS LÉGAL	TITRE LÉGAL	TITRE DU TARIF	VALEUR AU PAIR		VALEUR AU TARIF	
						DU KIL.	DES PIÈCES	DU KIL.	DES PIÈCES
Reichs mark de 100 pfennig = 1 fr. 2343	Or	20 marks ou double couronne. . . .	gr 7,965				24 69		25 62
							12 35		12 31
	—	10 marks ou cour.	3,982	900	899 5	3100 00	6 17	3091 58	6 16
	—	5 marks.	1,991				5 56		5 5i
	Argent	5 marks.	27,777				2 22		2 20
	—	2 marks.	11,111				1 11		1 10
	—	1 mark, 100 pfennig.	5,555	900		200 00	0 56	198 50	0 55
	—	1/2 mark, 50 pfennig.	2,777				0 22		0 22
	—	1/5 mark, 20 pfennig.	1,111						
	Alliage de nickel	10 pfennigs. . . .	4,000						
		5 pfennigs. . . .	2,500						
	Cuivre ou bronze	2 pfennigs. . . .	3,333						
		Pfennig.	2,000						

En 1857, il avait été conclu, à Vienne, une union monétaire entre l'Autriche, la Prusse et les États constituant l'union douanière allemande : la livre métrique d'argent, pesant 500 grammes, devait remplacer, à partir du 1er janvier 1859, la livre, dite de Cologne, pesant 233gr,85, comme étalon monétaire, et les monnaies devaient être à 9 dixièmes de fin. Les guerres qui suivirent de très près cette convention, en arrêtèrent partiellement l'application car, en 1871, il existait encore 17 sortes de monnaies d'or et 66 espèces de monnaies d'argent.

Le 4 décembre 1871, paraissait une loi, s'appliquant à tout l'Empire d'Allemagne, et établissant l'étalon d'or unique avec le *Reichsmark* comme unité monétaire et le système décimal. Cette loi ne visait que le retrait des anciennes monnaies d'or et la création des nouvelles. Elle a été suivie d'une loi, en date du 9 juillet 1873, qui complète le système pour les monnaies d'or et règle la création des monnaies d'appoint en argent, en cuivre et en nickel, dont la fabrication est réservée à l'Empire.

La quantité d'argent a été limitée à 10 marks par tête, soit 12 fr. 50, mais il a été laissé en circulation, pour plus de 400 millions de marks, en anciens thalers, qui ont rôle de monnaie à force illimitée comme l'or ; ce qui représente, environ 1.100.000 francs en argent.

Il a été fabriqué une quantité de cuivre ou d'alliage de nickel correspondant à 2 marks et demi.

Ces proportions de monnaies d'appoint sont très insuffisantes, et la pénurie d'argent et de monnaies communes a suscité, depuis deux ans, de vives plaintes qui se sont traduites par des interpellations au Reichstag, et qui amèneront vraisemblablement une augmentation des monnaies d'argent et de nickel.

Le reichsmark est la dixième partie d'une monnaie d'or, la couronne, dont on frappe 279 pièces avec 1 kilogramme d'or fin.

On frappe, avec 1 kilogramme d'argent fin, 200 marks de monnaie : ce qui donne 13,95 à 1 comme rapport de la valeur de l'or et de l'argent.

Cette conversion du système monétaire allemand a été accomplie avec une rectitude et une activité qui semblent montrer qu'elle avait été préparée et mûrie depuis un certain temps; l'opération a été réalisée avec une perte peu considérable, évaluée à 90 millions, parce que la déprime de l'argent est restée peu élevée jusqu'en 1876.

Le tableau suivant, dû à M. Soetbeer fait connaître les résultats de cette conversion jusqu'à la fin de mars 1886 :

ALLEMAGNE

Monnaies frappées en vertu des lois du 4 décembre 1871 du 9 juillet 1873. — 1871 à fin mars 1886.

MÉTAL.	DÉNOMINATION DES PIÈCES	VALEUR DES PIÈCES FRAPPÉES	VALEUR DES PIÈCES RETIRÉES	VALEUR DES PIÈCES RESTANT EN CIRCULATION
		m pf	m pf	m pf
Or	20 marks. . . .	1.446.450.300 »	717.120 »	1.454.379.420 »
—	10 — . . .	455.745.300 »	549.580 »	455.183.950 »
—	5 — . . .	27.969.925 »	7.995 »	27.961.825 »
	TOTAL. . .	1.930.165.525 »	1.274.695 »	1.937.525.195 »
Argent	5 marks. . . .	71.653.095 »	4.845 »	71.648.200 »
—	2 — . . .	102.515.678 »	5.558 »	102.510.042 »
—	1 — . . .	172.136.108 »	4.439 »	172.611.241 »
—	50 pfennigs. .	71.486.552 »	2.098 »	71.484.431 50
—	20 — . . .	35.717.922 80	8.000.932 »	27.716.981 80
	TOTAL. . .	452.509.355 80	8.017.872 »	445.970.896 30
Nickel	10 pfennigs. . .	35.160.344 45	521 50	23.502.150 » } 35.259.815 50
—	5 — . . .			11.657.665 50 }
Cuivre	2 pfennigs. . . .	9.682.671 58	32 99	6.213.186 86 } 9.710.770 14
—	1 — . . .			3.497.583 28 }
	TOTAL GÉNÉRAL. . .	2.427.517.896 83	9.293.121 49	2.428.366.676 94

ESPAGNE

MONNAIE DE COMPTE	NOMS DES MÉTAUX	DÉSIGNATION DES PIÈCES	POIDS LÉGAL	TITRE LÉGAL	TITRE DU TARIF	VALEUR AU PAIR		VALEUR AU TARIF	
						DU KIL.	DES PIÈCES	DU KIL.	DES PIÈCES
Loi du 26 juin 68] loc.d'ar.=2f.5o/6o — Loi du 19 octobre 1868 Peseta de 100 centimos = 1 fr.	Or	Doublon 10 escudos.	gr 8,587				26 00		25 88
	—	— 4 escudos.	2,355	900	898	3100 00	10 40	3086 42	10 35
	—	— 2 escudos.	1,677				5 20		5 17
	—	25 pesetas.	8,065	900		3100 00	25 00	3093 30	24 94
	Argent	Duro, 2 escudos.	25,960				5 19		5 15
	—	Escudos, 10 réaux.	12 980	900		200 00	2 60	198 50	2 57
	—	Peseta.	5,192				0 93		0 92
	—	1/2 peseta.	2,596	810		180 00	0 47	178 65	0 46
	—	Réal.	1,298				0 23		0 23
	—	5 pesetas.	25,000	900		200 00	5 00	198 50	4 96
	—	2 pesetas.	10,000				1 86		1 84
	—	1 peseta.	5,000	835		185 56	0 93	184 16	0 92
	—	2 réales 1/2 peseta.	2,500				0 46		0 48
	Cuivre ou bronze	10 centimos.	10,000						
	ou	5 centimos.	5,000						
	bronze	2 centimos.	2,000						
	—	Centimo	1,000						

L'unité monétaire *peseta*, vaut 1 franc.

Depuis 1868, le système monétaire est celui de l'Union latine.

ÉTATS-UNIS

MONNAIE DE COMPTE	NOMS DES MÉTAUX	DÉSIGNATION DES PIÈCES	POIDS LÉGAL	TITRE LÉGAL	TITRE DU TARIF	VALEUR AU PAIR		VALEUR AU TARIF	
						DU KIL.	DES PIÈCES	DU KIL.	DES PIÈCES
Dollar de 100 cents = 5 fr. 1825	Or —	Double aigle, 20 dol.	gr 33,436	900	899	3100 00	103 65	3089 86	103 31
	—	Aigle, 10 dollars. .	16,718				51 83		51 65
	—	Demi aigle, 5 doll.	8,359				25 91		25 82
	—	3 dollars.	5,015				15 55		15 49
	—	1/4 aigle a 1/2 doll.	4,179				12 95		12 91
	—	1 dollar. . . . . ,	1,672				5 18		5 16
	Argent	Trade dollar (monnaie de commerce).	27,215	900		200 00	5 44	198 50	5 40
	—	Dollar, 100 cents. .	26,729				5 34		5 31
	—	1/2 dollar, 50 cents.	12,500				2 50		2 48
	—	1/4 dollar, 25 cents.	6,250				1 25		1 24
	—	20 cents.	5,000				1 00		0 99
	—	Dime, 10 cents . .	2,500				0 50		0 49
	Nickel	5 cents..	5,000						
	—	3 cents..	1,944						
	C. ou br.	Cent.	3,110						

Les plus grandes variations ont eu lieu dans le système monétaire de ce pays depuis cinquante ans.

Les États-Unis ont pour unité monétaire le dollar en or de 5 fr. 1825, mais, depuis 1875, ils ont des monnaies étalons d'argent dont le rapport de valeur est vis-à-vis de l'or représenté par 1 à 16.

Les titres sont évalués en millièmes. Le titre de l'or et de l'argent est de 900 millièmes.

Les monnaies d'or et le dollar d'argent ont un pouvoir libératoire complet. La puissance des divisions du dollar d'argent est de 5 dollars au maximum dans chaque paiement.

Une loi votée en 1877 (Bland-bill) a fixé la quantité d'argent qui doit être fabriquée et attribue à l'État le bénéfice résultant de la déprime de l'argent.

La frappe est libre pour l'or.

Les variations de la fabrication des monnaies aux États-Unis ont été très considérables. Les évaluations suivantes sont exprimées en dollars; elles ont été puisées dans un rapport officiel du contrôleur de la circulation.

Il y avait au Trésor public et dans les banques :

	1ᵉʳ JANVIER 1879	1ᵉʳ NOVEMB. 1881	1ᵉʳ NOVEMB. 1882	1ᵉʳ NOVEMB. 1883	1ᵉʳ NOVEMB. 1884
Or. . . .	278.310.126	550.922.398	547 356.262	581.970 254	585.611.872
Argent. .	106.573.803	181.476.144	208 744.424	242.701.932	275.735.439

On estime, aux mêmes époques, la circulation suivante :

	1ᵉʳ JANVIER 1879	1ᵉʳ NOVEMB. 1881	1ᵉʳ NOVEMB. 1882	1ᵉʳ NOVEMB. 1883	1ᵉʳ NOVEMB. 1884
Or. . . .	119.629.771	256.016.829	286 900.965	308.791.137	307.826.918
Argent. .	67.693.895	78 377.937	77 332.723	84.768.767	90.722.903

Ces nombres montrent le prodigieux accroissement du numéraire depuis la guerre de la Sécession, après la suppression du cours forcé des billets de banque. Ils se résument ainsi :

Du 1ᵉʳ janvier 1879 au 1ᵉʳ novembre 1884, la quantité des monnaies s'est élevée, environ :

Pour l'or. . . . . de 307 millions de dollars
Pour l'argent. . . . . . de 169 millions de dollars

Après la guerre de la Sécession, la dette des États-Unis s'élevait à 14 millards; le président Lincoln avait eu peine à conjurer le péril en émettant 3 millards 1/2 de papier monnaie.

Actuellement, c'est-à-dire quelques années plus tard, à la fin de 1887, le président Cleveland adressait au Congrès un message pressant pour lui signaler le péril inverse et unique dans le monde, qui consiste dans l'excès du numéraire, et lui demander de chercher des mesures pour alléger le trésor national, car ses excédents se chiffrent par sommes énormes malgré le rachat du papier monnaie et le remboursement anticipé de la dette publique qui ont exigé 700 millions en 1885, 400 millions en 1886, 900 millions en 1887. L'excédent pour 1888 atteindra 1 milliard.

DANEMARK

MONNAIE DE COMPTE	NOMS DES MÉTAUX	DÉSIGNATION DES PIÈCES	POIDS LÉGAL	TITRE LÉGAL	TITRE DU TARIF	VALEUR AU PAIR		VALEUR AU TARIF	
						DU KIL.	DES PIÈCES	DU KIL.	DES PIÈCES
	Or	20 kronen. . . .	gr 8,960	900		3100 00	27 78	3093 30	27 71
	—	10 kronen. . . .	4,480				13 89		13 85
	Argent	2 kronen.	15,000	800		177 78	2 67	176 44	2 64
	—	1 krone (100 ore). .	7,500				1 33		1 32
	—	50 ore.	5,000	600		133 33	0 67	132 33	0 66
	—	40 ore. . . , . .	4,000				0 53		0 53
	—	25 ore.	2,420				0 32		0 32
	—	10 ore.	1,450	400		88 89	0 13	88 22	0 13
Krone de 100 ore = 1 fr 3888.	Cuivre ou bronze	5 ore.	8,000						
		2 ore.	4,000						
		Ore.	2,000						

SUÈDE

MONNAIE DE COMPTE	NOMS DES MÉTAUX	DÉSIGNATION DES PIÈCES	POIDS LÉGAL	TITRE LÉGAL	TITRE DU TARIF	VALEUR AU PAIR		VALEUR AU TARIF	
						DU KIL.	DES PIÈCES	DU KIL.	DES PIÈCES
Couronne ou krona de 100 ore = 1,3888	Or	20 kronor	gr. 8,960	900		3100 00	27 78	3093 30	27 71
	—	10 kronor	4,480				13 89		13 85
	Argent	2 kronor	15,000	800		177 78	2 67	176 44	2 64
	—	1 krona, 100 ore	7,500				1 33		1 32
	—	50 ore	5,000	600		133 33	0 67	132 33	0 66
	—	25 ore	2,420				0 32		0 32
	—	10 ore	1,450	400		88 89	0 13	88 22	0 13
	Cuivre ou bronze	5 ore	8,000						
		2 ore	4,000						
		Ore	2,000						

NORWÈGE

MONNAIE DE COMPTE	NOMS DES MÉTAUX	DÉSIGNATION DES PIÈCES	POIDS LÉGAL	TITRE LÉGAL	TITRE DU TARIF	VALEUR AU PAIR		VALEUR AU TARIF	
						DU KIL.	DES PIÈCES	DU KIL.	DES PIÈCES
Couronne ou krone de 30 skillings ou 100 ore = 1 fr. 3888	Or	20 kroner 5 spécie daler	gr 8,960	900		3100 00	27 78	3093 30	27 71
	—	10 kroner 2 1/2 spécie daler	4,480				13 89		13 85
	Argent	2 kroner	15,000	800		177 78	2 67	176 44	2 64
	—	1 krona, 100 ore ou 30 skillings	7,500				1 33		1 32
	—	50 ore	5,000	600		133 33	0 67	132 33	0 66
	—	25 ore	2,420				0 53		0 53
	—	10 ore	1,450	400		88 89	0 32	88 72	0 32
	—						0 13		0 13
	Cuivre ou bronze	5 ore	8,000						
		2 ore	4,000						
		Ore	2,000						

Les trois États scandinaves ont formé une convention monétaire très intime, en 1875. Le système a pour base l'étalon d'or. L'unité monétaire est la couronne de 30 skillings qui vaut 1 fr. 388.

Les monnaies en or, en argent, en bronze ont cours légal dans les trois pays.

Les titres sont décimaux et les poids métriques.

La circulation métallique est très faible parce que la banque possède la confiance du public et qu'elle a émis de petites coupures dont chacun a pris l'habitude de faire usage.

L'or ne représente guère que 15 francs par tête.
L'argent ne représente guère que 5 à 5 fr. 50 c. par tête.

Le monnayage de l'or est libre. La frappe des monnaies d'appoint en argent et en bronze est faite par l'union gouvernementale seulement.

PAYS-BAS

MONNAIE DE COMPTE	NOMS DES MÉTAUX	DÉSIGNATION DES PIÈCES.	POIDS LÉGAL	TITRE LÉGAL	TITRE DU TARIF	VALEUR AU PAIR		VALEUR AU TARIF	
						DU KIL.	DES PIÈCES	DU KIL.	DES PIÈCES
Florin de 100 cents = 2 fr. 10	Or	Double ducat. . .	6,988	983	980	3385 89	23 66	3368 26	23 54
	..	Ducat.	3,494				11 83		11 77
	—	10 fl.(loi du 6 juin 75)	6,720	900	899	3100 00	20 83	3089 86	20 76
	Argent	Rixdaler 2 1/2 flor.	25,000				5 25		5 21
	—	1 florin 100 cents. .	10,000	915		210 00	2 10	208 42	2 08
	—	1/2 florin.	5,000				1 05		1 04
	—	25 cents.	3,575				0 51		0 50
	—	10 cents	1,400	640		142 22	0 20	141 16	0 20
	—	5 cents..	0,685				0 10		0 10
	—	1/4 flor. Colonies	3,180				0 51		0 50
	—	1/10 fl. Indes neer-landaises loi	1,250	720		160 00	0 20	158 80	0 20
	—	1,20 fl. du 1er mai 54.	0,610				0 10		0 09
	Cuivre	Cent.	3,845						
	ou	1/2 cent. . . , .	1,922						
	bronze	10 centimes. . . .	10,000						
	—	5 centimes. . . .	5,000						
	—	2 1/2 centimes. . .	2,500						

C'est à la suite des travaux de Levol, ancien essayeur des Monnaies françaises, sur l'homogénéité de l'alliage d'argent à 717 millièmes que les Pays-Bas ont fabriqué de la monnaie d'argent à 720 millièmes.

Les Pays-Bas ont des monnaies étalons en or et en argent.

Par une loi du 26 novembre 1847, ils avaient établi l'étalon d'argent; par une loi du 6 juin 1875, ils ont établi le double étalon.

L'unité monétaire est le florin à 100 cents; sa puissance libératoire est complète ainsi que celle des pièces de 2 florins et demi et d'un demi-florin; une loi du 9 décembre 1877 a suspendu le monnayage de ces pièces pour le public.

L'État seul fabrique les monnaies d'appoint en argent et en cuivre.

L'unique pièce d'or à force libératoire complète est celle de 10 florins.

Ce pays n'avait guère que de l'argent en 1884; le gouvernement a été autorisé à changer en or 25 millions de florins d'argent à pouvoir libératoire illimité.

Le ducat et le double ducat d'or sont des monnaies de commerce.

La frappe de l'or est libre.

PORTUGAL

MONNAIE DE COMPTE	NOMS DES MÉTAUX	DÉSIGNATION DES PIÈCES	POIDS LÉGAL	TITRE LÉGAL	TITRE DU TARIF	VALEUR AU PAIR		VALEUR AU TARIF	
						DU KIL.	DES PIÈCES	DU KIL.	DES PIÈCES
			gr						
	Or	Couronne 10 milreis	17,735				56 00		55 88
	—	1/2 cour. 5 milreis	8,868	916 66		3157 40	28 00	3148 29	27 94
Milreis = 5 fr. 6 c.	—	1,5 cour. 2 milreis	3,547				11 20		11 17
	—	1,10 cour. milreis	1,774				5 60		5,59
	Argent	5 testons, 500 reis	12,500				2 55		2 52
	—	2 testons, 200 reis	5,000	916 66		203 70	1 02	202 03	1 01
	—	Teston 100 reis	2,500				0 51		0 50
	—	1/2 teston, 50 reis	1,250				0 25		0 25
	Cuivre ou bronze	20 reis	25,448						
	—	10 reis	12,795						
	—	5 reis	6,370						
	—	3 reis	3,850						

Une loi, en date du 29 juillet 1854, a établi le système monétaire actuel qui a pour unité monétaire le *reis*, et l'or pour étalon; la valeur du reis étant très faible, on compte par *milreis* qui valent 5^{fr},60.

Le poids est métrique, le titre 916,66.

RUSSIE

MONNAIE DE COMPTE	NOMS DES MÉTAUX	DÉSIGNATION DES PIÈCES	POIDS LÉGAL	TITRE LÉGAL	TITRE DU TARIF	VALEUR AU PAIR		VALEUR AU TARIF	
						DU KIL.	DES PIÈCES	DU KIL.	DES PIÈCES
Rouble de 100 kopecks = 4 fr.	Or	1/2 impér. 5 roubles.	gr 6,545	916 66	915	3157 40	20 66	3144 85	20 58
	—	3 roubles (ducat). .	3,927				12 40		12 35
	—	Impér. 10 r (1886).	12,903	900		3100 00	40 00	3093 30	39 90
	—	1/2 impériale (1886).	6,452				20 00		19 95
	Argent	Rouble 100 kopecks.	20,735				3 99		3 97
	—	Poltinnik 50 kop. .	10,367	868		192 89	1 99	191 44	1 98
	—	Tchetvertak 25 kop.	5,183				0 99		0 99
	—	Abassis 20 kopecks.	4,079				0 45		0 44
	—	Florin polon. 15 kop.	3,059	500		111 11	0 34	110 28	0 33
	—	Grivenik 10 kopeks.	2,039				0 23		0 22
	—	Piétak, 5 kopecks.	1,019				0 11		0 11
	—	Rouble 100 kopecks (loi de 1886). . .	20,000	900		200 00	4 00	198 50	3 97
	Cuivre ou bronze	5 kopecks.. . . .	16,381						
		3 kopecks. . . .	11,286						
		2 kopecks. . . .	7,524						
	—	Kopeck.	3,762						
	—	1/2 kopeck. . . .	1,881						
	—	1/4 kopeck. . . .	0,940						

La monnaie de compte est le rouble de 100 kopecks. L'étalon est l'argent depuis 1810.

La frappe de l'argent pour les particuliers est suspendue depuis 1876. L'État frappe le billon et le cuivre. Le monnayage de l'or est libre.

Les monnaies d'or sont des marchandises commerciales dont l'offre et la demande règlent le cours.

Depuis 1867, on frappe des pièces d'argent à 500 millièmes, de 20, 15 et 10 kopecks ; leur force libératoire est limitée.

Le cours forcé y existe, en coupures de 1, 3, 5, 10, 25 50 et 100 roubles.

Les droits de douane sont payés en or depuis le 22 novembre 1876.

L'existence du cours forcé a expulsé de la Russie tout l'argent ayant force libératoire illimitée : la circulation métallique y est très restreinte.

Le grand-duché de Finlande possède seul l'étalon d'or ; l'unité monétaire a le poids et le titre de notre pièce de 20 francs (20 markkas) ; le markka d'argent pèse 5gr.,182, il est à 868 millièmes.

Roumanie. Bulgarie. Serbie. — Une loi du 14 avril 1867 a établi en Roumanie le système de l'Union latine. L'unité monétaire équivaut au franc, elle se nomme le *ley*.

Il en est de même en Bulgarie où une loi du 27 mai 1880 a constitué pour unité monétaire le *lew* qui représente aussi le franc comme poids et comme titre ainsi que le système de l'Union latine. Par une loi du 11 novembre 1878 la Serbie a adoptée le régime de l'Union : le franc prend le nom de *dinar*.

Turquie. — Le cours des monnaies est réglé par une loi de 1844. La monnaie de compte est la piastre de 40 *para*, qui représente 0 fr. 2278.

Pour les fortes sommes on se sert de livres turques (medjidié) d'or de 100 piastres d'argent, valant 22 fr. 79 cent.

Le medjidié contient 7.216 grammes d'or au titre de 916.66 millièmes.

La piastre renferme 1.202 grammes d'argent au titre de 830 millièmes; elle a une valeur intrinsèque de 0 fr. 22.194.

Le rapport de l'or à l'argent serait de 1 à 15. 09.

Le plus grand désordre règne dans ces monnaies.

En résumé, il y a le cours forcé d'un papier de jour en jour plus déprécié le *caïmé*, des pièces en cuivre de 1 à 40 paras et des monnaies de tous les pays.

Egypte. — La monnaie de compte est la livre égyptienne qui vaut 25 fr. 618. Un décret du 14 novembre 1885 a créé les pièces suivantes :

Or; livre égyptienne ou 100 piastres; 50, 20, 10, 5 piastres. Ces pièces sont à 875 millièmes ainsi que les anciennes pièces de 100, 50 et 25 piastres.

Argent; le même décret a créé des pièces de 20, 10, 5, 2 piastres, 1, 1/2, 1/4 piastre, à 833 millièmes.

Il s'y trouve aussi d'anciennes pièces à 900 millièmes : parisi (10 piastres), demi parisi (5 piastres), quart de parisi (2 1/5 piastres); des talaris et fractions de talari à 833 millièmes et la piastre pesant 1ᵍʳ 243 qui est à 750 millièmes.

Au Mexique et dans les États de l'Amérique du Sud, Bolivie, Pérou, Chili, République Argentine, etc., qui sont, avec les États-Unis de l'Amérique du Nord, les pays producteurs de l'argent, ce dernier métal est très prédominant.

			fr.
Mexique.	Piast., peso 100 centav. (25 gr. 073.	5 4308
Pérou.	Sol de 100 cents	(25 gr.).	5 fr.
Chili.	Piast., peso de 100 centav.	—	5 fr.
Républiq. Argentine.	Peso.	—	5 fr.
Bolivie.	Boliviano.	—	5 fr.
Colombie. . . .	Peso.	—	5 fr.
Répub. de l'Équateur.	Piastre.	—	5 fr.
Brésil.	Milreis.	—	2 83
Vénézuela. . . .	Venezolano	—	5 fr.
Uruguay. . . .	Piastre, peso. . . .	—	5 fr.
Nicaragua. . . .	Peso.	—	5 fr

Ces pièces sont en argent à 900ᵐᵐ et constituent la monnaie de compte.

Au Mexique et dans plusieurs de ces États la frappe des monnaies est le seul procédé qu'on puisse employer pour obtenir le paiement du droit sur la production de l'argent.

Les piastres et les pesos sont surtout envisagés comme des marchandises.

Le régime du papier monnaie à cours forcé existe dans plusieurs de ces États.

Japon. Le système monétaire du Japon date de 1871. Il est la représentation de celui des États-Unis d'Amérique.

La monnaie de compte est le *yen* d'or du poids de 1,666 gramme au titre de 900 millièmes, qui correspond à 5 fr. 1164 et se divise en 100 *sen*.

Les pièces de 20, 10, 5 et 2 *yen* ont des poids proportionnels. Il y a néanmoins le *yen* d'argent qui pèse 26,956 grammes au titre de 900 millièmes, équivalent pour le fin à 5 fr. 39.

Le rapport entre les deux métaux serait de 1 à 16.18.

En 1878, à l'exemple des États-Unis, on a donné au

yen d'argent le cours légal, parallèlement au *yen* d'or ; le *yen* d'argent n'était considéré que comme une simple monnaie de commerce.

Chine. Les comptes avec l'étranger se font en piastres à 100 cents.

A l'intérieur, des lingots d'argent minces, marqués par un essayeur, pouvant se couper en fractions déterminées constituent un moyen de payement très usuel.

Le *taël* ou *liang*, sorte de lingot en argent fin d'un poids déterminé, variant cependant suivant la région, servant aussi d'unité de poids constitue l'unité de monnaie de compte.

Le taël se divise en 10 *mas*, le mas en 10 *condorins*, le condorin en 10 *sen*, *li* ou *sapèques*.

La sapèque est la seule monnaie marquée, elle est constituée par des alliages de cuivre, creusés au centre ; les sapèques s'enfilent en nombre déterminé pour les paiements et il en faut 1000 pour former un taël d'après ce qui a été dit ci-dessus, mais sa valeur est très variable.

Perse. On compte en *thomans* qui sont des pièces d'or à 900 millièmes pesant 2^{gr} 850 et valant 8 fr. 82 ; il y a des pièces de 1/2 thoman et de 2 thomans.

L'argent à 900 y existe sous forme de pièces, nommées *banabat* ou 10 schahis, pesant 5^{gr} 20, et *abassi*, pesant 2^{gr} 08.

Maroc. La monnaie de compte est l'*once* shraïa qui vaut 0 fr. 5822. Il y a des pièces d'argent de 1/2, 1 once, 2 1/2, 5 et 10 onces ; elles sont à 900 millièmes.

CHAPITRE II

L'examen qui vient d'être fait des monnaies dans les principaux pays nous permet d'apprécier les ressemblances et les différences, d'étudier, en un mot, les divers systèmes monétaires.

On n'a guère de renseignements sur l'organisation monétaire chez les Anciens et sur les variations et les modifications qu'elle a pu subir. Il paraît certain que la drachme n'a pas éprouvé de grands changements chez les Grecs, et que sa valeur était à peu près uniforme dans les diverses villes. Elle n'a pas toujours été employée comme unité monétaire; pour les fortes sommes on comptait par talents de 6000 drachmes, et l'on distinguait le talent d'Athènes, ceux de Corinthe, d'Égine; la différence, faible entre les drachmes, devenait d'une certaine importance lorsqu'on évaluait en talents, cette différence étant multipliée par 6000.

Des controverses ont eu lieu sur le point de savoir si la drachme représentait une monnaie de compte qui n'était pas de la même valeur que les monnaies effectives; il ne paraît pas que les Grecs aient établi une pareille distinction, non plus que les Romains, d'ailleurs, pour les deniers.

Les Grecs eurent la conception de relier les monnaies aux poids en usage; la dénomination était la même et une *drachme-monnaie* avait le poids d'une *drachme-poids*.

Chez les Romains, l'as initial était de même, une pièce servant d'unité de poids; elle se divisait en 12 onces comme l'*as-poids*, l'*as-libralis*.

Les monnaies des temps modernes diffèrent de celles des temps anciens en ce qu'elles sont constituées par des alliages d'un métal précieux avec un métal commun qui lui donne une résistance suffisante au frai : elles ont donc un *titre*.

Les monnaies françaises ont offert jusqu'à ce siècle le très grave inconvénient d'être représentées par une unité dont les divisions et les subdivisions étaient entre elles dans des rapports variables et complexes comme cela se trouve encore dans certains pays.

La France a eu l'honneur d'entrer dans une nouvelle voie où elle est suivie maintenant par un grand nombre de nations. Le système monétaire est intimement lié au système général des poids et mesures dont les bases, — le mètre et le kilogramme — sont prises dans la nature : les monnaies ont un *poids métrique*. La numération décimale, si simple, si pratique, sert aux divisions et aux subdivisions des poids, des mesures, des monnaies.

La Belgique, l'Italie, la Suisse, la Grèce, les Pays-Bas
et leurs colonies, l'Allemagne, l'Autriche-Hongrie, le Portugal, l'Espagne et ses colonies, les États scandinaves, la
Roumanie, la Bulgarie, la Serbie, la plupart des Répu-
bliques de l'Amérique du Sud et Haïti ont adopté le système complet : métrique et décimal. Il y a des pays qui
ont accepté la numération décimale en se servant d'autres
poids que les poids métriques pour leurs monnaies : ce
sont les États-Unis de l'Amérique du Nord, l'Empire
ottoman, l'Égypte, le Mexique, la Chine, le Japon et plusieurs colonies anglaises.

L'Angleterre et ses colonies, la Russie, l'Inde française
n'ont adopté ni la numération décimale, ni les poids métriques pour leurs monnaies.

Les pays suivants ont adopté le titre 835 millièmes
pour les monnaies d'argent divisionnaires, au moment où
l'argent faisait prime et était enlevé de la circulation :
l'Union latine, France, Belgique, Italie, Suisse, Grèce;
l'Espagne, la Bulgarie, la Roumanie, la Serbie, le Véné-
zuéla, la Colombie, Haïti.

Il y a, sous le rapport du titre, deux systèmes principaux : celui de la France, de beaucoup le plus général, le
titre de 900 millièmes ou 9/10; celui de l'Angleterre de
916,66 millièmes ou 11/12.

Cependant les tableaux du chapitre premier montrent
qu'il y a d'autres titres et notamment ceux de 925 pour
le schilling anglais, ses multiples et ses divisions; de 983
pour les ducats des Pays-Bas; de 986 pour les ducats
d'Autriche-Hongrie; de 875 pour l'Égypte, le Mexique
et les Iles Philippines.

Pour nous résumer, l'Angleterre et la plupart de ses

possessions, notamment l'Inde anglaise; la Russie, l'Inde française et un petit nombre de pays, pour quelques-unes de leurs monnaies, n'ont adopté ni la numération décimale ni le poids métrique. Cependant, la Russie elle-même fabrique des pièces d'or au même poids et au même titre que les pièces de 20 francs.

L'Angleterre n'a pas pris part à ce mouvement civilisateur. Il ne faut pas l'attribuer à l'indifférence de son gouvernement mais à ce fait qu'il est religieusement parlementaire, qu'il suit l'opinion de la masse de la nation plutôt qu'il ne la presse.

Le peuple anglais s'achemine vers cette solution rationnelle, et une campagne très active, commencée depuis plusieurs années, est énergiquement menée pour inviter l'administration à la réforme monétaire inaugurée par la France. 68 chambres provinciales, sur 69, se sont prononcées pour l'adoption du système décimal et pour son application aux monnaies anglaises, et, en juin 1887, des députations de membres du parlement, de l'industrie et du commerce ont fortement engagé le gouvernement à réaliser ce vœu de la nation.

La monnaie commune d'appoint, dite de cuivre, est en un alliage qui tient du laiton et du bronze. Elle a l'inconvénient d'être d'un poids gênant et d'un volume encombrant. Les pays suivants ont adopté une monnaie blanc-grisâtre, constituée par un alliage de 75 de cuivre et de 25 de nickel; cependant, sauf dans les deux dernières contrées, il se trouve encore du bronze analogue au nôtre.

PAYS	DÉSIGNATION DES PIÈCES
Belgique.	Pièces de 20, de 10 et de 5 centimes.
Bolivie.	Pièces de 10 et de 5 centavos.
Brésil.	Pièces de 200 et de 100 reis.
Empire d'Allemagne.. .	Pièces de 10 et de 5 pfennigs.
États Unis de l'Amérique du Nord.	Pièces de 5 et de 3 cents.
Honduras.	Pièces de 1 real, de 1/2 real, de 1/4 real et de 1/8 de real.
Jamaïque.	Penny, demi penny et farthing.

La monnaie de nickel est de faible poids et de petit module. Le seul inconvénient est la confusion possible avec l'argent, la nuit surtout. Il est fortement question de l'adopter en France; M. Ruau, directeur général des monnaies, a fait une étude approfondie de cette substitution et il estime que le danger, dont il vient d'être parlé, serait évité en remplaçant le disque monétaire, par une pièce dont le périmètre serait formé de pans à arêtes suffisamment atténuées pour ne pas rendre la monnaie incommode.

Il est un point de haute importance que nous avons à envisager maintenant, et qui divise les peuples en trois catégories distinctes ; ceux qui ont une monnaie à double base, l'or et l'argent, qu'on nomme *bimétallistes*, et ceux qui n'ont qu'un seul métal comme base de leur monnaie, les *monométallistes*, lesquels se divisent en monométallistes d'or et monométallistes d'argent.

Ces termes cachent, sous une apparente clarté, une certaine obscurité, et, malgré des écrits sans nombre, des travaux dans tous les pays et de nombreuses réunions internationales, leur sens est généralement mal compris.

Dans les trois systèmes, l'or et l'argent font l'office de monnaies. Chez les pays bimétallistes, les deux métaux

précieux sont frappés librement et leur frappe est illimitée.
Les paiements se font à volonté et intégralement avec
l'un et l'autre ou avec l'un ou l'autre; l'or et l'argent
ont, suivant l'expression consacrée, une force libératoire
égale et complète. Leur valeur reste invariable quelle que
soit la fluctuation commerciale relative; elle a été déterminée conventionnellement. La valeur légale des deux
métaux se confond avec la valeur intrinsèque sur la base
de cette convention.

Dans les nations monométallistes, un des deux métaux
seul est frappé librement, et à frappe illimitée; lui seul
peut servir, en quantité quelconque, à effectuer les paiements, possède la force libératoire entière.

L'autre métal n'est frappé qu'en proportion limitée, déterminée par l'État suivant une base qui est généralement
évaluée à une certaine quotité par habitant; il n'entre
dans les paiements que pour une somme minime, qu'on
ne peut pas dépasser sauf entente entre le vendeur et
l'acheteur; sa force libératoire n'est donc pas entière, sa
valeur réelle est inférieure à sa valeur légale, nominale:
il devient une monnaie fiduciaire, et, dans le cas où c'est
l'étalon d'or qui est adopté, l'argent n'est plus qu'une
monnaie d'appoint, jouant par rapport à l'or, le rôle du
cuivre vis-à-vis de l'argent, rôle très important néanmoins,
car c'est sur son emploi que roulent la plus grande partie
des opérations journalières dans la vie matérielle et les
transactions incessantes du petit commerce avec les particuliers.

La variabilité du rapport de valeur entre l'or et l'argent
est la pierre d'achoppement du bimétallisme, car, ces
métaux, à l'état de monnaies, sont, au fond, des marchan-

dises, que leurs qualités physiques, — couleur, — bonne conservation, éclat, — ont fait admettre comme marchandises privilégiées que chacun accepte parce qu'elles portent une marque qui en certifie la vraie nature et qui leur donne le caractère de l'authenticité.

On comprend qu'un accord général revête un produit de ce caractère officiel et lui assigne une valeur légale lorsqu'il porte la marque de l'authenticité, mais il est plus difficile de s'expliquer que ce même caractère officiel, donnant la valeur légale, s'applique à deux substances, parce qu'en somme ce sont des produits naturels dont la valeur relative est sujette aux fluctuations que l'*offre* et la *demande* font éprouver à toute marchandise. A une époque donnée, l'un se rencontrera dans la nature en grandes quantités, tandis que l'autre y deviendra peu fréquent ; les contrées à découvrir peuvent recéler l'or ou l'argent à l'exclusion de l'autre métal précieux. Pour l'un d'eux, le perfectionnement de l'extraction suivra d'un pas très inégal les progrès réalisés avec le second. La mode s'engouera de celui-ci ou de celui-là : une foule de causes peuvent en un mot, faire varier le rapport de fréquence, et, par suite, le rapport marchand des deux produits.

Depuis les temps anciens, chez tous les peuples, jusqu'en 1821, l'or et l'argent paraissent avoir servi, concurremment, avec une force libératoire égale, à fabriquer les monnaies.

On n'a pas de notions précises sur les variations de la valeur des deux métaux précieux dans l'antiquité ; cependant il est probable qu'il y a eu des écarts considérables entre la valeur de l'or et de l'argent; il est peut-être même arrivé que l'or ait été inférieur, comme prix, à l'argent. Ainsi, M. Berthelot cite certaines inscriptions de l'antique Égypte où l'argent est placé avant l'or. D'après Mariette, le papyrus de Boulaq indique que trois d'or ne représentent que cinq d'argent, soit le rapport très faible de 1,67.

Néanmoins, l'or a pris rapidement une valeur beaucoup plus forte que l'argent ; ainsi Rossiter cite une inscription de Carnak, d'après laquelle, sous Thoutmosis de la XVIIIe dynastie, l'or valait 13,33 fois le poids de l'argent. Une inscription cunéiforme de Khorsabad indique le même rapport que l'on retrouve encore en Asie mineure, sous Darius, à la fin du vi^e siècle avant l'ère chrétienne. Sous les Ptolémées, en Égypte, sous les Séleucides en Syrie, le rapport se maintient vers 12,50.

Ce rapport a baissé chez les Grecs, à partir du ve siècle, au moins, si l'on en croit Brandis qui déclare que les monnaies d'or de Philippe II de Macédoine (350 avant J.-C.) avaient 12,5 fois la valeur de celles d'argent, et Hultsch qui établit, d'après une inscription, à 11,5 le rapport de l'argent à Athènes, du temps de Lycurgue en 338. Après les conquêtes d'Alexandre, la valeur de l'or descendit, en Grèce, jusqu'à 10 en raison de l'or trouvé dans les trésors de l'Asie, puis il remonta peu à peu.

On manque d'observations dignes de confiance jusqu'au commencement du xvie siècle. A cette époque, en 1526, l'illustre astronome, Copernic, adressa au roi Sigismond un rapport sur les améliorations à introduire au système monétaire en Prusse, dans lequel il admet que 1 livre d'or équivaut à 12 livres d'argent quoique suivant Riese, ce rapport ne fût que de 10, 3 à 1, en 1518. En

1524, il était estimé dans un règlement royal à 11,38 pour 1.

L'ouvrage de M. Soetbeer donne un diagramme, établi sur des observations nombreuses et très étudiées, qui fixe ce rapport de 20 en 20 ans jusqu'en 1680; de 10 en 10 ans de 1681 à 1851, et, par année, de 1851 à 1885.

1501	à	1600	il oscille entre	10.75	et	11.80
1601		1700	—	—	14 »	14.96
1701		1750	—	—	15.27	14.93
1750		1800	—	—	15.56	15.42
1800		1850	—	—	15.61	15.83
1851		1855	—	—	15.46	15.36
1856		1860	—	—	15.34	15.30
1861		1865	—	—	15.48	15.43
1866		1870	—	—	15.44	15.60
1871			—	—	15.58	
1872			—	—	15.64	
1873			—	—	15.93	
1874			—	—	16.16	
1875			—	—	16.63	
1876			—	—	17.80	
1877			—	—	17.19	
1878			—	—	17.96	
1879			—	—	18.39	
1880			—	—	18.06	
1881			—	—	18.24	
1882			—	—	18.27	
1883			—	—	18.65	
1884			—	—	18.63	
1885			—	—	19.39	
1886			—	—	20.40	
1887			—	—	20.80	

Le rapport s'élèvera vers 22 en 1888.

On n'a guère de renseignements spéciaux pour la France; on sait, seulement, par quelques écrits, que, dès le XVII° siècle, on se préoccupait de régler la valeur des deux métaux de façon que l'extraction de l'un ou de l'autre ne devint pas un appât pour la spéculation.

M. Broch, s'appuyant sur des ordonnances monétaires, établit ce rapport à diverses époques. Il était dans l'année :

<pre>
1526, en Angleterre, de. 11,30
1542, en Angleterre, de. 11,10
1551, en Allemagne, de. 11,17
1559, en Allemagne, de. 11,45
1561, en France, de. 11,70
1575, en France, de. 11,68
</pre>

Ce n'est qu'après la découverte des riches mines d'argent de Potosi, en 1545, et encore plus après la découverte de la méthode d'amalgamation à froid en 1557, que l'argent a commencé à baisser par rapport à l'or. Il a été dans l'année :

<pre>
1604, en Grande-Bretagne, de. 12,16
1612, en Grande-Bretagne, de. 13,30
1619, en Grande-Bretagne, de. 13,35
1640, en France, de. 13,51
1667, en Allemagne, de. 14,15
1669, en Allemagne, de. 15,11
1670, en Grande-Bretagne, de. 14,50
1679, en France, de. 15,00
1685, en France, de. 15,10
</pre>

D'après le change noté à Hambourg sur les ducats des Pays-Bas, le rapport du prix de l'or à celui de l'argent est calculé :

<pre>
1687-1700, en moyenne à. 14,97
1701-1720   —   15,21
1721-1740   —   15,08
1741-1790   —   14,74
1791-1800   —   15,42
</pre>

Une loi du 31 mars 1640 fixe la valeur du marc d'or fin à 3,84 livres. Le rapport était de 12 en Allemagne et dans le Milanais, de 12 1/2 dans la Flandre et les Pays-Bas, de 13 1/3 en Espagne et en Angleterre. La France établit le rapport à 13 3/4 afin d'attirer l'or étranger et de fermer la porte de l'étranger à l'or français. Vers 1740, la proportion en France était de 14 1/2; une déclaration royale fut promulguée le 30 octobre 1785 : on refondit les monnaies d'or en diminuant leur poids, tout en leur laissant la même valeur nominale, parce que l'équilibre entre les deux métaux avait été rompu. Ce changement releva la valeur de l'or à 15 1/2, rapport qui n'a plus été changé depuis cette époque.

La République de 1789 inaugura pour notre pays une ère nouvelle au point de vue monétaire, l'ère de la loyauté.

Sous l'ancienne monarchie, le roi était le maître absolu de la fabrication de la monnaie. Sous plusieurs monarques, Philippe le Bel, Philippe de Valois, Jean II, pendant la minorité de Louis XV, la proportion du métal précieux fut abaissée sans que la désignation fût changée, de telle sorte que la valeur dans les échanges n'en fut pas modifiée. La monnaie n'était qu'un signe, qu'une manifestation du pouvoir personnel, tirant sa valeur de l'effigie du prince.

Cette cause, jointe au fait que la monnaie avait, à l'origine un poids très fort, amena des différences considérables dans le poids des pièces : ainsi, la livre d'argent qui se confondait, au temps de Charlemagne, avec la livre, mesure des denrées, n'était plus, en 1789, que la quatre-vingt-quatrième partie de cette livre.

Mirabeau stigmatisa cette manière d'agir et la monnaie devint, non plus un signe, mais une substance acceptée dans les échanges suivant sa valeur propre, intrinsèque.

Le système du 7 avril 1795 (18 germinal an III) eut un autre mérite, celui de relier la monnaie au système des poids et mesures qui avait une base naturelle, le kilogramme.

Quand on étudie ces questions, on voit le soin intelligent que prirent les législateurs de suivre les conseils des grands savants du temps, Laplace, Borda, Lavoisier etc., et l'on est frappé du sens éminemment pratique de ces derniers.

Pour eux, la monnaie est au même degré que le culte, que la langue, le lien qui réunit les hommes d'une même nation, et ils se sont préoccupés, avant tout, de donner à l'unité monétaire nouvelle, au franc, une valeur aussi voisine qu'il était possible de la livre afin d'habituer, d'attirer les populations ; de fait, la livre de l'époque et le franc possèdent des valeurs si rapprochées que longtemps on a changé la pièce de six livres contre six francs.

Ils ne cherchèrent pas, dit J. B. Dumas, à inventer une monnaie, ils donnèrent une consécration scientifique à une monnaie existante. C'était, chez ces hommes éminents, une nouvelle application de leur idée première, car le mètre n'était pas pour eux, exclusivement la dix-millionième partie du quart du méridien terrestre, c'était le pas de l'homme régularisé. L'unité de poids était la double livre de l'époque, et le nom de *bi-livre*, donné au début, faisait revivre le bilibre de Charlemagne. Pareillement l'unité de capacité, qui s'est appelée plus tard le litre, était la *pinte* régularisée.

C'est en partant de ces considérations pratiques dans toutes leurs parties, qu'a été inauguré le système éminemment scientifique dont les unités sont le mètre, le kilogramme, le litre, le franc, système qui a été accepté lentement mais d'une façon durable par le plus grand nombre des nations civilisées, et c'est pour unifier le franc avec la livre, qu'on a choisi le poids de 5 grammes, nombre qui n'a rien de décimal, pour être la base de l'unité monétaire, le poids du franc.

La loi de l'an III (18 germinal), porte, en effet, ceci :
« L'unité des monnaies prendra le nom de franc pour remplacer celui de livre usité jusqu'à ce jour. »

La loi de la même année (28 thermidor) ajoute : « Le titre et le poids seront indiqués par les divisions décimales.

« Le titre sera de neuf parties d'argent et d'une partie d'alliage.

« La pièce d'un franc sera à la taille de 5 grammes ; celle de deux francs, à la taille de dix grammes ; celle de cinq francs à la taille de vingt-cinq grammes. »

Cette introduction du système décimal, à la fois dans le poids et dans le titre, est une remarquable conception car elle rend simples les calculs qui, d'après ce qu'on a vu dans le chapitre précédent, présentaient une extrême complication. Les nations étrangères entrent successivement dans cette voie.

L'introduction de l'alliage (du cuivre) dans l'argent et dans l'or est une nécessité parce que les deux métaux précieux n'ont pas une dureté suffisante pour résister à l'usure due au frottement, au *frai*.

Enfin, le nouveau système présentait une innovation de haute valeur.

La loi de thermidor ajoute pour les pièces d'argent :

« Au centre on lira la *valeur* de la pièce.

« La tranche portera ces mots : *Garantie nationale*.

« Il sera fabriqué des pièces d'or.

« Le titre sera de neuf parties de ce métal pur et d'une partie d'alliage.

« Chaque pièce sera à la taille de 10 grammes.

« Au centre, on lira le *poids* de la pièce. »

On est frappé de la différence capitale du texte pour l'or et l'argent.

Sur la monnaie d'or est indiqué seulement le poids ; sur la monnaie d'argent sont inscrits la valeur et les mots : *Garantie nationale*.

Enfin, la même loi détermine les monnaies de bronze, dont chaque pièce porte la valeur comme pour l'argent, et qui a dû à sa faible valeur intrinsèque, et à son rôle incessant, comme instrument des paiements quotidiens, d'avoir un taux supérieur à sa valeur réelle.

Le monométallisme était créé, et ce monométallisme était celui de l'argent : l'or n'avait plus que la qualité d'une simple marchandise.

Il était logique de choisir l'argent, comme base des monnaies, à l'exclusion de l'or parce que les relations internationales étaient faibles, les communications limitées même d'une province à une autre, l'industrie naissante, le commerce peu prospère, la monnaie très rare, la nation pauvre ; la valeur de l'or eût été en disproportion choquante avec la minime importance des échanges.

Cette loi, si remarquable, ne reçut pas son application

au point de vue de l'or, et la loi du 28 mars 1803 (7 ger-
nal an XI) établit la fabrication de pièces d'or de 20 et
de 40 francs à 9 dixièmes de fin.

M. Gaudin, ministre des finances, dans le rapport qu'il
adressait aux consuls, le 20 brumaire an XI, envisage
l'introduction de l'or dans les monnaies à deux points de
vue, soit comme une simple marchandise au cours, soit
comme étalon dont la valeur est reliée d'une manière fixe
à celle de l'argent. Il rejette le premier système et pré-
conise le second au rapport de 15 1/2 : c'est le mode qui
a malheureusement prévalu.

Il cite dans ce rapport l'opinion d'un homme très versé
en ces matières, opinion qui consisterait à prendre le
rapport de 15 et à créer les pièces du poids de 10
grammes à 900 millièmes, lesquelles vaudraient exacte-
tement 30 francs ; on établirait des pièces de 5 grammes
qui, en raison de ce poids, constitueraient les *francs d'or*,
dont la valeur serait celle de trois pièces de 5 francs.

A partir de ce moment, l'or intervint, comme l'argent,
pour sa valeur, et le bimétallisme fut rétabli avec le rapport de 1 à 15,50. En effet, d'après cette dernière loi, les
pièces d'or de 20 francs sont à la taille de 155 au kilogramme et le poids d'une seule de ces pièces est de
1000 grammes divisé par 155, soit 6^{gr}, 451.

Il faut avouer que ce rapport et ce poids n'ont pas le
mérite de la simplicité et qu'il eût été sage, à cette époque,
non seulement de ne pas revenir au bimétallisme, mais de
renoncer au monométallisme d'argent pour lui substituer
le monométallisme d'or.

En effet, la France était relevée de ses ruines, son nouveau drapeau avait fait une partie du tour du monde, l'or

affluait et l'aurore de sa puissance, de son influence sur les nations voisines, était déjà levée. Les tableaux du chapître précédent montrent qu'on a fabriqué sous Napoléon Ier 528.024.440 francs d'or.

D'autre part, l'idée du monométalisme d'or avait fait l'objet d'un remarquable ouvrage d'un homme d'État anglais, Charles Jenkinson, créé, en 1796, comte de Liverpool, et c'est son fils, devenu premier ministre, qui institua, en 1816, chez nos voisins, le monométallisme d'or.

Il y a une relation naturelle entre la puissance d'achats dont l'homme a besoin et l'espèce du métal qui sert à ces achats. Le fer, le cuivre sont les monnaies d'un peuple à son début, l'argent est l'instrument d'échange d'une nation de peu d'importance, l'or est celui des nations riches, avancées en civilisation, par suite de la *portabilité* de ce métal.

On n'a pas oublié que la loi de l'an III avait créé, en principe, la pièce de 10 grammes d'or comme marchandise. Il eût été aussi sage que grand d'abandonner la définition du franc qui repose sur ce fait que le kilogramme d'argent à 9/10 de fin, étant coupé en 200 parties égales, l'une d'elles constitue un poids, non décimal, de 5 grammes qui est précisément l'unité monétaire, et de dire : le franc sera formé par un poids décimal, résultant de la division du kilogramme d'or par un nombre décimal, tel que 100, soit par 10 grammes d'or à 9/10 de fin.

Enfin, cette décision n'a pas été prise et, depuis 1803, le rapport de 15,5 à 1 entre l'or et l'argent, qui existait à l'époque, fut consacré ; il est la base de notre système actuel : le kilogramme d'argent est divisé en 200 parties ou pièces d'un franc chacune ; le kilogramme d'or est divisé en 155 parties ou pièces de 20 francs. D'où il suit que 200 francs représentent la valeur légale d'un kilogramme d'argent et 3100 francs celle d'un kilogramme d'or, alliés avec du cuivre, au titre de 900 millièmes de chaque métal précieux.

Suivons la marche de la fabrication et de la circulation des monnaies en France.

Vers 1838, on possédait 3 milliards 500 millions d'argent, tandis que l'or n'était guère que de 200 millions alors qu'on en avait frappé un milliard au moins.

Jusqu'à 1852, cet or que l'on continue à frapper va toujours diminuant, même en laissant de côté les époques de crise, comme 1848, où l'or se cache. En 1852, sa circulation ne dépassait pas 100 millions, tandis qu'il était entré en France, près de 1300 millions d'argent.

Le phénomène se renverse alors, à partir du moment où les mines d'or de Californie, d'Australie, de l'Oural déversent sur le monde une pluie d'or. L'argent s'écoule de notre pays, il s'en échappe jusqu'en 1864 près de 1700 millions ; l'or revient prendre sa place.

Les divers gouvernements s'émurent lorsqu'ils virent les immenses quantités d'or qui affluaient sur le marché, et la crainte d'une baisse de ce métal amena l'Autriche, la Prusse et les autres états de la Confédération germanique, ainsi que la Belgique, à adopter l'étalon unique d'argent que les Pays-Bas avaient admis dès 1847.

La France, la Russie, l'Italie, la Suisse, en vue d'arrêter le drainage de l'argent, eurent recours à un autre moyen : celui d'abaisser le titre des monnaies divisionnaires de ce métal ; cette mesure fut appliquée dans notre pays en 1864, l'Union latine prit naissance.

La fabrication des pièces à 835 millièmes a été une première et sérieuse atteinte au système du bimétallisme, puisque cet argent n'a pas la force libératoire illimitée, et ce fut aussi une atteinte au système décimal.

Ce titre a été admis pour les raisons suivantes :

La dépréciation de l'argent s'était manifestée dès l'année 1850, car une commission, dont le rapporteur était Thiers, fut formé le 14 décembre, pour étudier cette question; lesé vénements qui agitaient le pays empêchèrent ce travail d'aboutir.

Dans les années suivantes, l'écart de valeur entre les deux métaux devint tel que la spéculation, après avoir fait le vide des pièces de 5 francs, s'attaqua aux monnaies divisionnaires. Deux circonstances économiques vinrent accroître la raréfaction de l'argent : la maladie des vers à soie et la guerre de la sécession, en Amérique, qui nous contraignirent à chercher les soies et les cotons dans les pays de l'Orient où, l'argent étant très recherché, nos paiements furent faits avec ce dernier métal.

Des commissions, nommées en 1857 et en 1861, établirent que la production de l'argent et de l'or qui s'était maintenue, depuis 1493 jusqu'à 1846, dans le rapport de 2 à 1, était devenue, au contraire, de 3 d'or pour 1 d'argent; que, sur 214.463.000 francs de petite monnaie, émis depuis 1795, il en restait, à peine, 160 millions; que l'on avait, notamment refondu 43 millions de pièces neuves frappées depuis 1856; qu'il restait en circulation, surtout des pièces anciennes, sans effigie visible, auxquelles le frai avait enlevé une forte partie du poids. Des expériences, exécutées à la Monnaie, montrèrent que les pièces de 1 franc ne pesaient plus, en moyenne, que

4 grammes 6, et n'avaient plus qu'une valeur de 91 centimes 37 millièmes. Enfin, des monnaies étrangères de
mauvais aloi étaient entrées dans la circulation. Le petit
commerce, qui était devenu très florissant, se plaignait
amèrement du manque de menues monnaies,

La Russie, les Etats-Unis, la Hollande, plusieurs
Etats allemands, la Suisse avaient abaissé le titre de leurs
monnaies divisionnaires d'argent, en gardant à la pièce
principale son titre ; de telle sorte que cet abaissement
accroissait en proportion considérable le profit de l'exportation de nos pièces dont la valeur nominale se confondait avec la valeur intrinsèque.

Une objection théorique, il est vrai, mais très sérieuse
cependant, était faite : l'abaissement du titre de la pièce
de 1 franc est l'abandon de la définition du franc, base de
notre système monétaire. Pour y répondre on ne fabriqua,
en 1864, que des pièces de 20 centimes et de 50 centimes.

La pénurie de l'argent étant restée toujours très forte,
le public ayant accepté sans aucune difficulté la nouvelle
monnaie, on démonétisa, en 1866, les pièces de 1 franc
et de 2 francs, de telle sorte que toutes les pièces divisionnaires furent ramenées à 835 millièmes, en conservant leur poids. Les peuples de l'Union latine opérèrent
la même transformation.

Il fut spécifié que ces monnaies formeraient des monnaies d'appoint et seraient limitées dans les paiements ;
que l'ancien franc serait conservé comme monnaie de
compte et comme mesure normale de l'or et de l'argent
avec les conditions déterminées par la loi fondamentale du 7 germinal an XI. On insista sur ce fait que, d'ail-

leurs, le franc ne disparaissait pas dans son expression matérielle, car elle subsistait dans la pièce de 5 francs en argent qui est le multiple par 5 du franc, et l'on fit remarquer qu'au point de vue métrique, le franc conservait son poids de 5 grammes.

Il n'y avait, en réalité, pour parer au drainage de l'argent, que ce moyen, consistant à abaisser le titre, ou celui de diminuer le poids, car il est certain que toute monnaie ayant une valeur intrinsèque, égale à sa valeur nominale, aurait été, sans cesse, enlevée par la spéculation.

Le titre de 835 n'a pas été fixé d'une manière arbitraire. On se préoccupa de le choisir assez élevé pour que l'alliage satisfît aux conditions d'une bonne fabrication, et que la contrefaçon n'en fût pas encouragée, assez abaissé pour que la spéculation n'eût pas intérêt à exporter ou à refondre cette monnaie. Le titre de 850 parut trop élevé et celui de 800 trop abaissé; il est regrettable qu'on n'ait pas choisi ce dernier, et, au fond, ce qui l'a fait rejeter c'est que le gouvernement redoutait que la malveillance ne reportât les esprits vers d'anciens et tristes souvenirs, qu'on ne l'accusât, pour dire le mot, de fabriquer de la fausse monnaie.

Ces mesures graves venaient à peine d'être votées par les divers États qu'une troisième évolution, qui se préparait depuis la découverte, en 1859, des mines d'argent de la Californie, se faisait sentir en Europe; en 1868, nous avions 1 milliard de francs d'argent.

Vers 1819, la France possédait environ 2 milliards de numéraire. Vers 1869, l'or monnayé s'élevait à 4 milliards, et l'argent atteignait 1 milliard et demi : en cinquante ans, le numéraire s'était accru de près de 4 milliards sur un point de départ de 2 milliards.

Il est nécessaire de s'arrêter un instant sur les circonstances qui ont amené, en quelques années, des modifications aussi profondes dans la fabrication et la circulation des deux métaux précieux, dans le régime monétaire des peuples, et dans la valeur relative de l'or et de l'argent.

Afin d'éviter des répétitions, nous allons donner cette statistique jusqu'à nos jours, c'est-à-dire jusqu'à 1885, au lieu de nous arrêter aux années 1867, 1868, 1869, où nous sommes arrivés dans la discussion.

En 1846, de nouveaux et abondants gisements aurifères furent rencontrés en Russie et exploités aussitôt avec activité.

L'or a été trouvé, en immense quantité, dans la Californie, en 1849. Les premiers placers ont été découverts sur les bords du Sacramento dans le flanc occidental de la Sierra Névada ; d'autres ont été rencontrés sur d'autres points des États-Unis, même assez éloignés de ceux-là, soit au nord, soit dans le haut Mexique. Ces gisements ont été dépassés en richesse, peu après, par ceux des diverses colonies anglaises d'Australie, la Nouvelle Galles du Sud en 1851, et l'état de Victoria en 1852.

L'argent a été rencontré, en 1859, dans des filons d'une abondance et d'une richesse extrêmes dans l'état de Névada, sur le versant oriental de la Sierra Névada et surtout aux bords de la rivière Carson et du lac Washoë.

Ces découvertes, répétées à bref délai, ont, pour ainsi dire, transformé le monde ; cet accroissement de richesses a donné un essor incomparable à l'industrie et a permis de consacrer aux travaux publics, chez les divers peuples,

Production de l'or et de l'argent depuis la découverte de l'Amérique jusqu'à 1878 d'après M. Mardle, ancien directeur du bureau de Statistique aux États-Unis.

PÉRIODES	NOMBRE DES ANNÉES	PRODUCTION ANNUELLE MOYENNE				PRODUCTION TOTALE			
		PAR POIDS EN KILOGRAMMES		PAR VALEUR EN FRANCS		PAR POIDS EN KILOGRAMMES		PAR VALEUR EN FRANCS	
		OR FIN	ARGENT FIN	OR	ARGENT	OR FIN	ARGENT FIN	OR	ARGENT
		kil	kil	fr	fr	kil.	kil	fr	fr
1493-1580	88	3.000	98.400	11.260.000	21.850.000	264.500	8.656.000	911.000.000	1.923.000.000
1581-1600	20	4.390	317.830	15.150.000	70.650.000	87.900	6.356.000	303.000.000	1.413.000.000
1601-1620	20	3.660	261.000	12.600.000	58.000.000	73.200	5.221.000	252.000.000	1.160.000.000
1621-1640	20	4.250	285.000	14.650.000	63.500.000	84.900	5.720.000	293.000.000	1.271.000.000
1641-1660	20	4.250	286.000	14.650.000	63.500.000	84.900	5.720.000	293.000.000	1.271.000.000
1661-1680	20	4.100	277.000	14.100.000	61.600.000	82.000	5.539.000	282.000.000	1.231.000.000
1681-1700	20	7.530	269.000	26.000.000	59.800.000	150.600	5.380.000	520.000.000	1.196.000.000
1701-1720	20	17.570	238.300	60.500.000	53.000.000	351.500	4.767.000	1.211.000.000	1.059.000.000
1721-1740	20	32.950	283.700	113.500.000	63.000.000	659.000	5.675.000	2.270.000.000	1.261.000.000
1741-1760	20	22.700	397.200	78.200.000	88.300.000	454.000	7.945.000	1.564.000.000	1.766.000.000
1761-1780	20	14.650	499.400	50.400.000	111.000.000	292.900	9.988.000	1.009.000.000	2.220.000.000
1781-1800	20	14.650	681.000	50.400.000	151.300.000	292.900	13.620.000	1.009.000.000	3.027.000.000
1801-1810	10	14.790	795.200	50.900.000	176.700.000	147.900	7.952.000	509.000.000	1.767.000.000
1811-1820	10	10.540	510.500	35.300.000	113.400.000	105.400	5.105.000	363.000.000	1.134.000.000
1821-1830	10	15.520	483.700	53.500.000	107.500.000	155.200	4.837.000	535.000.000	1.075.000.000
1831-1840	10	20.940	479.000	72.100.000	106.400.000	209.400	4.790.000	721.000.000	1.064.000.000
1841-1850	10	47.870	742.100	210.300.000	164.900.000	478.700	7.421.000	3.686.000.000	1.663.000.000
1856-1860	5	202.000	925.200	695.000.000	205.600.000	1.010.000	4.626.000	3.478.000.000	1.028.000.000
1861-1865	5	167.600	1.080.000	577.400.000	240.000.000	838.000	5.400.000	2.887.000.000	1.200.000.000
1866-1870	5	163.800	1.152.800	564.000.000	256.200.000	819.000	5.764.000	2.820.000.000	1.281.000.000
1871-1875	5	144.200	1.534.000	496.400.000	340.800.000	721.000	7.670.000	2.482.000.000	1.704.000.000
1876	»	131.800	1.725.000	454.000.000	383.000.000	»	»	»	»
1877	»	141.300	1.669.000	487.200.000	371.000.000	»	»	»	»
1878	»	122.300	1.485.000	421.000.000	330.000.000	»	»	»	»
1876-1878	3	131.800	1.626.000	454.000.000	361.000.000	395.400	4.879.000	1.362.000.000	1.084.000.000
1493-1600	108	3.260	139.000	11.200.000	30.200.000	352.400	15.012.000	1.214.000.000	3.336.000.000
1601-1700	100	4.760	275.800	16.400.000	61.300.000	475.600	27.580.000	1.640.000.000	6.129.000.000
1701-1800	100	20.500	419.900	70.600.000	93.300.000	2.050.300	41.995.000	7.063.000.000	9.333.000.000
1801-1850	50	21.900	602.000	84.600.000	133.800.000	1.096.600	30.105.000	4.231.000.000	6.689.000.000
1851-1878	28	173.300	1.176.400	597.000.000	261.400.000	4.853.400	32.944.000	16.715.000.000	7.320.000.000
1493-1878	386					8.828.300	147.636.000	30.863.000.000	32.807.000.000

Production de l'or et de l'argent, d'après l'estimation de M. Burchardt, directeur de la Monnaie des États-Unis (Washington 1880).

ANNÉES	PAR POIDS EN KILOGRAMMES		PAR VALEUR EN FRANCS	
	OR FIN	ARGENT FIN	OR	ARGENT
	kil	kil	fr	fr
1877	171.400	2.175.000	590.500.000	483.000.000
1878	179.100	2.326.000	616.900.000	517.000.000
1879	158.500	2.175.000	546.600.000	483.000.000

*Production de l'or et de l'argent, depuis la découverte de l'Amérique jusqu'à 1879
d'après M. le docteur Soetbeer, de Göttingue.*

PÉRIODES	NOMBRE DES ANNÉES	PRODUCTION ANNUELLE MOYENNE				PRODUCTION TOTALE				Proportion moyenne de la valeur de l'or et de l'arg. en Europe
		PAR POIDS EN KILOGRAMMES		PAR VALEUR EN FRANCS		PAR POIDS EN KILOGRAMMES		PAR VALEUR EN FRANCS		
		OR FIN	ARGENT FIN	OR	ARGENT	OR FIN	ARGENT FIN	OR	ARGENT	
		kil	kil	fr	fr	kil	kil	fr	fr	
1493-1520	28	5.800	47.000	19.980.000	10.440.000	162.400	1.316.000	560.000.000	292.000.000	11.3
1521-1544	24	7.160	90.200	24.660.000	20.040.000	171.800	2.165.000	592.000.000	481.000.000	11.2
1545-1560	16	8.510	311.600	29.310.000	69.240.000	136.200	4.986.000	469.000.000	1.108.000.000	11.3
1561-1580	20	6.840	299.500	23.560.000	66.560.000	136.800	5.990.000	471.000.000	1.331.000.000	11.7
1581-1600	20	7.380	418.900	25.420.000	93.100.000	147.600	8.378.000	508.000.000	1.862.000.000	11.9
1601-1620	20	8.520	422.900	29.350.000	93.980.000	170.400	8.458.000	587.000.000	1.880.000.000	13.0
1621-1640	20	8.300	393.600	28.590.000	87.470.000	166.000	7.872.000	572.000.000	1.749.000.000	13.4
1641-1660	20	8.770	366.300	30.210.000	81.400.000	175.400	7.326.000	604.000.000	1.628.000.000	13.8
1661-1680	20	9.260	337.000	31.900.000	74.900.000	185.200	6.740.000	638.000.000	1.498.000.000	14.7
1681-1700	20	10.765	341.900	37.080.000	76.000.000	215.300	6.838.000	742.000.000	1.520.000.000	15.0
1701-1720	20	12.820	355.600	44.160.000	79.000.000	256.400	7.112.000	883.000.000	1.580.000.000	15.2
1721-1740	20	19.080	431.200	65.720.000	95.800.000	381.630	8.624.000	1.314.000.000	1.916.000.000	15.1
1741-1760	20	24.610	533.145	84.770.000	118.500.000	492.200	10.663.000	1.695.000.000	2.370.000.000	14.8
1761-1781	20	20.705	652.740	72.320.000	145.000.000	414.100	13.055.000	1.426.000.000	2.900.000.000	14.8
1781-1810	20	17.792	879.060	61.280.000	195.300.000	355.800	15.781.000	1.226.000.000	3.906.000.000	15.1
1801-1810	10	17.778	894.150	61.240.000	198.700.000	177.800	8.942.000	612.000.000	1.987.000.000	15.6
1811-1820	10	11.445	540.770	39.420.000	120.200.000	114.400	5.408.000	394.000.000	1.202.000.000	15.5
1821-1830	10	14.216	596.450	43.970.000	102.300.000	142.200	4.606.000	430.000.000	1.023.000.000	15.8
1831-1840	10	20.289	455.560	69.900.000	132.500.000	202.900	5.964.000	699.000.000	1.325.000.000	15.7
1841-1850	10	54.759	780.415	188.600.000	173.400.000	547.600	7.804.000	1.886.000.000	1.734.000.000	15.8
1851-1855	5	197.515	886.115	630.330.000	196.900.000	987.600	4.431.000	3.402.000.000	985.000.000	15.4
1856-1860	5	206.058	904.990	709.800.000	201.100.000	1.030.000	4.525.000	3.549.000.000	1.006.000.000	15.3
1861-1865	5	185.123	1.101.150	637.600.000	244.700.000	925.600	5.506.000	3.188.000.000	1.223.000.000	15.4
1866-1870	5	191.900	1.339.085	651.000.000	297.600.000	959.500	6.695.000	3.355.000.000	1.488.000.000	15.6
1871-1875	5	170.675	1.969.425	588.000.000	437.600.000	853.400	9.847.000	2.940.000.000	2.188.000.000	16.0
1875	1	171.700	2.365.000	591.500.000	525.500.000	»	»	»	»	17.80
1877	1	182.800	2.423.000	629.800.000	539.500.000	»	»	»	»	17.19
1878	1	183.700	2.603.000	632.600.000	578.500.000	»	»	»	»	17.56
1879	1	156.900	2.557.000	540.300.000	568.200.000	»	»	»	»	18.39
1876-1879	4	173.775	2.488.255	598.550.000	552.875.000	695.100	9.953.000	2.394.000.000	2.211.000.000	17.42
1493-1600	108	6.990	211.400	24.070.000	46.230.000	754.800	22.835.000	2.600.000.000	5.074.000.000	11.5
1601-1700	100	9.123	372.340	31.430.000	82.750.000	912.300	37.234.000	3.143.000.000	8.275.000.000	14.0
1701-1800	100	19.001	570.350	65.440.000	126.720.000	1.900.100	57.035.000	6.544.000.000	12.672.000.000	15.0
1801-1850	50	23.698	654.480	81.620.000	145.420.000	1.184.900	32.724.000	4.081.000.000	7.271.000.000	15.7
1851-1879	29	187.973	1.312.300	647.520.000	313.840.000	5.451.200	43.957.000	18.778.000.000	9.101.000.000	15.85
1493-1879	337		PRODUCTION TOTALE			10.203.300	190.735.000	35.146.000.000	42.393.000.000	

des sommes énormes. Les transactions, sous l'influence de la vapeur et de l'électricité, ont pris une importance dont on n'avait pas l'idée.

La vieille Europe a émigré vers ces contrées privilégiées, qui étaient hier des déserts à peine indiqués sur les cartes, et qui sont aujourd'hui des États prospères, où l'agriculture devient pour le colon une source de richesse plus certaine et plus moralisatrice que l'extraction du métal précieux.

On a fort peu de renseignements sur ce qui s'est passé avant la découverte de l'Amérique, tandis que les évaluations des économistes ne sont pas très discordantes depuis 1493. Ces quantités s'écartent peu particulièrement pour la Russie et pour les États-Unis de l'Amérique du Nord où les statistiques ont été faites avec le plus grand soin par les deux derniers directeurs des Monnaies, M. Burchardt et M. Kimball. On ne peut pas en dire autant pour l'Australie et surtout pour les États de l'Amérique du Sud.

On trouve dans le *Bulletin de statistique* les renseignements suivants :

Les quantités d'or et d'argent extraites de 1880 à 1885 peuvent être évaluées comme il suit (M. Haupt) :

ANNÉES	OR	ARGENT
	millions de francs	millions de francs
1880	environ 551	environ 451
1881	— 527	— 472
1882	— 505	— 503
1883	— 470	— 526
1884	— 475	— 510
1885	— 527	— 546
Ensemble. . . .	3,055	— 3,008

La valeur de l'argent a été obtenue en comptant le kilo-gramme à raison de 182 francs.

La consommation industrielle et le frai doivent absor-ber environ, annuellement, 300 millions de francs d'or et 100 millions de francs d'argent.

La fabrication des monnaies s'est beaucoup ralentie pendant ces dernières années. La frappe de l'or qui s'est élevée, en moyenne, par an, de 1875 à 1880, à 1.025 millions de francs, n'a plus été de 1881 à 1885, que de 607 millions, par an environ.

L'inactivité des grands ateliers monétaires tiendrait en partie, à ce que les grandes banques d'émissions auraient pris l'habitude de réserver les pièces d'or étrangères qu'elles transformaient autrefois en monnaies nationales. Cependant, il aurait été refondu 636 millions de ces pièces aux États-Unis, de 1875 à 1885.

L'augmentation des stocks monétaires d'or aux États-Unis (180 millions de dollars en 1875 et 630 millions actuel-lement), en Italie (215 millions de francs en 1881 contre 700 millions en 1884), en Allemagne (91 millions de marcks en 1871 contre 1.800 millions en 1885) semble qu'il ne peut pas y avoir réellement une insuffisance de métal jaune. Et ni l'Autriche, ni la Russie ne sont en situation d'accroître la demande d'or.

CONSOMMATION ANNUELLE DE L'ARGENT

	millions de francs
Envois d'Angleterre en Orient, environ. . . .	200
Envois d'Amérique et de divers pays.	55
Monnayage en Autriche-Hongrie, Angleterre, etc.	20
Monnayage des bland-dollars aux États-Unis. .	125
Consommation industrielle.	100
Ensemble.	500

Les États-Unis jouent un rôle important dans la question de l'argent, et la suspension de la frappe de ce métal dans les États de l'Union américaine en accélérerait la dépréciation.

Évaluation du stock monétaire du monde

	OR	ARGENT	BILLON
	millions de francs		
Pays ayant une circulation bimétallique.	12,248	7,239	1,766
— — d'or. . . .	4,856	»	866
— — d'argent. . .	1,188	9,008	260
Ensemble.	18,292	16,247	2,892

M. Soetbeer a évalué la circulation du monde à 16.700 millions de francs pour l'or et à 9.800 millions pour l'argent. Ces chiffres sont moins élevés que ceux de M. Haupt parce que M. Soetbeer n'a pas cru pouvoir comprendre dans son total les estimations trop incertaines des stocks monétaires de l'Inde, de la Chine, du Japon, de la Turquie, etc. Dans tous les cas, dit-il, la réserve métallique est énorme. Qu'est-ce qu'une diminution de 100 millions sur la production annuelle de l'or comparée à 17 milliards? D'ailleurs, en 1886 et 1887, l'extraction paraît avoir été un peu plus abondante et, d'autre part, il se confirme qu'on vient de découvrir de nouveaux gisements dans le Transwaal et au Queensland.

Production de l'or dans les divers pays (M. Soelbeer).

PÉRIODES ET ANNÉES	ÉTATS-UNIS	AUSTRALIE	RUSSIE	MEXIQUE COLOMBIE BRÉSIL	AUTRES PAYS	ENSEMBLE	RÉSULTATS DE M. BURCHARDT
	kg	kg	kg	kg	kg	kg	kg
moy par an. 1851-1855	88.800	67.700	24.730	7.710	8.575	197.515	»
1856-1860	77.100	86.700	26.570	7.000	8.688	206.058	»
1861-1865	66.700	77.700	24.084	7.650	8.989	185.123	»
1866-1870	76.000	70.400	30.050	6.940	8.510	191.900	»
1871-1875	59.500	59.900	33.380	7.240	10.655	170.675	»
1876	60.000	54.200	33.600	7.200	16.000	171.000	»
1877	70.300	46.800	41.000	7.100	16.000	181.200	171.453
1878	76.800	42.500	42.100	7.200	16.000	184.600	179.175
1879	58.300	41.500	42.600	7.100	16.000	165.500	163.675
1880	54.200	43.400	41.400	6.700	16.000	161.700	160.152
1881	52.200	44.600	38.500	6.600	16.000	157.900	155.016
1882	48.900	42.500	32.700	6.300	16.500	146.900	148.510
1883	45.140	40.100	35.800	6.400	16.500	143.940	141.479
1884	46.348	42.400	32.908	8.000	16.500	146.151	143.381
1885	47.850						

Production de l'argent dans les divers pays (M. Soelbeer).

PÉRIODES ET ANNÉES	MEXIQUE	PÉROU BOLIVIE CHILI	ÉTATS-UNIS	ALLEMAGNE	AUTRES PAYS	ENSEMBLE	RÉSULTATS DE M. BURCHARDT
	kg	kg	kg	kg	kg	kg	kg
moy. par an. 1851-1855	466.100	218.600	8.300	48.960	144.155	886.115	»
1856-1860	447.800	190.400	6.200	61.510	199.080	904.990	»
1861-1865	473.000	191.100	174.000	68.320	194.730	1.101.150	»
1866-1870	520.900	229.800	301.000	89.125	198.260	1.339.085	»
1871-1875	601.800	374.700	564.800	143.080	285.045	1.969.425	»
1876	601.000	350.000	933.000	139.779	300.000	2.323.779	»
1877	634.000	350.000	957.000	147.612	300.000	2.388.612	2.174.610
1878	644.000	350.000	1.089.376	167.988	300.000	2.551.364	2.282.573
1879	699.000	350.000	981.000	177.507	300.000	2.507.507	2.313.731
1880	701.000	350.000	942.987	186.011	300.000	2.479.998	2.326.941
1881	721.000	350.000	1.034.649	186.990	300.000	2.592.639	2.458.322
1882	738.000	390.000	1.126.083	214.932	300.000	2.769.065	2.645.589
1883	739.000	510.000	1.111.457	235.063	300.000	2.895.520	2.747.785
1884	785.000	450.000	1.174.205	248.117	300.000	2.957.322	2.770.610
1885			1.241.000	278.000	340.000		

Production de l'or et de l'argent dans les principales contrées du globe, d'après Kimball.

PAYS		1883		1884		1885		1886	
		OR	ARGENT	OR	ARGENT	OR	ARGENT	OR	ARGENT
		kg	kg	kg	kg	kg	kg	kg	kg
États-Unis.		45.140	1.111.646	46.344	1.174.206	47.848	1.241.578	52.663	1.227.141
Australie.		40.852	3.609	42.558	4.530	41.287	25.225	39.761	29.403
Mexique.		1.438	711.467	1.780	655.868	1.304	772.661	924	749.033
Europe.	Russie.	29.420	7.210	32.913	9.353	38.125	15.554	30.872	12.707
	Allemagne.	457	142.694	555	160.000	1.378	142.339	1.065	156.400
	Autriche.	1.638	48.708	1.658	49.310	1.664	50.310	1.664	50.310
	Suède.	37	1.583	19	1.816	47	2.326	67	3.081
	Norvège.	»	5.645	»	6.387	»	7.200	»	7.200
	Italie.	310	10.398	310	10.398	310	10.398	142	29.259
	Espagne.	»	54.335	»	54.335	»	54.335	»	54.335
	Turquie.	10	32.074	10	1.333	10	1.333	10	1.323
	France.	»	6.356	»	5.905	»	5.905	»	51.000
	Angleterre.	2	8.448	»	8.055	»	7.638	»	10.124
Domination du Canada.		1.435	»	1.435	»	1.084	»	1.000	»
Amérique du Sud.	République argentine.	118	11.503	118	11.503	118	11.503	118	11.500
	Colombie.	5.802	18.287	5.802	18.287	5.802	18.287	3.762	9.625
	Bolivie.	109	384.985	109	384.985	109	384.985	109	384.985
	Chili.	245	128.128	500	160.000	500	160.000	260	182.342
	Brésil.	952	»	952	»	1.204	2.635	1.502	141
	Vénézuela.	5.023	»	17.033	»	7.033	»	5.020	»
	Pérou.	180	45.909	180	45.909	226	47.822	170	96.246
Japon.		291	12.949	296	23.463	265	23.085	333	24.855
Afrique.		3.211	119	1.259	3.084	3.978	8.716	2.163	3.165
Chine.		8.057	»	9.362	»	6.907	»	5.492	»
TOTAL.		144.727	2.746.123	153.193	2.788.727	159.289	2.993.805	147.097	3.137.175

En résumé, d'après M. Soetbeer, la production totale des métaux précieux depuis la fin du xv⁰ siècle jusqu'à la découverte de gisements d'or en Californie et en Australie et depuis cette époque jusqu'en 1885 a été :

	OR		ARGENT	
	kil.	p. 100	kil.	p. 100
1493 à 1850 (358 ans) . .	4.752.070	42,7	149.826.750	72,2
1851 à 1885 (35 ans) . .	6.383.388	57,3	57.563.631	27,8
TOTAL	10.135.458	100 »	207.390.381	100 »

La proportion d'or et d'argent [1] produits dans ces deux grandes périodes a été d'après le poids :

	OR	ARGENT
1493 à 1850	3,1 pour 100	96,9 pour 100
1851 à 1885	10 » —	90 » —

La valeur des métaux précieux produits a été de :

	OR		ARGENT	
	millions	p. 100	millions	p. 100
1493 à 1850 (358 ans) . . .	16.240	42,7	36.055	72,2
1851 à 1885 (35 ans) . . .	21.817	57,3	11.758	27,8
TOTAL	38.057	100 »	47.813	100 »

La proportion de la valeur de l'or et de l'argent produits dans ces deux grandes périodes a été :

	OR	ARGENT
1493 à 1850	33 » pour 100	67 » pour 100
1851 à 1885	63,2 —	36,8 —

[1] L'or est calculé à 3444 fr. 44 le kilogr.
L'argent est calculé à 222 fr. 22 le kilogr. jusqu'en 1871. A partir de cette époque sa valeur est déterminée d'après les prix moyens annuels.

Revenons à l'année 1867.

La France, fidèle au rôle civilisateur qu'elle a souvent pris dans le monde, profita de l'Exposition internationale de 1867 pour organiser à Paris, une conférence internationale, à laquelle furent représentés l'Angleterre, l'Autriche, le grand duché de Bade, la Bavière, la Belgique, le Danemark, les États-Unis, la France, l'Italie, la Norwège, les Pays-Bas, le Portugal, la Prusse, la Suisse, la Turquie, le Wurtemberg.

Ces représentants n'étaient pas nommés officiellement par leurs gouvernements, ils en avaient une sorte de mission officieuse ; c'étaient des hommes de valeur dont plusieurs avaient occupé dans leurs pays de hautes fonctions.

Les résolutions suivantes furent votées :

Chaque état restera maître de garder ou de prendre transitoirement l'étalon d'argent, mais il y a lieu de créer une monnaie d'or internationale, au titre de 900 millièmes, comprenant des pièces de 10, 20 et 25 francs.

La France reçut la mission d'entamer des négociations avec les gouvernements étrangers et une commission, nommée pour préparer ce travail, concluait ainsi, en 1869 :

« L'étalon d'or, surtout avec l'addition de la pièce de 25 francs servirait mieux que le double étalon la cause de l'unification monétaire et serait même préférable au point de vue du commerce extérieur de la France et de son commerce intérieur ».

En somme, l'idée dominante des membres de la conférence était d'accepter le système monétaire français comme but à atteindre, comme rendez-vous commun des nations, parce que c'était celui qui avait le plus de rapport avec le système métrique dont la base était prise dans la nature, celui qui était le plus décimal, celui qui était le plus répandu, et aussi celui qui imposait le moins de frais pour s'approprier aux diverses nations.

Divers peuples adhérèrent au principe. La question monétaire fut introduite au Sénat français, en 1869, par des pétitions de divers de nos nationaux et une discussion brillante eut lieu, dans laquelle J.-B. Dumas, président de la Commission des monnaies, remplit le rôle principal.

Divers courants se manifestèrent. Le plus vif entraînait des hommes de grande valeur, comme M. Michel Chevalier, comme M. de Parieu qui représentait le Gouvernement, vers la réalisation d'une monnaie universelle, ayant pour base l'étalon d'or. L'unité serait, pour les uns, la pièce théorique de 1 gramme d'or, qui servirait uniquement comme monnaie de compte, les pièces réelles étant de 5, 10 grammes. Pour d'autres, l'unité eût été la pièce de 5 grammes d'or, et le franc devenait le poids de 5 grammes d'or au lieu d'être celui de 5 grammes d'argent. Le Gouvernement, défendant loyalement les résolutions de la conférence de 1867, prenait pour base la pièce de 5 francs d'or avec ses multiples simples : ce qui permettait d'y introduire naturellement la pièce de 25 francs.

M. Michel Chevalier, tout en reconnaissant les avantages du monométallisme d'or, ne fut pas d'avis de faire la pièce de 5 francs une simple monnaie d'appoint, en raison du rôle prépondérant que l'argent joue dans l'Amérique du Sud, et du rôle à peu près exclusif que ce métal remplit en Chine, au Japon et dans les Indes. La logique demande l'étalon d'or pour les pays civilisés, disait-il, mais, s'il est nécessaire pour être logique, d'amener des pertes considérables, de détruire des habitudes séculaires, chères aux populations et de créer un antagonisme avec les pays des autres continents, moins avancés en civilisation, il est du devoir d'un gouvernement prudent et avisé de discuter la logique, de la sacrifier à l'esprit public.

J.-B. Dumas, fit observer toute la gravité du changement de l'unité monétaire, tant au point de vue des dépenses qui en résulteraient, que des complications qui naîtraient.

Si on adopte pour unité monétaire le poids de 10 grammes ou de 1 gramme d'or, la valeur du franc devient 31 francs, ou 3 fr. 10 : nombres qui sont dans un rapport très complexe avec le franc d'argent.

Il est nécessaire de refondre toutes les monnaies, aussi bien celles d'argent que d'or, sans quoi la transformation des espèces exigera un calcul pour régler les plus petits payements : ce qui sera la cause incessante de discussions et de querelles ; cette dépense était évaluée à 70 millions de francs.

La refonte durerait douze à quinze ans pendant lesquels on aurait un mélange des deux espèces de monnaies : nouvelle mine à calculs et à contestations.

En un mot, il eût fallu avoir la plume à la main pour le règlement de tous les comptes. Les rapports sociaux en auraient été profondément troublés ; les titres de rente, d'actions, d'obligations devaient être changés, les actes publics et privés transformés.

Enfin, il fallait avoir l'acquiescement des pays de l'Union latine et s'assurer que les autres contrées feraient de leur côté, un sacrifice; que l'Angleterre unifierait son souverain de 25 fr. 20, au chiffre de 25 francs, que les États-Unis ramèneraient le dollar exactement à 5 francs.

La proposition qui avait rallié les esprits à la conférence de 1867, et qui consistait à prendre 5 francs d'or comme unité, avait précisément pour objectif d'amener les Anglais à cette concession.

Aux Chambres françaises, les raisons données ci-dessus parurent concluantes, et le changement de l'unité monétaire, proposé en vue d'arriver à la monnaie universelle, fut rejeté.

Ce résultat pouvait être prévu. Il est incontestable qu'une monnaie universelle est fort à désirer et que son adoption aurait sur la marche de la civilisation une influence des plus heureuses, car l'entrave véritable aux communications des hommes entre eux a cessé d'être le passeport; c'est la monnaie, autant que la langue. Mais l'établissement d'une monnaie générale n'est viable, pratique, que si l'uniformité dans les poids et mesures est réalisée; ce n'est que lorsque les nations civilisées auront admis le système métrique que l'on pourra s'occuper utilement de l'unification des monnaies.

La question du maintien ou de l'abandon du double étalon d'or et d'argent vint en discussion dans les premiers jours de l'année 1870. Pratiquement, il s'agissait de décider le maintien de la pièce de 5 francs à 900 millièmes, dont la valeur intrinsèque égale la valeur nominale ou son remplacement par une pièce de 5 francs, de valeur réelle moindre que la valeur nominale, n'ayant pas la force libératoire entière, fabriquée par l'État seul et en proportion limitée, de la substitution d'une monnaie *d'appoint* à une monnaie d'ordre général.

La faveur ne s'était pas attachée à cette question pratique, comme à la généreuse utopie d'une monnaie universelle, et la discussion n'eut pas l'ampleur de la précédente.

Le Gouvernement français ne prit pas parti. J.-B. Dumas, dont la conviction n'était pas faite, se contenta de signaler le danger réel que présentait la diffusion de l'argent au dépens de l'or, mais ce danger ne lui apparut pas aussi prochain, aussi grave qu'il était en réalité ; il insista cependant sur la nécessité d'une enquête, en vue d'avertir le pays et de prendre des mesures pour empêcher l'abaissement du prix de l'argent, si son invasion devenait trop brusque ou trop forte.

On ne fit guère valoir que les raisons qui militaient en faveur du maintien, et qui s'opposaient au retrait de la monnaie de 5 francs.

Cette pièce était le dernier survivant du franc tel que l'avaient conçu les lois de l'an III et de l'an XI ; avec elle, disparaissait l'existence matérielle de notre unité monétaire. L'or et l'argent avaient, il est vrai, présenté des fluctuations depuis 50 ans ; deux fois l'or avait pris la place de l'argent, et l'argent celle de l'or. En 1859, le kilogramme d'or n'aurait pu être divisé qu'en 152 pièces de 20 francs ; en 1830, 1832, 1848, au contraire, il aurait pu être divisé en 160 pièces de 20 francs au lieu de 155 ; mais ce n'étaient que des bourrasques passagères : le raisonnement parut d'autant plus topique qu'en 1869, le rapport de l'or était précisément de 15,5 comme en l'an XI.

L'invasion de l'argent est moins redoutable que celle

de l'or, ajoutait-on, parce que tout l'or qui sort des mines se change, soit en monnaie, soit en ornements, et que sous ces états, il ne disparaît que lentement. L'argent se détruit sous une troisième forme ; lorsqu'il a fait l'office de monnaie, de bijoux ou de vaisselle, il est emporté vers l'Extrême-Orient par un courant continu qui n'a jamais été interrompu ; la Chine, le Japon, les Indes, l'est de l'Afrique sont le réceptacle où ce métal accomplit ses dernières destinées, parce qu'il sert en lingots aplatis qui sont cisaillés et débités en menus fragments pour le paiement des dépenses minimes de chaque jour.

Ces contrées peuvent être envisagées comme des pays d'absorption pour l'argent produit dans le monde entier.

L'objection tirée de ce fait que la démonétisation de la pièce de 5 francs aurait pour conséquence la disparition matérielle du type de notre monnaie est d'ordre théorique, et nous avons vu, par l'étude des débuts du système monétaire, que la question de la monnaie est, avant tout, une question de pratique. Il s'agirait uniquement de faire pour la pièce de 5 francs ce qui a été réalisé pour les pièces inférieures puisqu'elle deviendrait une monnaie d'appoint comme celles-ci ; le franc n'en resterait pas moins la monnaie de compte française ; aucune difficulté pratique ne serait la conséquence de cette modification. Dans cette discussion, on fit trop bon marché des variations du rapport dans la valeur de l'or et de l'argent depuis la création de notre système monétaire et l'on oublia toutes les difficultés matérielles, survenues aux époques de crise où l'un des métaux se raréfiait, difficultés qui ne pourraient se reproduire si la monnaie d'argent n'avait pas la valeur qu'elle représente.

L'argent n'a séjourné, il est vrai, jusqu'à ce jour que temporairement en Europe pour aller ensuite s'enfouir en Orient, mais c'est, maintenant, l'Amérique du Sud qui l'approvisionne surtout. Les lingots que l'on cisaille pour opérer les paiements sont de plus en plus remplacés par de la monnaie frappée, et au fur et à mesure que l'Inde s'enrichit, l'or y afflue à tel point que l'Angleterre a dû prendre des mesures pour arrêter son invasion dans ces contrées.

A toutes les époques de l'histoire, en effet, l'importation des métaux précieux dans l'Orient, et notamment dans l'Inde, a été reconnue. Pline l'évalue à 5.000.000 de sesterces annuellement. Le célèbre voyageur Bernier, qui a vécu plusieurs années à Delhi, écrivait à Colbert que l'or et l'argent, après avoir circulé dans le monde, allaient se perdre finalement dans l'Inde, véritable gouffre d'où ils ne sortaient jamais. De Humboldt évalue à 25 millions de piastres, par an, cette absorption de métal précieux dans l'extrême Orient. Van den Berg estime à 25 millions de francs, par an, l'exportation de l'argent aux Indes pendant le XVIII° siècle ; il est établi qu'en raison de la préférence dont jouissait l'argent dans ces contrées, il a été envoyé, par compensation, en Europe de fortes quantités d'or.

De 1801 à 1814, l'importation des métaux précieux dans les Indes était évaluée à 50 millions de francs par an. Elle a atteint, les années suivantes, jusqu'à 100 millions pour diminuer beaucoup vers 1825 à 1832, et se relever à 60 millions jusqu'en 1851. M. Soetbeer établit ainsi le bilan commercial de l'Inde depuis 1851 à 1884.

PÉRIODES	EXPORTATIONS DE MARCHANDISES	IMPORTATIONS DE MARCHANDISES millions de francs	PLUS-VALUE DES EXPORTATIONS
1851-1860.	568	360	205
1861-1870.	1.269	708	561
1871-1880	1.475	901	574
1881-1884.	2.024	1.293	731

Le total de la plus value des exportations de marchandises a dépassé 16 milliards de 1851 à 1885. La fertilité de la contrée, le développement extraordinaire des travaux publics pour l'irrigation, les routes, les canaux, les chemins de fer en fournissent l'explication.

D'autre part, ces fluctuations étaient lentes à se produire et n'atteignaient pas de grandes amplitudes parce que les nations vivaient isolées, que les transactions étaient rares et de peu d'importance, que la lutte pour l'existence était modérée, que le confortable et le luxe étaient restreints, que la vapeur, le télégraphe et le téléphone n'avaient pas supprimé les distances.

Il ne pouvait plus en être de même maintenant qu'une véritable fièvre d'affaires envahissait le monde et l'on a vu plus haut que, si le rapport de la valeur des métaux n'avait oscillé, pendant 70 ans, qu'entre 15 et 16, il s'est élevé, depuis 1878, à 20 environ.

La découverte des mines d'argent s'est toujours montrée comme ayant une portée plus grande que celle des gisements d'or. Ces derniers se rencontrent surtout à la surface du sol dans des sables, qu'on nomme des placers, lesquels, une fois traités, sont abandonnés parce qu'il n'y a pas de métal précieux dans la terre elle-même sur laquelle étaient ces alluvions. L'argent, au contraire, se trouve dans des terrains de très grandes profondeurs, en filons réguliers, généralement très puissants. Les mines de l'Amérique du Sud n'ont pas cessé de fournir de l'or depuis Christophe Colomb et aucun symptôme n'en fait prévoir l'épuisement. Les mines de ce métal, découvertes en 1859, sont du même ordre, et l'étendue et la profondeur sur lesquelles on a trouvé le minerai permettent d'affirmer que l'argent qu'elles récèlent est en immenses quantités.

Les Américains du Nord ont créé des procédés rapides et ont appelé à leur aide les moyens mécaniques les plus perfectionnés et les plus puissants; ils sont devenus les plus forts producteurs.

Les Américains du Sud suivent leur exemple, et c'est une lutte entre les deux pays. Ils ont construit des routes, des chemins de fer même pour apporter les instruments et les agents de fabrication à pied d'œuvre et pour en ramener l'argent produit, où même le minerai dont le traitement coûte très cher sur les sommets et les pentes arides où il s'extrait. Ils ont, en outre, substitué les systèmes rapides aux méthodes lentes et routinières qui dataient des premiers temps de la conquête. De telle sorte, que si les renseignements particuliers qui m'ont été donnés, sont exacts — et j'ai lieu de le croire — il resterait un bénéfice considérable, même aux cours actuels, car l'argent ne reviendrait pas à 70 francs.

Les événements terribles pour notre pays, qui sont arrivés quelques mois après ces débats, ne justifient que trop l'oubli de l'enquête permanente que recommandait J.-B. Dumas, enquête d'autant plus nécessaire que l'Allemagne changeait avec résolution son système, démonétisait, en 1873, son argent pour devenir monométalliste d'or, et que son exemple était suivi par les Etats Scandinaves et par les États-Unis.

L'argent de ces diverses origines afflua, sur le marché français, et il en résulta une dépréciation telle qu'il fallut recourir à une mesure radicale, à la suspension complète du monnayage de l'argent dans les pays bimétallistes, et chez tous ceux qui avaient le monométallisme d'argent. Cette disposition fut bien tardive, car elle ne date, pour la France, que de l'année 1878, alors que l'argent subissait déjà une déprime contre laquelle il eût fallu réagir depuis 1874. Elle a, naturellement éprouvé, depuis ce moment, des aggravations rapides qui ont été :

1870 à 1873 de 15.50 à 15.75	1881 de 138.68
1874	16.18	1882	133.82
1875	49.20	1883	154.38
1876	112.32	1884	155.97
1877	86.68	1885	185.30
1878	120.79	1886	239.89
1879	142.45	1887	250.70
1880	125.95	1888 (11 mois) 280.76

Ce qui signifie que, sur une valeur de 1.000 francs, on retient 280 fr. 76, ou que 1.000 fr. sont réduits à 719 fr. 24.

C'est en 1873, que, voyant cette inondation continue de l'argent, on aurait pu prendre la mesure énergique de la démonétisation de la pièce de 5 francs en argent, au lieu d'en fabriquer pour 154.649.045 francs dans ce seul exercice. Nous étions en bien meilleure situation que l'Allemagne, lorsqu'elle a entrepris ce travail, parce qu'elle n'avait que de minimes quantités d'or.

Elle refondit 3.737.302 kilogrammes d'argent[1] fin, dont

[1] Cochut, *Revue des Deux-Mondes*, 1er août 1887.

une partie, représentant 554 millions de francs, fut changée en pièces de 5 marcs à 1/4 de marc, soit 12 fr. 50 par tête d'habitant, [évalués à 45 millions; ce chiffre fut porté plus tard à 561 millions de francs. Le reste de l'argent fut livré au cours.

On fabriqua pour 2 milliards 456 millions de francs, en pièces d'or de 20, 10 et 5 marcs, quantité qui n'est pas la moitié de ce qui doit exister en France. L'opération coûta 55 millions de francs.

Tout autres seraient aujourd'hui les frais de la démonétisation, parce que, depuis 1873 à 1879, le stock du numéraire s'est accru et que l'argent a perdu plus que le quart de sa valeur.

La pièce de 5 francs ne représente que 3 fr. 59.

Cette baisse de l'argent va-t-elle s'atténuer? Si l'on étudie et l'on compare la production et la consommation de ce métal, la réponse paraît devoir être négative. L'extraction de l'argent s'est tenue inférieure à 200 millions de francs, jusqu'en 1869. De 1860 à 1870, elle a dépassé 250 milllions, pour atteindre 370 millions en 1875; actuellement le stock d'argent s'accroît chaque année de 600 millions de francs.

On a vu que ce métal disparaissait sous trois formes. La principale est le numéraire; or, sauf pour l'Extrême-Orient et aux États-Unis, la frappe de l'argent a cessé.

La vaisselle d'argent disparaît peu à peu, remplacée par des métaux communs recouverts d'une mince couche d'argent sous l'influence de l'électricité[1]; néanmoins, il

---

[1] Voyez Bouant, *La galvanoplastie, le nickelage, la dorure, l'argenture et l'électro-métallurgie. (Bibliothèque scientifique contemporaine).*

y a lieu de remarquer que la diffusion de cette nouvelle argenterie est beaucoup plus grande que celle de l'ancienne, et que sa rapide usure exige de fréquentes réargentures.

Quant à l'émigration finale de l'argent vers l'Orient, nous avons signalé que l'Inde, saturée de ce métal, réclamait de l'or, et que la perte était diminuée, dans une forte proportion, par la substitution, de plus en plus commune, des monnaies frappées aux lames qu'on coupait suivant les besoins.

Enfin la faveur a déserté l'argent, pour se porter sur l'or qu'on a frappé partout, depuis 1850, avec abondance. On ne voit plus des chargements d'argent sur les voies publiques, ni des garçons de banque pliant sous le poids des sacoches. Ce délaissement, naturel pour les transactions importantes, est tout aussi réel dans les échanges journaliers et dans les relations du petit commerce : la preuve la plus convaincante dans sa banalité est le remplacement de la bourse par le porte monnaie, dont le volume s'atténue chaque jour.

Une question se pose cependant. L'accroissement des affaires, l'extension des relations ne vont-ils pas rendre l'or insuffisant dans son rôle monétaire? Est-il sage de fermer la porte à l'argent pour le commerce en substituant une pièce d'appoint à la pièce de 5 francs? Il n'y a rien à redouter de pareil, pour deux raisons. La première tient à ce qu'on commence à exploiter des riches gisements d'or dans le Nord des États-Unis, dans les Guyanes, et qu'on en a signalé de très abondants sur les bords du fleuve Amour aux confins de la Russie et de la Chine, sur les cimes du Thibet, et dans les vastes régions de l'Afrique Centrale où des Compagnies, disposant de forts capitaux, ont établi de florissantes exploitations : le stock d'or s'accroît, chaque année, de 600 millions de francs comme celui de l'argent. La deuxième tient précisément au développement des échanges eux-mêmes. La circulation fiduciaire joue, de jour en jour, dans nos sociétés un rôle plus considérable et les comptes du monde entier se règlent par milliards, à des distances quelconques, par la poste, le téléphone et le télégraphe, sans un mouvement sensible de numéraire, par le jeu du change et les procédés de compensation.

Les pays producteurs d'argent sont les plus fortement atteints par sa dépréciation. Tels sont ceux de l'Amérique du Sud. Malgré les bénéfices considérables que réalisent certaines exploitations d'argent, le crédit est très menacé, le change a atteint 30 et 40 pour 100, les gouvernements ont suspendu la frappe libre et se sont réservé le monnayage de l'argent.

Le Mexique a trouvé, jusqu'à ce jour, un débouché dans l'Extrême-Orient où ses piastres sont recherchées, mais l'argent anglais, américain, français y afflue de son côté et nous avons déjà dit que ces pays ne pourront pas en recevoir longtemps ; on évalue, en effet, à 30 ou 35 millions, par an, le chiffre que représentent les envois des piastres mexicaines.

Les habitants de ces contrées semblent vouloir entrer dans une nouvelle voie pour parer au danger : la culture de leur sol qui, dans les plaines surtout, est d'une extrême fertilité, et le développement des industries agricoles, telles que la fabrication du vin, du tabac et du sucre. Il y a là un nouveau péril pour l'Europe parce que le bon marché de la main d'œuvre, la faible valeur de la terre, la fer-

tilité d'un sol neuf nous rendent la lutte difficile à supporter.

Les États-Unis ont tenté les plus grands efforts pour
relever la situation de l'argent. Ils sont revenus au bimétallisme avec le rapport de 1 à 16, en 1875. Ils ont pris,
en 1878, l'initiative d'une conférence internationale à
laquelle étaient représentés officiellement 16 gouvernements. Elle s'est réunie à Paris, en 1878 et en 1881.

Dès les premiers jours, il a été manifeste en 1881,
qu'on n'aboutirait pas à des résultats parce que les délégués de l'Angleterre et l'Allemagne, tout en déclarant
qu'il y avait le plus grand intérêt pour le monde à ce que
l'argent ne fut pas déprécié, communiquèrent la résolution, prise par leurs gouvernements, de maintenir l'étalon
d'or unique. Le délégué de la Belgique prit ouvertement
le même parti, en rappelant que, dès 1865, il avait fait
cette proposition au moment de la création de l'Union
latine.

Le délégué spécial pour l'empire anglo-indien demanda
formellement le rétablissement du bimétallisme.

Les États-Unis et la France, isolés des autres grands
États, étaient impuissants à relever le bimétallisme, et la
conférence se sépara en émettant des vœux platoniques
pour le relèvement de l'argent, vœux qu'aucune sanction
ne suivait.

Les Américains ont également, en 1878, établi par une
loi *(bland bill)* un système de bimétallisme restrictif, très
avantageux pour le gouvernement au moment présent,
mais qui peut devenir désastreux si la baisse de l'argent se continue et devient plus intense : la frappe du
dollar d'argent est supprimée pour les particuliers et

réservée à l'Etat qui a reçu l'obligation d'acheter chaque mois, au cours du marché, des lingots en quantité suffisante pour frapper dix millions de francs au minimum et vingt millions au maximum; cette monnaie est reçue au pair dans le paiement des droits de douane et des impôts. Malgré ces prescriptions, le public hésite à se servir de cet argent, les banquiers le refusent et il va s'accumulant dans les caisses de l'Etat; en 1885, cette monnaie d'argent, nouvellement frappée, dépassait déjà un milliard. Deux camps opposés partagent le pays : les *silvermen*, et les *goldmen:* le seul espoir des premiers consiste dans les résolutions d'une commission anglaise, nommée en 1886, qu'ils escomptent parce qu'elle a été nommée dans le but de chercher le remède à l'avilissement des prix de l'argent.

La réunion de cette commission a été motivée par les difficultés qu'éprouve l'Angleterre, monométalliste d'or dans la métropole, et monométalliste d'argent dans son empire des Indes depuis 1835; il s'y est accumulé 10 à 12 milliards d'argent au taux de 15,5. Chaque année, l'empire indien paie à la Grande-Bretagne des sommes énormes, soit comme impôt, soit comme remises; elles se sont élevées en 1886, à 344 millions de francs et, comme les paiements doivent être effectués en or, ils représentent pour l'Inde une perte sur le change qui a dépassé 80 millions de francs : de là, une situation très tendue entre la métropole et sa colonie.

Les fonctionnaires anglais de l'Inde élèvent de leur côté des plaintes, aussi amères que justifiées, parce que la plupart plaçant leurs économies en Angleterre sont obligés d'y envoyer de l'or, et perdent un quart de leur traitement qui leur est soldé en argent. Le pays est très fertile et la culture du blé y a pris, depuis quelques années, un développement considérable ; mais le peuple indien n'a pas retiré grand profit du blé dont il inonde nos marchés parce qu'il lui est payé avec de l'argent ou des lettres de change achetées à vil prix par des spéculateurs habiles qui ont encaissé sans risque les grosses différences résultant de l'écart entre les deux métaux précieux. Quoiqu'il en soit de ces difficultés qu'à créées la différence entre le régime monétaire de la Grande-Bretagne et celui de son empire indien, il est invraisemblable d'admettre que l'Angleterre, qui doit en partie au monométallisme d'or. qu'elle a seule exercé pendant de longues années, la position commerciale exceptionnelle qu'elle occupe, soit dans l'intention et en mesure de prendre des dispositions qui arrêtent la baisse de l'argent.

La commission anglaise, dont il vient d'être parlé, a publié, en 1887, un premier volume contenant une vingtaine de dépositions sur lesquelles la commission n'émet aucune opinion.

Un deuxième volume a paru récemment et ne s'explique pas davantage sur le résultat final.

Certains témoins, ayant des affaires importantes avec l'Amérique, l'Inde, c'est-à-dire avec les pays où les transactions s'exécutent en argent, accusent l'adoption généralisée de l'étalon d'or d'entraver les échanges et d'entretenir la crise des affaires parce que les capitalistes ne veulent pas engager leurs fonds dans les pays où ils seront payés en argent ; parce qu'il en résulte des fluctuations incessantes et imprévues dans les changes qui amènent des ruines ou des fortunes imméritées, et parce que la diminution du numéraire, qui en est la conséquence, produit une réduction correspondante du prix des denrées.

Il y a même des déposants qui, s'appuyant sur cette diminution du numéraire, pensent que le bimétallisme serait impuissant à conjurer la crise; qu'il n'y a même pas assez d'or et d'argent dans le monde et que le seul moyen de conjurer le danger est la création d'un papier-monnaie non conversible.

Les personnes les plus considérables par leur si... tion dans les finances s'étonnent qu'on récrimine contre le bas prix des denrées, d'où résulte l'amélioration du bien-être pour la masse de la population. Ce n'est pas cette prétendue raréfaction de l'or qui a produit la baisse des prix, mais ce sont les perfectionnements considérables, et toujours croissants, appliqués aux modes de production, le bon marché des transports, la rapidité et la facilité des communications.

Ces financiers contestent, d'ailleurs, qu'il y ait disette d'or, et ils insistent sur ce fait que les affaires se règlent de moins en moins par le numéraire et de plus en plus par les instruments de crédit; ainsi en Écosse, on est arrivé à se servir très peu de monnaie par suite de l'emploi courant de billets d'une livre.

Ce qui n'est encore que l'exception pour les petits paiements est devenu la règle pour les affaires importantes; ainsi, dans les banques, la proportion du numéraire ne représente qu'une fraction très minime des sommes encaissées ou soldées.

Le tableau suivant qui fait connaître le mouvement des opérations exécutées dans les *clearing-houses* en est une preuve éclatante.

1881 Paris.	4.724.700.000
Londres..	160.879.200.000
Manchester.	2.747.200.000
New-York.	256.759.400.000
Boston.	22.012.600.000
Autres villes américaines . .	55.356.600.000
	502.479.700.000

A leur avis le bimétallisme, irrationnel en lui-même, est absolument contraire aux intérêts anglais, parce que si le mot *livre sterling* ne signifiait pas un certain poids d'or, mais de l'or ou de l'argent au choix du payeur, les Anglais perdraient la haute situation qu'ils ont acquise dans le règlement des affaires du monde entier.

Le gouvernement des États-Unis a envoyé en Europe M. Atkinson pour étudier les dispositions des diverses nations sur cette importante question. Le rapport adressé au président et au congrès des Etats-Unis par ce financier est étudié avec soin dans le bulletin de statistique [1] et la note dominante est un profond découragement pour les partisans du bimétallisme.

Rien dans la politique des autorités financières des pays que j'ai visités, dit M. Atkinson, ne permet de prévoir que la question d'un accord bimétallique pour l'établissement d'un cours légal commun et du libre monnayage de l'argent puisse y être mise à l'étude d'une manière sérieuse.

La théorie bimétallique de monnayage et de cours légal peut être regardée comme acceptée en principe par la France et par les autres membres de l'Union latine, mais le libre monnayage de l'argent ne peut pas être repris sans le concours de l'Allemagne; or celle-ci ne peut ou ne

[1] Mai 1888.

veut entreprendre aucun changement dans sa législation sans le concours de l'Angleterre; et, d'ailleurs, dans un congrès tenu en mars 1887, 71 chambres contre 4 se sont prononcées contre toute modification des lois existantes.

En Angleterre, les partisans de l'étalon unique d'or sont inactifs, et comptent sur l'instinct conservateur du peuple Anglais. Les bimétallistes ont surtout pour eux les officiers et les fonctionnaires civils de l'Inde qui, ayant laissé leurs familles en Angleterre, sont obligés d'envoyer à Londres du papier déprécié, et les manufacturiers ou les marchands qui sont exposés à des frais et à des difficultés pour faire rentrer le produit de leurs exportations en Orient. Pour eux, la dépréciation de la roupie d'argent sur le marché de Londres est une prime à l'exportation des produits de l'Inde, car dans le trafic intérieur de l'Inde la roupie conserve, ou à très peu de chose près, son ancien pouvoir d'achat. Leur voix n'aurait chance d'être entendue, que si le drainage, que les États-Unis ont commencé à opérer, amenait une extrême raréfaction de l'or. Mais le *statu quo* s'imposerait si, au contraire, l'insuffisance des récoltes aux États-Unis, ou toute autre cause, venait changer la face des choses et arrêter le drainage des réserves d'or de l'Europe en diminuant les exportations des États-Unis, et en augmentant leurs importations.

Le dépôt d'un rapport de la commission royale, favorable au bimétallisme, en pourrait seul modifier cet état, mais on a vu que cette solution était fort invraisemblable.

M. Atkinson s'est efforcé de convaincre les financiers européens qu'il ne se préoccupait pas de l'intérêt spécial que les États-Unis ont dans cette question, tant parce qu'ils sont producteurs du métal blanc que parce qu'ils possèdent un stock considérable d'argent monnayé, mais il reconnaît avec la plus grande franchise qu'il a échoué dans sa tâche, car il s'exprime ainsi :

« Les États-Unis n'agiraient ni sagement, ni utilement en prenant l'initiative d'un mouvement pour l'adoption générale de l'étalon bimétallique et du libre monnayage de l'argent. Une telle action, dont on méconnaîtrait les vrais motifs, éloignerait plutôt l'objet que nous avons en vue. Elle pourrait aussi augmenter le discrédit de l'argent au lieu de le diminuer.

« En voici les raisons. L'opinion générale des financiers d'Europe, est que le gouvernement des États-Unis est encombré d'une quantité excessive de dollars d'argent qu'il ne réussit pas à introduire dans la circulation. On critique le monnayage de l'argent au rapport de 16 à 1, qui n'est celui de la monnaie d'argent dans aucun pays; on paraît convaincu que la production de l'argent est excessive dans le monde, et, par suite, que le rapport de l'argent à l'or, ou son prix comme métal, est susceptible de tomber encore plus bas que le prix actuel.

La situation, extrêmement grave pour les pays producteurs de l'argent, ne l'est guère moins pour ceux qui sont bimétallistes ou monométallistes d'argent.

Il arrive alors, dans ces conditions, que le métal en hausse et le métal en baisse, étant légalement au pair dans un pays bimétalliste, le métal déprécié, l'argent actuellement, s'y accumule parce qu'il y joue un rôle égal à l'autre, et qu'il ne peut pas servir aux paiements à l'étranger. Il est tout aussi clair que le métal en hausse, l'or, doit être soutiré, drainé au dehors puisqu'il peut être pris au pair.

La Russie et l'Autriche-Hongrie, pays monométallistes d'argent, mais dans lesquels existe le cours forcé du
papier, exigent que les droits de douane soient payés à
l'entrée, en or : c'est une mesure qui devrait être étudiée.
Si la France exportait plus qu'elle n'importe de marchandises, la situation pourrait être envisagée sans crainte,
mais si le contraire avait lieu, il y aurait un danger à
conjurer. Des maux redoutables ont frappé, coup sur coup,
notre pays. Les maladies de la vigne ont tari la source
d'une de nos principales exportations et nous ont obligés,
au contraire, à importer des quantités considérables de
vins d'Espagne, de Portugal, d'Italie et d'Autriche-Hongrie. La maladie des vers à soie, et diverses autres circonstances, telles que l'élévation progressive de la main
d'œuvre, en exagérant les prix de nos produits, dimi-
nuent aussi, ou même arrêtent l'exportation d'ouvrages
qui constituaient un fort revenu.

Parmi ces causes, il en est une qui domine toutes les
autres, c'est l'introduction, de jour en jour plus abondante, des céréales sur nos marchés : la France tend à
ne plus se nourrir elle-même. Tout en reconnaissant les
avantages du libre-échange qui amène la baisse des prix,
il ne faut pas arriver à sacrifier le paysan français si
courageux, si persévérant et resté longtemps si fidèle à
son foyer. Il tend à le déserter parce qu'il n'y gagne pas
le pain qu'il avait pour mission de nous préparer ainsi
qu'à lui-même; ce que je disais plus haut sur le développement de l'agriculture dans les Indes, dans l'Amérique
du Sud, et, aussi dans les États-Unis, et en Australie où
affluent les émigrants européens, lui prédit des jours plus
malheureux encore, s'il ne perfectionne pas ses méthodes

pour prendre celles qui donnent des résultats économiques dans les mains de M. Dehérain et de ses collaborateurs, et si, d'autre part, une protection suffisante ne lui est pas accordée parce que l'amélioration des procédés ne se fait pas sans dépenses premières et que ce n'est qu'à grands renforts d'engrais qu'il peut lutter avec les cultivateurs des régions nouvelles où les espaces à cultiver sont énormes et de peu de valeur et où, pendant de longues années, la terre fournit, à elle seule, des récoltes abondantes.

Nos législateurs devraient être profondément pénétrés de ce fait que la question monétaire est intimement liée à celle de l'introduction des céréales et que la solution donnée à cette dernière peut avoir une influence considérable, heureuse ou malheureuse, sur le drainage de l'or français hors de notre pays.

La question des importations et des exportations est aujourd'hui devenue très complexe et la balance du commerce est bien différente de ce qu'elle était autrefois lorsque les intérêts des peuples n'étaient pas intimement confondus. C'est une grave erreur de beaucoup d'économistes d'avoir calculé la sortie du numéraire par la différence entre les importations et les exportations des marchandises; ainsi, en 1876,

nos importations se sont élevées à. . . . 3.988.363.000 fr.
tandis que nos exportations étaient. . . 3.575.594.000
_____
412.769.000 fr.

Il est loin de s'en suivre que ce dernier nombre représente la sortie du numéraire de France.

Les emprunts dans la plupart des pays, sont, en partie

quelquefois très grande, souscrits par les nations étrangères qui ont de l'épargne; il en est de même pour beaucoup d'exploitations industrielles et de constructions de
chemins de fer.

L'Angleterre et la France ont déversé des capitaux,
pour des sommes immenses, dans le monde entier. L'or
français a contribué largement au percement de l'isthme
de Suez, à l'établissement des chemins de fer espagnols,
des usines à gaz et à pétrole, de beaucoup de mines dans
la péninsule espagnole. L'emprunt national italien qui est
de plusieurs milliards, les chemins de fer du nord de
l'Italie ont été constitués avec une quantité de capitaux
français telle, que le paiement de ces valeurs doit représenter plus de 150 millions de francs annuellement. Les
intérêts de la France en Autriche Hongrie, en Russie,
en Égypte sont considérables. Tous ces paiements doivent
être effectués en or et ils se chiffrent par plusieurs cen-
taines de millions qui compensent, dans une large mesure,
la différence en moins des exportations sur les importations.

Les deux tableaux suivants puisés dans les relevés français officiels, représentent les importations et exportations
générales et les importations et exportations du numéraire [1].

---

[1] On a représenté dans le deuxième tableau par des caractères
plus gros la différence lorsque le chiffre des exportations de numéraire dépasse le chiffre des importations.

Résumé du commerce de la France par catégorie de marchandises.
(Commerce spécial. Valeurs en milliers de francs).

DÉSIGNATION DES MARCHANDISES	1876	1877	1878	1879	1880	1881	1882	1883	1884	1885	1886	1887 chiffres provis.
IMPORTATIONS												
Objets d'alimentation. . .	972.753	1.002.010	1.450.509	1.810.788	1.936.232	1.717.281	1.646.468	1.614.167	1.414.155	1.435.333	1.540.700	1.600.387
Matières premières nécessaires à l'industrie.	2.353.334	2.030.086	2.079.219	2.091.475	2.317.454	2.328.691	2.275.955	2.278.627	2.105.147	2.022.753	2.082.400	1.998.836
Objets fabriqués	524.694	497.324	516.242	507.364	545.358	629.743	717.089	704.450	631.758	610.314	585.000	552.091
Autres marchandises. . .	137.582	140.425	140.218	156.608	174.123	187.693	182.303	207.105	192.419	»	»	119.458
VALEUR TOTALE. . .	3.988.363	3.669.845	4.176.218	4.595.235	5.033.167	4.863.408	4.821.825	4.304.349	4.343.479	4.088.400	4.298.100	4.270.772
EXPORTATIONS												
Objets d'alimentation. . .	994.482	1.022.874	805.154	819.811	827.506	878.358	854.882	828.358	762.414	759.798	731.200	721.175
Matières premières nécessaires à l'industrie.	656.153	589.946	575.737	631.556	691.630	696.031	705.361	655.993	669.075	707.391	773.000	717.387
Objets fabriqués. , . . .	1.776.121	1.705.385	1.674.291	1.640.403	1.808.116	1.839.769	1.856.667	1.813.776	1.637.988	1.630.973	1.744.600	1.693.567
Autres marchandises. . .	148.838	116.097	124.525	129.600	137.337	147.346	117.447	153.745	163.023	»	»	187.645
VALEUR TOTALE. . .	3.575.594	3.433.304	3.179.707	3.231.329	3.467.889	3.561.504	3.574.356	3.451.872	3.232.500	3.088.145	3.248.800	3.319.774

*Relevé des importations et des exportations d'or
et d'argent de 1870 à 1887*

ANNÉES	OR			ARGENT		
	Importations	Exportations	Différence	Importations	Exportations	Différence
1870	310,342	190,575	119,767	106,040	70,573	35,467
1871	143,862	357,676	213,814	157,191	141,674	15,517
1872	141,862	194,754	52,892	240,874	138,624	102,250
1873	175,594	284,233	108,639	389,034	207,536	181,498
1874	517,045	85,795	431,250	434,415	73,481	360,934
1875	608,014	137,694	470,320	266,782	81,440	185,342
1876	598,307	94,655	503,652	205,191	64,835	140,356
1877	534,697	98,961	435,736	148,156	42,196	105,960
1878	564,376	127,972	236,404	179,044	60,210	118,834
1879	194,009	361,527	167,518	137,839	62,176	75,663
1880	194,846	407,968	213,122	100,969	62,181	38,788
1881	233,470	223,080	10,390	130,115	79,022	51,093
1882	283,437	192,065	91,372	128,047	157,244	29,197
1883	64,570	134,864	70,294	81,440	95,944	14,504
1884	127,451	81,902	45,549	101,040	46,314	54,726
1885	243,619	201,122	42,497	235,779	137,706	98,053
1886	260,905	198,101	62,804	184,033	134,320	49,713
1887 [1]	92,810	215,742	122,932	177,675	138,545	39,130
TOTAUX.	5.089.216	3.588.686	1.500.530	3.403.664	1.794.041	1.609.623

Il faut encore tenir compte, dans les résultats, de ce
fait que le chiffre de nos importations est augmenté du
prix du fret, tandis que celui des exportations comprend
la valeur prise au lieu de production et que le transport
des produits exportés représente une valeur considérable
qui rentre dans nos caisses.

D'autre part, le numéraire qui est expédié de France

1 Résultats provisoires.

dans les colonies, figure comme du numéraire exporté, et cependant il ne l'est pas en réalité.

Enfin certaines circonstances ont amené la Banque à exporter de l'or en Amérique dans des conditions avantageuses.

Ainsi la balance commerciale n'est qu'une apparence trompeuse. Si elle représentait la réalité, si les différences qu'elle accuse étaient soldées en numéraire, il y a longtemps que tout celui de la France et surtout de l'Angleterre aurait été drainé par l'Amérique et les Indes. Il n'en est rien parce que les différences sont soldées en valeurs commerciales, en coupons de titres et par les arbitrages entre les échanges des divers pays. Le moment est arrivé, en partie déjà, où les États-Unis eux-mêmes, devenus riches en numéraire, n'ont plus intérêt à en demander à l'ancien Continent, mais cherchent à se rembourser de leurs matières premières au moyen d'objets manufacturés, de valeurs européennes et de titres.

Je me résume en donnant la division des pays principaux du monde, classés d'après leur régime monétaire. Les nations bimétallistes, au rapport de 15,5 sont la France, la Belgique, la Suisse, la Grèce, la Roumanie, la Serbie, la Bulgarie, le Pérou, le Vénézuela, la Colombie, l'Espagne, les Antilles espagnoles et Haïti.

Les deux étalons existent aussi, mais avec un rapport un peu différent

Aux États-Unis de l'Amérique du Nord où le rapport est.	16
Dans les Pays-Bas et les Indes néérlandaises. . . .	15.625
Aux Philippines.	15 79
Au Japon.	16.18
Au Chili.	16.39
Au Mexique..	16.50

Les pays ayant l'or seul pour étalon sont les suivants :

L'Angleterre, dès l'année 1797, avait abandonné, en principe, le système des deux étalons; ce n'est qu'en 1821 que cette réforme fut exécutée que l'argent y devint simplement une monnaie d'appoint, et que le monométallisme d'or fut appliqué.

Le Portugal se ralliait à ce système, en 1854.

La Confédération germanique, qui avait adopté d'abord l'étalon d'argent, y a renoncé, en 1873, pour accepter le monométallisme d'or, et, peu après, la Suède, le Danemark, la Norwège et les États-Unis.

Les pays monométallistes d'argent sont la Russie, l'Autriche, les Indes anglaises et françaises.

Je trouve dans le journal *Science et Nature* l'article suivant publié par M. Corre. Il m'a paru assez intéressant pour le reproduire ici.

Dans l'Extrême-Orient, on pratique encore l'échange de denrées importantes contre une valeur métallique réelle en poids, ainsi que dans l'ancienne Égypte et chez les Chaldéens. La *barre* (lingot) d'or ou d'argent, d'un poids variable, susceptible de fractionnement au gré des contractants, mais circulant d'ordinaire sous un poids déterminé, avec la marque-garantie d'un commerçant connu, est en usage à la Chine et dans l'Indo-Chine; elle n'a aucun caractère légal. Mais il existe des valeurs officielles, des monnaies, dont l'étude, même sommaire, n'est pas dépourvue d'intérêt, et dont l'origine est encore à rechercher.

A quelle époque remonte l'emploi de la monnaie dans l'Extrême-Orient ?

L'Inde a certainement reçu cette initiation commerciale des pays occidentaux. Sa monnaie a toujours présenté le type arrondi et plein des pièces grecques, et, sans avoir jamais reçu des applications aussi artistiques, elle ne témoigne pas moins d'un certain goût tout aryen dans l'ornementation de ses faces (pagodes, effigies d'animaux, dessins divers).

La Chine, de très bonne heure, a été en relation avec l'Inde. A une époque reculée, elle a toléré, dans ses provinces, la circulation de ces petits coquillages appelés *cauris*, qui servent encore de menue monnaie en plusieurs localités de l'Indo-Chine, et qui ne pouvaient provenir que des pays du sud et du sud-ouest. La même voie a-t-elle servi à l'introduction des premières pièces métalliques, aussitôt imitées par ce peuple de haute intelligence commerciale? On serait autorisé à le croire, d'après l'examen de très anciens coins qui portent la figure d'oiseaux fantastiques rappelant le *garouda* indou et le *hans* cambodgien, son dérivé immédiat *(fong-tchang* et *ki-lin).* Mais les Chinois, qui semblent vouloir prétendre à la priorité de toutes les inventions dont l'Europe est le plus fière (... sans parler de celle des marquisats!), attribuent la création des monnaies à l'empereur Hoang-ti, (2698 ans avant J.-C.), et leur perfectionnement à Yu, le fondateur de la première dynastie. S'il faut ajouter foi à ces revendications d'un peuple qui abuse peut-être du secret de ses hiérogliphes pour abriter ses vantardises et donner plein essor à sa vanité; mais auquel on est en droit de répondre que, s'il a beaucoup inventé, il n'a rien répandu, la découverte des Grecs ou des Lydiens ne serait plus qu'un écho retardataire dans l'histoire des grandes œuvres de l'humanité. Nous ne saurions émettre, à ce sujet une opinion autorisée; nous remarquons seulement, avec quelque surprise, que la monnaie fiduciaire par excellence, le billet en papier, semble avoir pris naissance au sein de cette nation défiante entre toutes, sous le règne de Houng-Vou ou Ming-tai-tsou (le grand ancêtre des Ming, quatorzième siècle); il est vrai qu'elle fut imposée aux soldats et aux fonctionnaires dans un moment d'embarras financier et qu'à diverses reprises le peuple se montra récalcitrant à l'accepter.

Quoi qu'il en soit, les premières monnaies chinoises traduisent bien l'esprit bizarre et singulier de la race. Elles sont en fer, en plomb, en terre cuite, moulées plutôt que frappées (parce qu'elles sont, dans le premier cas, plus difficiles à contrefaire); elles ont parfois des dimensions considérables, et elles affectent les formes les plus variées, celle d'un coutelas, d'un rectangle, d'une écaille de tortue, etc. (fig. 1, 2 et 3). — Sous la dynastie des Tchéou (fondée au douzième siècle avant J.-C) apparaît la monnaie de cuivre rouge, plate et ronde, avec un trou carré au milieu, pour

permettre d'enfiler les pièces et de les transporter avec plus de
facilité. — Sous la dynastie des Han, l'empereur Wen-li (l'ami
des lettres, deuxième siècle avant J.-C.) ordonne que les monnaies,
jusqu'alors fabriquées seulement dans la capitale, le seront aussi
désormais dans le chef-lieu des principales provinces.

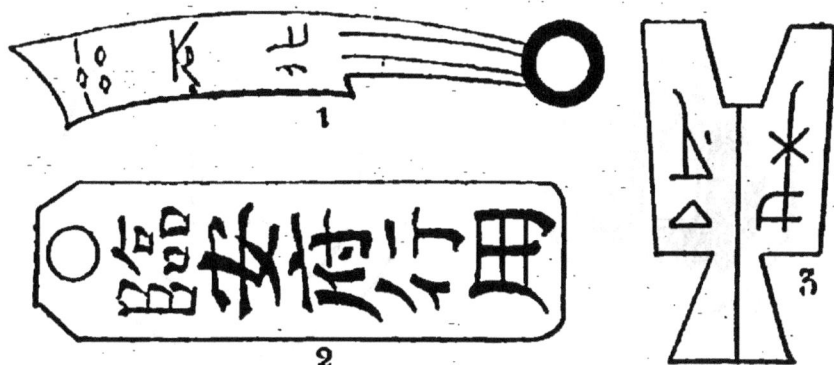

FIG. 1, 2, 3. — Anciennes monnaies chinoises.
(Morest et Obalski, *Hist. pop. de l'Art*)

A partir de ce moment, la monnaie chinoise est constituée. Il
n'y a guère que des pièces en cuivre allié à des proportions variables
de plomb ou d'étain ; pièces portant d'un côté le nom de la famille
régnante et les titres pompeux des empereurs, de l'autre l'indication du lieu où la monnaie a été frappée ou coulée. Quelques
pièces sont en alliage d'argent et de cuivre ou d'étain. Jamais
l'effigie du souverain n'est représentée, car ce serait une profana-
tion que de l'exposer aux contacts et même à la vue de tous.

Sous le Soung (dixième siècle après J.-C.), il est publié un
traité de la fabrication des monnaies, et il se produit une tentative
pour rendre la monnaie plus portative ; mais l'essai dépasse le but,
en lançant dans la circulation des pièces *(yeux d'oie)* « si minces,
qu'elles surnageaient sur l'eau, et qu'il n'en fallait pas moins de
dix mille pour acheter la ration de riz nécessaire à la nourriture
d'un homme pendant dix jours ». Aussi revint-on bien vite aux
types antérieurs, c'est-à-dire à ce que les Européens ont appelé
très improprement la *sapèque*, expression qui ne désigne que la
monnaie courante en général, et n'a jamais servi à désigner une
valeur monétaire quelconque.

Kang-hi, qui vivait à l'époque de Louis XIV, avait un cabinet des monnaies, où il avait rassemblé tous les modèles des anciens coins.

Aujourd'hui la monnaie usuelle est _le cash_ ou _li_ (fig. 4), composé de trois parties de cuivre pour une de plomb : 1000 cashs équivalent à 100 _condornis_ ou _fen_, à 10 _maces_ ou _tsien_, ou enfin au _tael_, d'une valeur de 7 fr. 56.

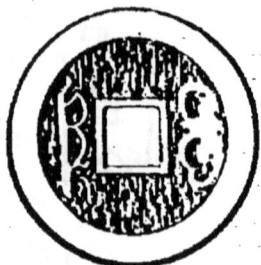

FIG. 4. — Cash chinois.

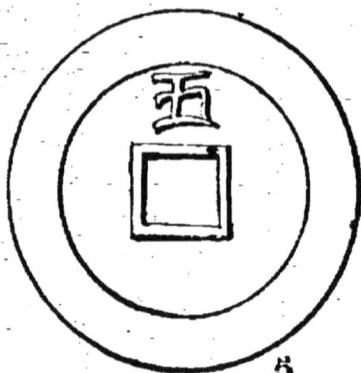

FIG. 5. — Ancien senni japonais, argent.
(D'après une gravure de l'_Hist. gén. des voy._ 1759).

FIG. 6. — Monnaie figurée sous le nom de schuit, dans une ancienne relation de voyage (Japon).

FIG. 7. — Monnaie d'or japonaise.

FIG. 8. — Monnaie d'argent japonaise.

Les monnaies japonaises offraient autrefois une très grande variété. Elles étaient en or, en argent, en bronze et en cuivre, moulées ou frappées, de dimensions tantôt considérables, et tantôt très réduites; de formes oblongue,. ovale, arrondie, quadrangulaire ou rectangulaire; pleines ou percées à leur centre d'un trou carré, comme les pièces chinoises, sobres de figures et d'ornements, mais ordinairement d'un aspect agréable et non dépourvues d'un certain cachet artistique. Il y avait le _cobang_, en or, sorte de grande médaille carrée, arrondie sur les angles, de médiocre épaisseur, présentant d'un côté les armes du daïri et diverses figurés, au revers des caractères qui attestaient la pureté du métal ; le *sen* ou *senni* (fig. 5), en argent ; le *kodama*, également en argent, très variable dans sa forme, ses dimensions et ses empreintes, portant quelquefois l'effigie du Daïkokf ou dieu du commerce (on le représente assis sur deux tonneaux de riz, un sac dans la main gauche, un marteau dans la main droite, un objet frappé par ce marteau produit à l'instant tout ce qu'on a désiré ; c'est probablement ce Plutus oriental qu'on observe sur le *schuit* de notre figure) (fig. 6), les *kin*, les *gommomegin*, etc. ; l'unité était l'*itjib* ou *itsibou*, d'une valeur de 1 fr. 75. L'or et l'argent étaient à peu près au même titre que nos louis et nos écus du dernier siècle. Dans les transactions commerciales, on faisait usage des barres d'or et d'argent (fig. 7 et 8), comme en Chine : les monnaies de ce pays semblent d'ailleurs avoir eu cours au Japon au temps de Kaempfer. La monnaie de cuivre s'enfilait en différents nombres, jusqu'à 600, qui valaient 1 *telle* d'argent, assimilé par les Hollandais à 3 gouldes de leur monnaie (4 livres et 5 sols de l'ancienne monnaie française).

Aujourd'hui encore, les monnaies d'or et d'argent du Japon sont très variées ; mais elles tendent à s'effacer devant une série de types imités de notre système décimal, bien que se rapprochant, pour le poids et la valeur, des monnaies des États-Unis. Le dollar japonais, le *yen* (or ou argent), vaut de 5 fr. 16 à 5 fr. 39 ; il se subdivise en 100 *sen*. Les pièces sont frappées à la manière américaine, avec une remarquable netteté : l'une des faces (fig. 9) porte le dragon légendaire, au corps écailleux, au dos armé d'épines, aux griffes formidables, et dont les extrémités semblent se confondre ; l'autre, un soleil, avec la mention de la valeur de la pièce.

La monnaie de billon est en bronze (fig. 10), ovale, d'assez grandes dimensions, et cependant fort légère, ou analogue à nos sous.

L'Annam, dans ses monnaies comme en toute autre chose, n'a fait qu'imiter la Chine. Ses pièces sont minces et plates, rondes, avec trou carré dans le milieu ; elles portent l'indication du règne qui les a vu fabriquer, avec les épithètes à la gloire du souverain (fig. 11). Celles d'or et d'argent sont rares, et même celles de cuivre. La monnaie courante est la sapèque en zinc (fig. 13), sale et terne, appelée *dóng* par les indigènes : 600 de ces vilains disques, enfilés sur une cordelette en rotin, forment une ligature (*quantien*) de la valeur de notre franc ! A cette encombrante monnaie, qui convient à un peuple sans autre commerce que les ventes et les achats de détail, insouciant d'ailleurs et routinier, l'administration française a essayé de substituer une monnaie en

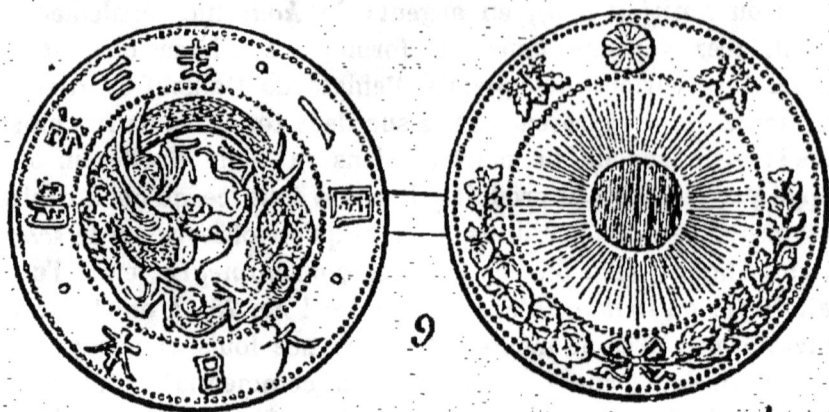

FIG. 9. — Dollar japonais

FIG. 10. — Monnaie japonaise en bronze

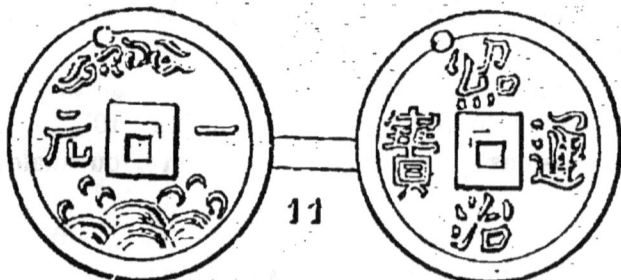

FIG. 11. — Pièce annamite en argent, de la valeur d'une ligature, règne de Tieu-Tsi (1841-47).

Cette pièce était suspendue au cou d'un enfant; ce qui explique le trou qu'on remarque vers la circonférence.

billon de valeur identique à la nôtre et d'aspect analogue (fig. 12); pour avoir oublié de la faire percer et méconnu une habitude de portage chère à l'Annamite, elle a d'emblée compromis le succès de sa tentative.

La monnaie cambodgienne se rattache au type indou. Elle est élégante et agréable à l'œil, bien en la main, ni trop lourde ni trop légère. Nous en offrons deux jolis spécimens : l'un, que nous avons rencontré dans la province de Siemréap (fig. 14), devenue siamoise par annexion... forcée, et qui rappelle un peu certaines monnaies gauloises, est en cuivre, avec une petite proportion d'ar-

FIG. 12. — Décime de la Cochinchine française (1879).

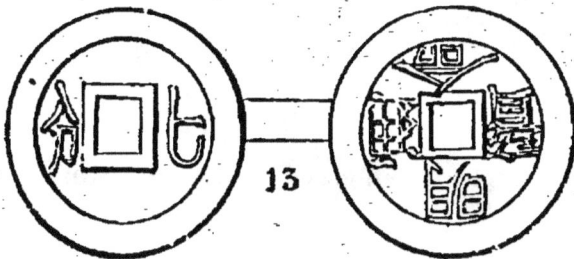

FIG. 13. — Sapèque annamite.

FIG. 14. — Monnaie de Siemréap.

gent, ovale ou arrondi, uni et légèrement convexe sur l'une de ses faces, marqué sur l'autre, un peu concave, de divers reliefs, dont le principal semble figurer un oiseau; l'autre est une piastre en argent du règne de Ong Duong, avec date inscrite dans les trois ères chronologiques du royaume (petite ère, ères de Shali vahana et de Bouddha), la représentation des tours sacrées (Préasat) d'une pagode et de l'oiseau fantastique appelé Hans (fig. 15). Actuellement, le roi Norodon, devenu l'acquéreur d'une machine à balancier et d'un matériel accessoire qui auraient appartenu à l'hôtel des monnaies de Strasbourg, fait frapper une monnaie de billon à son effigie (fig. 16), de la dimension et de la valeur de nos décimes et demi-décimes (on remarque au revers les attributs de la souveraineté, surmontés de la tiare, l'épée

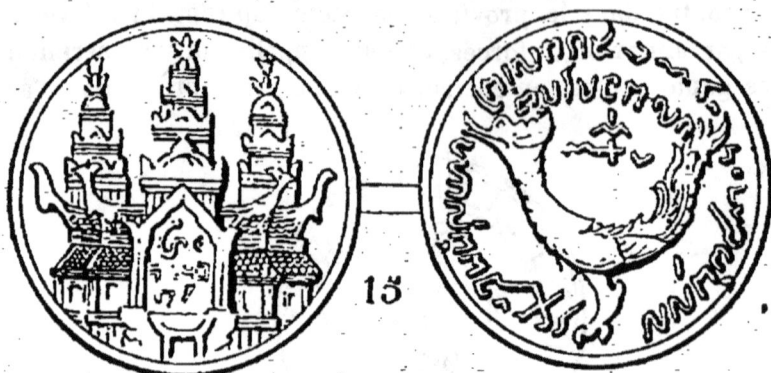

FIG. 15. — Piastre cambodgienne, règne de Ong Duong.

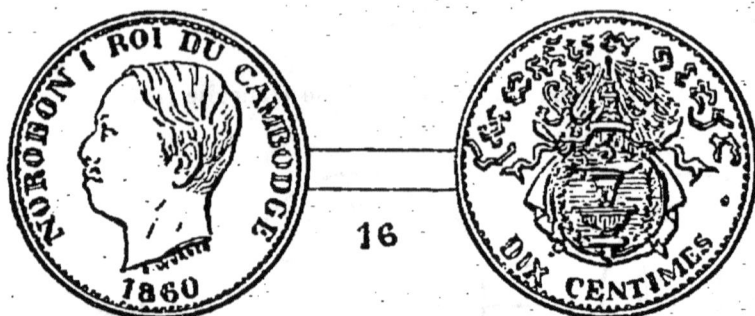

FIG. 16. — Décime cambodgien à l'effigie de Norodon Ier (1860).

FIG. 17. — Tical siamois.

FIG. 18. — Empreintes du tical à diverses époques (le second type agrandi).

royale, la masse et la main de justice); dans les grandes occasions, on frappe des pièces d'or et d'argent pour distribuer aux mandarins de tout ordre; mais comme l'atelier manque de coins spéciaux pour ces monnaies, on emploie ceux du centime et du double centime, circonstance peut-être intéressante à mentionner pour éviter des théories plus ou moins hasardées aux futurs numismates de l'Asie orientale.

Le royaume de Siam a de la monnaie d'or, mais qui n'a pas cours, et deux sortes de monnaies d'argent : l'une ancienne, qu'on dirait imitée des cauris, en forme de petit lingot replié sur lui-même, ronde comme une balle et pointillée de deux empreintes (*tical* ou *bat*, de la valeur de 3 francs, double tical et nombreux sous-multiples) (fig. 17 et 18); l'autre nouvelle, frappée à la manière européenne, avec l'effigie du roi, et au revers les armes du souverain ou l'éléphant à triple tête. Les cauris ont toujours cours : 1200 équivalent à 1 *fuang* (environ 37 centimes). « Ces cauris, tout embarrassantes qu'elles sont à compter, à porter dans un panier, ont cependant leur avantage, car avec 1200 cauris la personne qui va au bazar peut acheter en menu cinquante ou soixante espèces de comestibles, ce qui serait impossible avec nos sous et même avec nos liards. » (Pallegoix.)

Ce fractionnement inouï de la monnaie est précisément la caractéristique la plus remarquable des systèmes asiatiques. Le peuple en tire grand avantage; mais le commerce, qui depuis longtemps partout introduit les monnaies européennes et leurs dérivées américaines, et qui tend aujourd'hui à faire adopter, sous les marques nationales, le système décimal, arrivera peu à peu à substituer à des valeurs trop minimes, en réalité l'indice du haut taux de la monnaie, des valeurs mieux déterminées, nominalement plus élevées, et cependant en rapport avec une dépréciation relative, tout au bénéfice des populations. Jusqu'à présent une seule nation de l'Extrême-Orient résiste à l'adoption d'aucun système européen, la Chine. Elle tolère et dérive vers ses coffres toute la monnaie d'argent qu'elle peut accaparer, la transforme en lingots, mais elle ne veut pas l'imiter. Elle prend tout et ne donne rien. Il y a là une source d'inconvénients très sérieux pour les pays où s'établissent les négociants chinois, et notamment pour notre colonie indo-chinoise, d'où les Célestes enlèvent chaque année une énorme portion du numéraire, au grand détriment du Trésor français, dont les pièces sont remplacées, au fur et à mesure de leur mise en circulation, par d'autres de valeur fiduciaire identique, mais de valeur réelle inférieure.   A. CORRE.

CHAPITRE III

Or. — L'or est le métal précieux par excellence et il est désigné, depuis les temps anciens, par le nom de *roi des métaux.*

Il a été connu de toute antiquité *(nub)* [1] parce qu'il se trouve à la surface de la terre avec ses remarquables propriétés; coloration superbe, éclat remarquable, facilité de travail extrême, inaltérabilité parfaite.

Sa faible dureté le rend impropre à faire des outils et des armes, mais il entre sans cesse dans leur ornementation. Cette mollesse nécessite l'addition à l'or d'un métal, commun, le cuivre lorsqu'il s'agit de l'employer comme monnaie ou comme bijou.

Extraction. — Quelquefois il est à peu près pur dans la nature; le plus souvent il est associé à l'argent, rarement au mercure, au rhodium, au palladium, au platine, au tellure, etc.

[1] Voir page 10.

Voici la composition de quelques minerais :

	OR	ARGENT	PALLADIUM	RHODIUM
Transylvanie.	60 à 65	35 à 38		
Californie.	85 à 93	6 à 13		
Australie.	94 à 96	3 à 6		
Sénégal.	84 à 87	11 à 16		
Brésil..	64 à 94	4 à 35		
Sibérie.	70 à 94	6 à 28	9 à 10	
Colombie.	36 à 48	4, 5 à 7		40 à 45

On connait aussi des combinaisons d'or, d'argent et de tellure, *or graphique.*

On a trouvé en Colombie des amalgames d'or et d'argent très riches en mercure. M. Schneider a obtenu les résultats suivants :

Or..	38,39 pour 100	
Argent.	5 »	—
Mercure..	57,40	—

La métallurgie de l'or est très simple. On utilise ce fait que le mercure dissout l'or et l'argent. Cette propriété a été connue des anciens qui l'ont employée. L'étude des textes a montré à M. Berthelot qu'antérieurement à cette découverte, c'est-à-dire aux temps les plus reculés, on retirait l'or au moyen du plomb, c'est-à-dire par une véritable coupellation.

Avant la découverte de l'or en Californie, les sables ou les minerais réduits en poudre étaient lavés dans des sébilles pour recueillir à part les parties les plus denses qui étaient amalgamées, c'est-à-dire traitées par le mercure.

L'activité fiévreuse de l'Américain du Nord ne s'est pas pliée aux procédés lents que l'Américain du Sud exploitait au Chili, au Pérou et au Mexique depuis quatre siècles, et il a inventé des méthodes d'appauvrissement des minerais d'or, plutôt que d'épuisement, qui ont le mérite de la rapidité et dont nous allons donner une idée générale.

Lorsque l'or se trouve dans le quartz en gisement, on l'exploite par puits et galeries. Le minerai, monté à la surface, est porphyrisé par les engins les plus perfectionnés de la mécanique, et la poudre de quartz amalgamée dans des appareils divers.

L'un des systèmes adoptés est le suivant :

Les broyeurs en fonte, où se fait la pulvérisation, reçoivent sans cesse de l'eau, laquelle entraîne les sables mis en suspension par le choc et l'agitation des pilons. Cette eau tombe sur un tamis fin qui retient les parties grossières; la poudre en suspension dans l'eau est reçue à la tête d'une table en bronze, un peu inclinée, sur laquelle on verse du mercure en globules très déliés, sortant d'une peau que l'on presse. L'amalgame s'attache au métal sous forme d'une pâte épaisse qu'on enlève chaque jour avec des raclettes ou des balais, et qu'on lave pour séparer le sable. Ces tables, argentées par l'amalgame, ont 3 ou 4 mètres de longueur et 1 à 2 mètres de largeur.

Ces exploitations cèdent généralement le pas à celles des placers secs, gisements d'alluvions plus ou moins meubles, formés d'argiles, de sable et de caillou. L'aventurier des premiers jours traitait ces matières avec la corne, la sébille, l'augette et la batée; aujourd'hui de puissantes compagnies, associant la science au capital, exploitent jusqu'aux couches les plus profondes, par la méthode dite hydraulique qui, en quelques années, creuse des vallées, et édifie des montagnes.

Il faut d'abord faire arriver l'eau; souvent elle est amenée de distances très grandes, traversant les montagnes en tunnels, les vallées sur des ouvrages d'art de telle sorte que c'est un travail, extrêmement couteux, et long d'exécution. Cet aqueduc recueille sur sa route les petits cours d'eau qu'il traverse et il distribue, contre redevance, une partie de ce liquide aux exploitations qu'il rencontre. Le canal et les réservoirs de la Compagnie North Bloomfeld ont coûté 2.865.000 francs.

Le cas le plus complexe est celui où la matière est dans une montagne. Pendant que la dérivation s'exécute, on perce un tunnel qui émerge dans la vallée la plus voisine et qui pénètre dans le rocher; en ce point, on perce verticalement un puits qui fait communiquer le tunnel avec la surface du sol.

Le travail peut alors commencer. On lance contre les parois du puits des flots d'eau, sous forte pression, qui détachent terre, sable et cailloux et les précipitent dans le tunnel où ils suivent de vastes canaux en bois (Sluice-box) dont l'inclinaison est telle que les cailloux y sont entraînés. Le fond de ces canaux est rempli de blocs de pierre et de bois dans les interstices desquels on a injecté du mercure avec des entonnoirs en tôle. De distance en distance sont ménagées des chutes en gradin, et des grilles de façon que les cailloux glissent et soient rejetés. Trois ou quatre fois dans la saison, on enlève les bois et les pierres et, après avoir organisé des barrages, on retire avec des pelles l'amalgame retenu.

L'amalgame, débarrassé du sable par l'eau, est trituré dans un bain de mercure; divers corps, viennent flotter à la surface. Le mercure en excès est séparé par le pressage dans une toile, et l'amalgame solide est quelquefois chauffé avec de l'acide sulfurique étendu qui dissout du plomb, puis il est distillé. Cette opération se fait dans des tubes en fonte horizontaux ou dans des cornues en fer à couvercle mobile qui sont lutées intérieurement pour empêcher l'adhérence de l'or. La condensation a lieu dans un tube en fer refroidi qui plonge dans un seau. L'or est retiré, fondu et envoyé à l'affinage.

Les *sluice-box* présentent diverses dispositions; une des plus pratiques est la suivante. Ce sont des gouttières en bois qui s'emmanchent les unes dans les autres, l'une d'elles étant un peu diminuée de largeur à son extrémité. Dans ces canaux on place un cadre en bois, formé de traverses, disposées longitudinalement de façon à laisser entre elles un espace où vient se loger l'amalgame formé. L'eau doit s'élever à 25 ou 30 centimètres dans le sluice. On y injecte le mercure aussi divisé que possible et on emploie souvent à cet effet des nouets en peau que l'on presse.

Si l'or se trouve dans des torrents desséchés ou sur le flanc d'une montagne, on y dispose simplement les sluice-box. Lorsque la pente est inférieure à 3 ou 4 centimètres par mètre, il faut l'accroître par des dispositions particulières.

Argent. — L'argent a été connu par les peuples les plus anciens.

C'était le *hat* des habitants de l'antique Égypte; on distinguait, outre l'*asem*, alliage de l'argent avec l'or, l'*ascmon* qui était de l'argent impur, mélangé de métaux étrangers, tel qu'il sortait du traitement du minerai.

On comprend que le traitement métallurgique varie

suivant la nature si différente des minerais, et je ne puis en donner qu'un aperçu.

Les procédés employés en Europe s'appliquent à des sulfures complexes peu riches. Ils consistent dans l'action de la chaleur sur le minerai en présence de l'air et du chlorure de sodium dans des fours à réverbère : les métaux sont transformés en chlorures, et le sel changé partiellement en sulfate de soude et en acide chlorhydrique qu'on est obligé de condenser.

La masse est tournée dans des tonneaux avec de l'eau et de la ferraille qui réduit au minimum les chlorures de fer et de cuivre, et qui précipite les divers métaux, puis on y introduit du mercure qui dissout l'argent, le cuivre et quelques autres métaux.

L'amalgame obtenu est séparé par lavage et distillé dans des appareils spéciaux dont le plus ancien doit à sa forme le nom de *chandelier de Freyberg*.

Cette méthode, plus ou moins modifiée, est employée maintenant dans diverses exploitations du Colorado, du Névada, du Mexique et de l'Amérique du Sud, mais ce qui arrête, ou du moins limite beaucoup son emploi dans ces derniers pays, c'est le manque de combustible, car on n'y trouve que les excréments des lamas, un peu de tourbe et quelques broussailles.

Le traitement des minerais se fait depuis plusieurs siècles sur les plateaux élevés de l'Amérique du sud (Mexique, Pérou, Chili, Bolivie), par un procédé lent qui a l'avantage de n'exiger aucun combustible.

Il consiste dans un mélange exécuté, sur des aires pavées, par le piétinement de mulets ou de chevaux, avec du sel et un peu de pyrite de cuivre qui se change en sul-

fate de ce métal. Il se forme, à la longue du chlorure de
cuivre; par addition du mercure sur l'aire, on obtient
finalement un amalgame d'argent impur qu'on distille;
l'argent formé est ensuite affiné.

Ce procédé barbare, dit du *patio*, et qui dure plusieurs mois, tend à disparaître, parce que l'on a établi
des voies de communication et que l'on construit même
des chemins de fer pour mettre en communication ces
montagnes arides avec le littoral; le minerai descendu est
traité sur la côte, ou même en Europe par la méthode
européenne.

Il existe en Bolivie des mines extrêmement riches. Le
travail est très actif dans certaines exploitations telles que
celles de la Compagnie Huanchaca qui a fait des travaux
considérables : percée d'un tunnel de 3.307 mètres, chemin de fer de 11 kilomètres pour l'exploitation, associa-
tion avec la Compagnie des chemins de fer d'Antofagasta
pour construire une partie de cette ligne, qui, allant d'An-
tofasgata sur le Pacifique à La Pax, traverse les Cordil-
lières et une contrée, très fertile en certains points, où
l'on rencontre, dans d'autres, de l'argent, de l'or, du platine, de l'étain, du cuivre, du borax, non loin de gisements de guano et de nitrate de soude.

L'entreprise, commencée en 1873, a produit, en 1886,
6.258.320 bolivianos, et a réparti dans cette année
2.160.000 bolivianos; ce qui correspond à 36 pour 100
par an.

On a remarqué depuis longtemps que le cuivre remplace avantageusement le fer pour précipiter l'argent
avant l'amalgamation.

Dans cette mine on a fait cette substitution et on opère

dans des appareils en cuivre, non plus à froid, mais en présence de l'eau bouillante ; ce qui active le travail et le rend plus parfait.

Les mines de l'Etat de Nevada ont été découvertes en 1859 ; le filon le plus important est celui qui a pris la désignation de Comstock du nom du mineur qui le découvrit.

L'exploitation a eu lieu d'abord sur un plateau de 2.000 mètres au-dessus du niveau de la mer. Trois ans après sa découverte ce filon avait produit 12 millions de dollars, fait qui n'avait aucun précédent et qui détermina une véritable fièvre dans les pays voisins, qui les désertèrent en foule pour se précipiter sur les bords du Carson et du lac Washoë.

Le manque d'air et l'affluence des eaux souterraines menaçaient tellement d'arrêter les travaux qu'un Américain, du nom de Sutro, eut l'idée de rejoindre le filon à la vallée du Carson par un tunnel qui débouche à 2.000 pieds de profondeur dans ce filon. Le minerai est du sulfure d'argent presque pur (argent vitreux), mêlé quelquefois d'argent rouge, de chlorure, bromure, iodure d'argent et de galène argentifère [1].

Ce filon exceptionnel n'est pas la seule mine d'argent de cet Etat. Vers le nord sont les mines de Humboldt, vers l'est celles d'argent rouge d'Austin, vers le centre celles de White-Pine où domine la chlorure d'argent, et vers le sud celles de Pahranagat.

Le minerai est réduit en poudre sous des pilons ou des meules, et grillé avec du sel, puis il est chauffé en présence de l'eau bouillante dans de vastes cuves appelées *pans*

---

[1] *L'art de l'Essayeur*, page 298.

avec de la ferraille. Le mercure est ensuite ajouté et l'amalgame distillé. Les lingots obtenus contiennent jusqu'à 930 à 950 d'argent et 38 à 40 d'or. La tonne de minerai a rendu jusqu'à 27 dollars soit 135 francs, c'est-à-dire le double de ce que produisent les minerais de quartz aurifère de la Californie. Cette richesse est aussi celle de certains minerais du Mexique qui sont la continuation des districts miniers argentifères du Névada.

Une autre source très importante d'argent est le minerai de plomb, la *galène*, sulfure de plomb contenant ordinairement du sulfure d'argent [1].

Le plomb qu'on en extrait est traité d'abord pour argent, et les procédés employés sont désignés sous le nom de *désargentation*.

Cette branche de l'industrie métallurgique a subi depuis quarante ans de profondes modifications. Jusqu'à cette époque, on opérait la *coupellation* directe du plomb. Ce métal, soumis à un vif courant d'air sur une sole creuse, nommée *coupelle*, s'oxyde et se change en protoxyde de plomb *(litharge)* qui se porte à la surface du bain et qui est écoulé par les bords. L'argent reste dans ce vase sous forme d'un bouton après la solidification [2].

La coupellation exerce une fâcheuse action sur la santé des ouvriers parce que le plomb est entraîné en quantité notable dans l'air, à l'état de fumées d'oxyde; de plus il se produit une perte d'argent considérable. Elle est beaucoup moindre quand on ne coupelle que des plombs enrichis par les procédés suivants parce qu'on ne coupelle pas même le dixième du plomb traité.

[1] *L'art de l'Essayeur*, page 268.
[2] *L'art de l'Essayeur*, page 154.

Aujourd'hui la coupellation ne s'emploie plus qu'après le traitement du plomb par la *cristallisation, pattinsonage* ou par le *zingage*. Le procédé de cristallisation repose sur cette propriété curieuse que, si l'on fait refroidir du plomb fondu, les cristaux, formés en premier lieu, sont du plomb contenant beaucoup moins d'argent ; par suite, le liquide restant est enrichi.

L'opération exige plusieurs cristallisations répétées et s'opère dans des chaudières en fonte, au nombre de huit à dix, placées les unes à côté des autres.

Elle est terminée dans une chaudière quand on a retiré les deux tiers du plomb : ce qui se fait avec de grandes écumoires en fer. Le résidu possède une teneur double en argent. Les deux tiers enlevés sont versés à la cuiller dans la deuxième chaudière et traités de la même manière.

La cristallisation était exécutée d'abord à bras ; aujourd'hui, le travail de l'ouvrier est remplacé par un agitateur mécanique et par la vapeur qui agit comme agent de la cristallisation et aussi comme moyen d'affinage.

Le zingage paraît préféré à la cristallisation depuis quelques années. C'est le métallurgiste, Karsten, qui a découvert la propriété curieuse que possède le zinc d'enlever l'argent au plomb argentifère fondu.

Il existe de nombreuses variantes à la méthode qui consiste, en définitive, à fondre des saumons de zinc avec le plomb déjà liquide et à brasser avec des écumoires. Le zinc se sépare en vertu de son faible poids spécifique et remonte, après avoir dissous l'argent, et aussi l'or et le cuivre s'il y en a dans le minerai.

Le zinc, chargé d'argent et contenant du plomb, est traité de diverses façons.

On le chauffe dans des cornues en terre ; il distille et laisse un résidu de plomb argentifère qui est coupellé.

Dans un autre procédé, l'alliage ternaire de zinc, de plomb et d'argent est agité avec du mercure : il se forme un amalgame de plomb et d'argent qu'on chauffe dans des cornues pour séparer le mercure par distillation.

Le plomb argentifère est coupellé ; le zinc rentre dans la fabrication.

Dans d'autres usines, le zinc est amené à l'état de sulfate par l'acide sulfurique et ce sulfate calciné donne du blanc de zinc impur et de l'acide sulfurique fumant. On a essayé aussi l'emploi de l'acide chlorhydrique, suivi de celui de la chaux, qui fournit aussi du blanc de zinc impur.

Un procédé, dû à Cordurié, consiste à oxyder le zinc, chargé d'argent, par un courant de vapeur d'eau surchauffée. Il se produit du gris de zinc, qui est condensé dans des chambres : on l'emploie pour des peintures communes, à cet état, ou après l'avoir coloré en jaune par du bichromate de potasse. Il reste des oxydes, contenant du plomb et de l'argent, qu'on sépare par des lavages ou par l'action de l'acide chlorhydrique.

Enfin, il existe un procédé plus récent dû à MM. Roswag et Marin dans lequel on emploie l'acide acétique ; il serait très avantageux, car on retirerait le plomb à l'état de céruse, le zinc à l'état de blanc de zinc, sans perdre l'acide acétique.

Le produit ternaire est oxydé par l'air comprimé, et les poussières formées sont traitées par l'acide acétique étendu, vers 60 à 80 degrés, dans des appareils munis d'agitateurs. Les oxydes de plomb et de zinc donnent des solutions saturées d'acétates de plomb et de zinc, et il reste de l'argent métallique non attaqué qu'on coupelle avec un peu de plomb riche.

Les acétates dissous sont formés surtout d'acétate de plomb ; on les précipite par l'acide carbonique, il en résulte de l'acide acétique, et de la céruse, contenant un peu de carbonate de zinc, qui constitue une matière blanche recherchée en peinture. La carbonatation est très rapide si l'on fait agir sur les acétates l'acide carbonique sous une pression de 3 à 4 atmosphères.

L'acide acétique retient une certaine quantité de plomb qui ne gêne en rien pour le traitement des alliages ternaires subséquents.

L'argent s'extrait de certains cuivres dont le minerai était argentifère. Le moyen le plus employé consiste à fondre le cuivre brut avec du plomb, de manière que ces deux métaux soient à équivalents égaux, et à couler l'alliage en disques qui sont placés de champ, les uns à côté des autres, dans un fourneau et chauffés lentement au-dessous du point de fusion du cuivre ; il reste une carcasse métallique contenant le cuivre, et il s'écoule *(liquation)*[1] du plomb cuivreux renfermant l'argent. Ce plomb est soumis aux traitements qu'on a décrits précédemment.

Enfin, certains minerais d'antimoine, de zinc, et quelques pyrites de fer, comme celle du Rio-Tinto, peuvent fournir de l'argent et même de l'or.

Affinage. — La séparation de l'or, de l'argent et des métaux communs s'est opérée autrefois par l'eau régale, puis par l'acide nitrique. Aujourd'hui on emploie, presque universellement, l'acide sulfurique concentré.

---

[1] *L'art de l'Essayeur*, page 140.

Les lingots d'or et d'argent sont essayés et fondus de façon à constituer un alliage contenant :

$$1 \text{ kilogramme or}$$
$$2^{kg},250 \text{ argent}$$
$$0^{kg},250 \text{ cuivre}$$

$$3^{kg},500$$

Soit 2 parties et demie d'argent à 900 millièmes.

Si les matières sont mélangées d'autres métaux, on force la proportion d'argent à trois parties et même au-delà.

L'alliage est grenaillé et traité, par 100 à 120 kilogrammes à la fois, dans une marmite en fonte (*cent points*) au moyen d'acide sulfurique à 66°, pendant trois heures environ. Le couvercle porte un tuyau en platine, refroidi par de l'eau, qui emporte les vapeurs d'acides sulfureux et sulfurique dans des chambres de plomb où on les condense le mieux possible. L'acide sulfurique recueilli rentre dans le travail.

L'argent, le cuivre et les autres corps se dissolvent, sauf l'or qui s'est précipité en grains faciles à laver. L'acide est décanté dans un bac en plomb, où de la vapeur d'eau est amenée par un tube en plomb pendant 1 heure environ. L'acide sulfurique descend de 66° à 30° à peu près.

La liqueur acide, éclaircie, est soutirée par un robinet en plomb dans d'autres bacs, faiblement chauffés, où l'on place des lames de cuivre. L'argent se précipite sur ces lames sous forme d'une masse compacte (*chaux d'argent*). Au bout de deux heures on soutire la liqueur qui, abandonnée au refroidissement, dépose des cristaux de sulfate de cuivre, qu'on égoutte ou qu'on purifie par une nouvelle cristallisation.

La chaux d'argent est lavée, pressée fortement puis fondue.

L'affinage d'un alliage d'or, d'argent, de platine peut s'exécuter de la manière suivante :

L'alliage grenaillé est traité par de l'eau régale, et la liqueur est étendue d'eau : l'argent se précipite à l'état de chlorure d'argent qu'on réduit à l'état métallique en le fondant avec du carbonate de soude [1].

Les liquides sont chauffés avec du fer et de l'acide chlorhydrique (*protochlorure de fer*) qui réduit l'or à l'état métallique qu'on sépare et qu'on lave.

Enfin, dans les liqueurs concentrées par l'action du feu, on met du chlorhydrate d'ammoniaque en excès, et l'on agite. Il se forme un précipité de chlorure double d'ammonium et de platine qu'on recueille, qu'on lave et qu'on calcine au rouge; il en résulte du platine aggloméré, poreux, qui est connu sous le nom de *mousse* ou d'*éponge* de platine [2].

Des modifications ont été introduites en Amérique dans l'affinage de l'or, pour le traitement de la liqueur sulfurique.

La solution d'argent, de cuivre, renfermant souvent du plomb, est versée dans un bassin en fonte contenant de l'acide sulfurique chauffé vers 110°, et la liqueur amenée avec de l'eau à 58° B. : un peu d'or entraîné et le plomb à l'état de sulfate se séparent. La liqueur est siphonnée dans un autre vase en fonte refroidi où le sulfate d'argent se précipite. La solution séparée revient dans le premier

---

[1] *L'art de l'Essayeur*, page 144.
[2] *L'art de l'Essayeur*, page 250.

bassin où elle sert de nouveau. Quant au sulfate d'argent il est jeté à la pelle sur le faux-fond d'un bassin en bois doublé de plomb : l'acide s'égoutte. On jette sur le sulfate une solution concentrée et bouillante de vitriol vert ; il se dissout d'abord du sulfate de cuivre, puis l'argent est réduit à l'état métallique, en même temps que le fer se transforme en sulfate de peroxyde qu'on écoule dans un dernier bassin où il dépose un peu d'argent entraîné.

L'argent est traité sur le faux-fond par du sulfate de fer jusqu'à ce que la liqueur coule verte ; puis il est lavé à l'eau, comprimé à la presse hydraulique et fondu. Il est au titre de 998 ordinairement.

On a indiqué d'autres procédés. L'un d'eux repose sur la propriété que possède le chlore d'attaquer l'argent, le cuivre et les autres métaux fondus et d'être sans action sur l'or. Essayé à Genève sur un alliage contenant 60 pour 100 d'or et 15 pour 100 d'argent et du cuivre, il aurait donné de l'or à 999 après un courant de chlore prolongé pendant 3 heures ; il y aurait eu une perte notable d'argent.

A Sydney où l'on traite de l'or contenant 5 à 6 pour 100 d'argent, il aurait fourni de bons résultats.

On a parlé d'un procédé de traitement des résidus d'or, d'argent et de platine au moyen d'un mélange contenant du nitrate de soude et de l'acide chlorhydrique : c'est, en définitive, de l'eau régale.

Fabrication. — La fabrication des monnaies est, théoriquement parlant, très simple : on fond ensemble, dans des proportions déterminées, les métaux préalablement purifiés ; on coule dans des lingotières le métal brassé, on lamine les barres, on découpe à l'emporte-pièce les lames amenées à l'épaisseur convenable, et on frappe les disques obtenus *(flans)*.

Dans la pratique, le travail est très délicat parce qu'il faut obtenir des alliages homogènes, exacts à 4 millièmes pour l'argent et à 2 millièmes pour l'or, et des pièces sans défectuosités dont le poids oscille entre des limites très rapprochées. Ce soin est nécessaire pour que les faussaires ne puissent pas arriver à obtenir des imitations, réussies au point de tromper le public.

En France, la monnaie est fabriquée conformément à la loi du 31 juillet 1879, depuis le 1er janvier 1880, par une Régie administrative dépendant du ministère des finances; auparavant elle était fabriquée par une entreprise surveillée par l'Etat. Il n'y a plus qu'un seul établissement monétaire qui est à Paris.

Le bureau du Change à la Monnaie reçoit de droit seulement :

1° Les lingots propres au monnayage, affinés, au titre minimum de 994 millièmes et du poids de 6 kilogrammes à 7 kilogrammes pour l'or et de 30 kilogrammes à 35 kilogrammes pour l'argent;

2° Les monnaies étrangères inscrites au tarif;

3° Les ouvrages d'or et d'argent marqués des poinçons de titre français.

Les titres sont exprimés en millièmes et dixièmes de millième.

Les pesées sont effectuées au décigramme pour l'or et et au gramme pour l'argent.

Les bons de monnaie délivrés en échange des versements des matières d'or et d'argent forment titre contre le Trésor.

Leur échéance ne peut pas dépasser un mois.

Les lingots, essayés antérieurement par le porteur de matière, le sont contradictoirement à la Monnaie par deux essayeurs.

Les frais de fabrication sont retenus au porteur de matière.

Le décret du 31 octobre 1879, qui a établi la Régie, a maintenu cette retenue à 6 fr. 70 par kilogramme d'or et à 1 fr. 50 par kilogramme d'argent, au titre de 900 millièmes.

On procède alors à la fonte. Supposons une fabrication de pièces de 5 francs en argent et admettons qu'on n'ait pas de résidus.

On choisit parmi les lingots ceux dont les poids peuvent donner, par leur réunion, des fontes de 240 à 250 kilogrammes en y comprenant la quantité de cuivre qu'on doit ajouter pour avoir un alliage à 900 millièmes.

Soit les sept lingots suivants; calculons le fin d'argent :

			QUANTITÉ DE FIN
35.100			
3o,64o	à 998.		95.867.880
3o.32o			
3o.68o			
33.53o	à 997.		99.111.770
35.2oo			
3o.3oo	à 995..		3o.148.5oo

Brut 225.770   Fin 225.128.15o

On calcule l'alliage au titre le plus bas par suite des recuits que subit la matière dans le cours de la fabrication.

La quantité de cuivre à ajouter pour obtenir le titre de 898 millièmes est de 24 kilogrammes 929 qu'on déter

mine en divisant le poids du métal fin par le titre cherché
et en retranchant le poids brut.

```
225,128,150 | 898
    1.796      250,699
  _____     225,770
   4,552
   4,490       24,929  Poids de cuivre.
   _____
    6,281
    5,388
   _____
    8,935
    8,082
   _____
    8,530
```

Les creusets employés sont en fer, en terre ou en un mélange d'argile et de plombagine : lorsque ces derniers sont
bien fabriqués ils ont une longue durée.

Le creuset vide étant porté au rouge, on y introduit
trois ou quatre lingots, on loge le cuivre dans les interstices, et l'on chauffe fortement, après avoir placé sur le
creuset un couvercle en fer, puis on introduit successivement les autres lingots au fur et à mesure de la fusion. Il
est bon de garder 200 à 300 grammes de cuivre.

Lorsque la fonte est bien liquide, on brasse énergiquement avec une cuiller en fer, à long manche, et on coule
une petite quantité de la matière dans une lingotière en
fer. Le titre de cette *goutte* est déterminé immédiatement
au laboratoire : si la fonte est à 899 millièmes, on ajoute
le cuivre conservé et si elle dépasse ce titre on y ajoute
250 grammes de cuivre par millième en plus.

On brasse avec soin, et on coule l'alliage avec une
grande cuiller dans une série de lingotières verticales,
serrées les unes contre les autres.

Les ouvriers ont les mains entourées d'un sac de toile

humectée d'eau, formant un gant protecteur contre le feu.

Le contenu du creuset ayant été coulé, on dévisse la lingotière et on retire les lames qui sont au nombre de 60 environ; on les laisse refroidir, puis on les fait passer entre deux cylindres pour enlever les ébarbures.

On pèse les lames et les ébarbures pour se rendre compte du rendement de la fonte.

Les ébarbures sont mises à part pour rentrer dans la fonte suivante et les lames sont portées dans un four à recuire qui est chauffé au rouge sombre.

Le creuset de plombagine est remis au feu pour une nouvelle opération; il peut supporter 15 à 18 fontes.

Les lames qui ont 1 centimètre d'épaisseur sont portées au laminage et dégrossies. Elles passent huit fois entre les cylindres lamineurs, puis elles sont recuites; elles ont alors environ 1 mètre de longueur. On continue à les laminer jusqu'à ce qu'elles aient subi encore sept passes; on les recuit une troisième fois et on les soumet au banc à tirer afin qu'elles prennent une épaisseur régulière dans toute leur longueur qui est alors près de 2 mètres.

L'ouvrier ajusteur découpe une rondelle dans le milieu de la lame et la pèse à un petit trébuchet qui est à côté de sa place. Si elle est forte, on repasse au banc et on recommence la pesée.

La lame est alors soumise à l'action d'un outil très perfectionné qui coupe les *flans* du module déterminé : l'ouvrier ne fait que glisser la lame qui se trouve, après l'opération, changée en un réseau régulier duquel ont été enlevés très exactement les flans.

La lame, ainsi à jour, est repliée sur elle-même et retourne à la fonderie.

Les flans sont soumis à l'action d'une autre machine qui en relève les bords : c'est l'opération du cordonnage; puis ils sont chauffés dans une marmite en fonte fermée. Ce recuit, comme les précédents, s'opère dans un four à reverbère, dont la sole est tournante de façon que les objets soient exposés également à l'action du feu, qui doit les porter au rouge sombre sans dépasser cette température.

Le recuit a pour effet de rendre au métal la douceur au travail que lui a enlevée l'action du laminoir; il a été *écroui* suivant l'expression consacrée.

Les flans recuits, et recouverts d'une croûte noirâtre d'oxyde de cuivre, sont versés dans un tonnelet en cuivre qui tourne mécaniquement dans de l'acide sulfurique dilué à 3 ou 4 degrés Baumé, maintenu tiède.

Ce tonneau est enlevé et porté dans de l'eau chaude où on le fait tourner quelque temps, puis les flans sont jetés sur un tamis dans lequel on les agite avec de la sciure de bois; ils sont enfin frottés avec soin dans des linges propres, placés sur une bassine en cuivre, à double fond, chauffée par la vapeur, puis triés à la main et pesés isolément.

Ceux qui sont dans les limites de la tolérance de poids accordée, auxquels on ne constate aucune défectuosité, dont le blanchiment est parfait, subissent la frappe, opération qui s'exécute sous la presse monétaire, construite par Thonnelier; cet appareil débite à la minute :

50 à 55 pièces de 5 fr.
55 à 60   —   de 2 fr.
60 à 65   —   de 1 fr.
75 à 80   —   de 0 fr. 50 et 0 fr. 20

Cette machine est aussi puissante que perfectionnée : elle frappe d'un seul coup les pièces à grande surface comme celles de 5 francs ; elle fournit à la fois, outre la face et le revers, la tranche de la pièce par l'emploi d'une virole brisée qui vient serrer les bords et les desserre ensuite ; il suffit que l'ouvrier place les flans dans une rigole pour que la machine les amène entre le coin de tête, celui de revers et la virole ; elle les enlève ensuite et même elle s'arrête si l'ouvrier oublie de mettre des flans dans la rigole ; disposition très heureuse sans laquelle les deux coins viendraient frapper l'un contre l'autre et se briseraient.

On essaie[1] six pièces prises au hasard. Si elles sont reconnues dans les limites de titre, toutes les pièces sont alors pesées une à une avec des balances *automatiques* très précises et très rapides, puis elles sont examinées minutieusement, sonnées pour s'assurer si elles n'ont pas de pailles et enfin comptées.

La fabrication de l'or est soumise à des soins et à des contrôles plus rigoureux encore. J'ai cru devoir donner ces détails pour convaincre le public qu'il est impossible à un faussaire d'imiter la monnaie française par suite de la difficulté d'avoir et de cacher un outillage si encombrant, si soigné, et si dispendieux et, par suite, l'assurer qu'il dépend de lui de ne pas accepter des pièces fausses à la condition d'examiner avec quelque attention la monnaie qui est rendue.

Un dernier exemple des précautions prises consiste dans la fabrication des coins qu'on peut considérer comme inimitables. Le graveur exécute un modèle en cire, en terre, puis en bronze ou en fer. Au moyen d'un tour à

[1] A. Riche et Gélis, *L'art de l'Essayeur.*

réduire, on grave mathématiquement ce modèle sur un bloc d'acier, adouci par le recuit, dont les dimensions sont celles de la pièce : c'est le *poinçon isolé* qui ne porte que le sujet principal. Ce poinçon trempé sert à prendre un creux, dit *matrice origina...*, sur laquelle le graveur applique les légendes, les bordures, les détails. Avec celle-ci, on relève un poinçon, dit *général,* qui sert à faire une matrice, dite de *reproduction.* Dans cette dernière on tire les poinçons de reproduction qui servent à frapper les coins.

On peut donc être rassuré sur la circulation des monnaies fabriquées dans de pareilles conditions ; une falsification sérieuse est inexécutable, tant à cause de la perfection des engins de reproduction que du fini des pièces.

La déperdition du poids des monnaies par le frai a été l'objet de recherches dans divers pays, en Angleterre, en Allemagne, en France, en Suisse.

Dès la fin du siècle dernier, le grand physicien, Cavendish, avait imaginé une machine très ingénieuse pour étudier, avec Hatchett, l'action du frottement sur les métaux, et se rendre compte de l'usure résultant du frottement des alliages d'or à divers titres. On en conclut en Angleterre que l'alliage à 916 millièmes était très résistant et qu'il devait être conservé.

Jacob avait évalué cette usure trop haut. J.-B. Dumas et de Colmont ont exécuté, en 1839, un travail considérable dans lequel ils ont pesé à la Banque de Paris, une à une, 400.000 pièces de 5 francs en argent aux diverses époques de la fabrication française, soit 2 millions. Ils en ont conclu qu'une pièce de 5 francs perd, par la circulation, en un an, 4 milligrammes de son poids, ce qui revient à dire que :

4 pièces de 5 francs, ou 100 grammes perdent . $0^{gr},016$

ou que 1 gramme perd. . . . . $0^{gr},00016$

Ces résultats étant beaucoup plus faibles que ceux qu'on avait obtenus en Allemagne, on a recommencé vers 1865 une expérience sur 13 millions.

En considérant ces pièces comme ayant le poids droit à l'époque de leur émission, la perte par année et par pièce a été trouvée entre 3 milligrammes et 3 milligrammes et demi.

D'après les conventions de l'Union latine, les gouvernements contractants doivent admettre, sans distinction, dans les caisses publiques les pièces d'or des cinq États, à la condition que leur poids n'ait pas été réduit par le frai de 1/2 pour 100 au-dessous de la tolérance légale. Les pièces de 5 francs ne sont retirées que lorsque le poids a été diminué de 1 pour 100 au-dessous de cette tolérance.

J.-B. Dumas et de Colmont ont exécuté des essais analogues sur les pièces en or de 20, 10, 5 francs ; elles ont été répétées à Strasbourg, et dans diverses banques de Suisse par les soins de M. Feer Herzog ; la déperdition serait proportionnelle à la surface. La pièce de 20 francs arriverait au terme de son existence légale en 40 ans : il faudrait la refondre. La pièce de 10 francs s'userait deux fois plus vite et la pièce de 5 francs quatre fois plus vite et même un peu davantage ; le terme de l'existence serait de 18 à 20 ans pour la pièce de 10 francs et de 8 ans pour la pièce en or de 5 francs.

La simplicité de ces résultats a lieu de surpendre parce que l'influence de l'étendue de la surface doit être profondément modifiée par le poids des pièces.

On ne peut pas, d'ailleurs, demander de rigueur scien-

tifique à des expériences de frai proprement dites, parce
que telle pièce très ancienne a éprouvé beaucoup moins
de frottement que telle autre moins ancienne ou même
récente. C'est la simple constatation d'un fait pratique qui
a une grande utilité pour les gouvernements parce qu'il
les éclaire sur l'état des monnaies, et sur la convenance
qu'il peut y avoir à les refondre lorsque les pièces de telle
époque sont descendues, en grand nombre, au-dessous de
la tolérance de frai. C'est pourquoi ces expériences n'ont
d'importance que lorsqu'elles ont été faites sur de très
grandes quantités de pièces, comme l'ont exécuté Dumas
et de Colmont autrefois, et récemment M. Ruau à la
Monnaie de Paris, en 1884 et en 1888, comme on le verra
plus loin.

M. Soetbeer parle de pesées faites, en Allemagne,
sur de grandes quantités de *doubles couronnes*, qui
n'auraient perdu que 1/7 pour 1000, ce qui revient à dire
qu'il faudrait 35 ans pour que ces pièces d'or perdent
1/2 pour 100 de leur poids.

On s'est ému, en Angleterre, de la perte par le frai
des pièces en circulation.

Une loi de 1870 a spécifié que le marchand auquel on
offre une pièce au-dessous de la tolérance de frai peut la
refuser; mais s'il l'accepte, il est obligé, sous peine d'amende
et de prison, de la briser séance tenante, et dans ce cas,
la perte doit être supportée par le porteur.

La banque d'Angleterre, seule, coupe rigoureusement
les pièces rentrant dans ses caisses au-dessous de la limite
de frai, aussi on ne les lui apporte que le plus tard possible.

M. Jevons a conclu d'essais nombreux qu'il y a lieu
d'évaluer à 1/4 et même à 1/3 pour 1000 le frai annuel

des *souverains*; à 1 pour 1000 celui des *demi-souve-rains*, et qu'une quantité très considérable des monnaies anglaises se trouve au-dessous de la tolérance légale minimum qui est de 122,500 grains pour le souverain, et de 61,125 grains pour le demi-souverain dont les poids légaux sont de 123,27 grains et 61,63 grains.

Ces résultats ont été vérifiés par M. J.-B. Martin. Dans la discussion soulevée au Parlement, de nombreux remèdes ont été proposés. On a conseillé de mettre la perte, qui s'élèverait à 700.000 livres sterling environ, à la charge des contribuables en relevant, au besoin, l'*income tax;* d'émettre des billets d'une livre sterling dont le produit compenserait, et au-delà, la dépréciation du métal; de réduire le poids légal du souverain; de conserver le poids légal en établissant un droit de monnayage suffisant pour assurer le maintien de la matière au poids légal; de partager la perte entre le dernier détenteur et la masse des contribuables; de ne rien changer au *souverain*, monnaie internationale, mais d'émettre, en place des demi-souverains, des pièces d'or de 10 shillings ne contenant que 9/10 du poids d'or actuellement exigé : cette pièce ne serait pas internationale, elle resterait intérieure, conventionnelle, et ne recevrait qu'une force libératoire restreinte.

Le ministre a reconnu la nécessité d'une refonte des monnaies d'or britanniques trop légères.

Sur 80 millions de livres sterling en souverains, et sur 20 millions en demi-souverains, la quantité de , devenues trop légères, serait :

> pour les premières, de 44 millions,
> et pour les secondes, de 11 millions.

D'après M. Soetbeer, ces pertes ne sont pas dues seulement au frai, mais à une altération dangereuse des monnaies qui vient joindre son effet à celui du frai : il s'agit du lavage des pièces aux acides ou de leur passage dans des bains électro-chimiques.

Le rapport annuel du directeur-adjoint de la monnaie de Londres, pour 1883, rend compte d'expériences auxquelles il a procédé, avec M. Hill, inspecteur général des travaux, et M. Roberts, directeur du laboratoire de la Monnaie.

Après de nombreux essais, ils croient pouvoir admettre que le frottement des pièces en circulation ne peut être mieux imité qu'en les faisant tourner dans un tambour cylindrique. Le tambour employé fonctionnait pendant 13 heures de suite à raison de 80 tours par minute. On y enfermait 50 pièces, ayant la forme, les dimensions et l'empreinte du *souverain*, mais formées d'or à des titres divers. Les résultats obtenus ont été les suivants :

TITRE DU MÉTAL EN MILLIÈMES	PERTE DE POIDS CONSTATÉE PAR 50 PIÈCES grammes	PERTE PROPORTIONNELLE pour 100
1.000 (1re série).. .	0 1385 (A)	0 035 (A)
1.000 (2e série). . .	0 0960 (B)	0 024 (B)
916,6. , ...	0 1245	0 031
900.	0 0735	0 018
875.	0 0605	0 015

(A) Empreintes très effacées. Le bord des pièces était resté brut, ce qui a dû exagérer la déperdition.

(B) Empreintes très effacées.

Le titre légal des pièces d'or françaises (900 millièmes) s'est montré plus résistant que celui des souverains (916,6).

Pour confirmer ce résultat, on a fait, avec le même lin

got d'or, 100 pièces à 900 millièmes de fin et 100 pièces à 916,6, puis l'on a fait tourner séparément les deux lots dans deux cylindres identiques pendant 26 heures. La perte moyenne par pièce a été de 0,0200 grammes pour le métal à 900 de fin et de 0,0218 pour le métal à 916,6. La connaissance des propriétés des alliages d'argent permettait de prévoir ce résultat.

Le procédé de frappe a plus d'influence encore que le titre de l'alliage. Voici, en effet, les résultats fournis par trois séries de pièces à 916,6 :

MODE DE FABRICATION pièces frappées	PERTE DE POIDS CONSTATÉE PAR 50 PIÈCES grammes	PERTE PROPORTIONNELLE pour 100
Au balancier.	o 1245	o o31
A la presse.	o o53o	o o13
Au balancier et recuites après la frappe.	o o46o	o o12

Cette deuxième partie des expériences est d'une telle difficulté qu'il faudrait, à mon sens, les répéter un très grand nombre de fois pour y avoir une absolue confiance.

M. Ruau, directeur général des monnaies, a commencé, en 1884, une vérification générale des pièces de l'Union latine. Ces expériences, entreprises pour satisfaire à un désir exprimé en 1878 par la conférence monétaire de l'Union latine, ont pour but la détermination du *frai* des pièces d'or de 20, 10 et 5 francs, et des pièces d'argent de 5 et 2 francs, de 1 franc et de 50 centimes. On a pesé, au milligramme, par les balances automatiques,

276.000 pièces de 20 francs, de 10 francs et de 5 francs en or et de 5 francs en argent,

et 16.000 pièces de monnaie divisionnaire,

prélevées par la Banque de France à Paris, Lyon, Marseille, Lille, Nancy, Toulouse, Bordeaux, Nantes et Rennes, et appartenant à toutes les années, soit de 1803 à 1880.

On a évalué le frai pour chaque espèce de monnaies, et on a déterminé la répartition, en France, des monnaies provenant des pays de l'Union latine. Voici ce mode de répartition pour la pièce de 20 francs qui est la pièce internationale.

PAYS	NOMBRE DE PIÈCES VÉRIFIÉES	PROPORTION POUR 100	POIDS
France. . .	89.531	89 00	575.983 ^{gr} 136
Italie. . . .	2.930	3 00	18.855 566
Belgique.. .	6.547	6 00	42.199 409
Autres. . .	1.992	2 00	12.841 968
	101.000	100 00	649.880 079

Les 89.531 pièces françaises pèsent en moyenne. . ^{gr} 6 433
Le poids maximum étant. 6 4645
Le poids droit étant.. . . . . 6 4516
Le poids de la tolérance, de fabrication et de frai (7 millièmes). 6 4065

L'usure ou le frai était, pour 1000, savoir :

Pour les pièces d'or de. . .	20 francs.	2.9
	10 francs.	7.1
	5 francs.	12.1
Pour les pièces d'argent de..	5 francs.	6.3
	2 francs.	11.2
	1 franc.	18.8
	50 centimes.	31.6

Le tableau suivant résume les faits principaux qui on été constatés :

NATURE DES PIÈCES	QUOTITÉ POUR 100 DU NOMBRE DE PIÈCES					POIDS MOYEN ÉVALUÉ EN MILLIÈMES DU POIDS DROIT				
	PIÈCES LOURDES	PIÈCES BONNES		PIÈCES LÉGÈRES		PIÈCES LOURDES	PIÈCES BONNES		PIÈCES LÉGÈRES	
	Au-dessus de la tolérance de fabrication	Dans la tolérance de fabrication	Dans la tolérance de frai	Au-dessous de la tolérance de frai	TOTAL	Au-dessus de la tolérance de fabrication	Dans la tolérance de fabrication	Dans la tolérance de frai	Au-dessous de la tolérance de frai	POIDS MOYEN GÉNÉRAL
Or										
20 francs.	1.17	48.46	43.40	6.97	100	1 003.4	999.3	995.6	990.3	997.1
10 francs.	0.99	7.42	45.21	46.33	100	1 003.5	999.7	995.1	989.2	992.9
5 francs.	1.64	9.00	25.46	63.90	100	1 020.5	999.4	993.9	984.6	983.9
Argent										
5 francs.	1.54	29.27	56.96	12.23	100	1 004.8	999.2	992.9	982.8	993.7
2 francs.	0.32	15.25	84.43	»	100	1 007.7	997.7	987.0	»	988.8
1 franc.	0.41	9.52	90.07	»	100	1 007.2	993.3	979.3	»	981.2
50 centimes.	0.32	17.95	72.39	9.34	100	1 012.4	998.3	964.7	937.3	968.4

Ce travail contient la répartition des pièces par millésime, par catégorie, les rapports proportionnels des existences aux émissions et un diagramme par millésime.

Voici les millésimes pour lesquels le poids trouvé est inférieur au poids de la tolérance de frai qui est de 993 millièmes du poids droit.

1803 . . . . 992 4
1804 . . . . 992 9
1806 . . . . 992 6
1807 . . . . 992 4
1808 . . . . 992 8
1819 . . . . 992 3
1821 . . . . 991 7
1822 . . . . 992 9
1826 . . . . 992 6

1828..	992 1
1832..	991 0
1833..	992 1
1835..	991 5

Il résulte des nombres obtenus que le frai annuel de la pièce de 20 francs est presque d'un milligramme, et qu'il faut 6 à 7 ans pour qu'elle perde le millième de son poids.

Ce travail considérable a été fait avec le concours des chefs de service, M. Jardry et M. Martel.

En somme, la vérification générale, faite en 1884, peut se résumer ainsi :

L'usure ou le frai a été

Pour les pièces d'or de 20 francs. . .	2 9	p. 1000
— — de 10 francs. . .	7 1	—
— — de 5 francs. . .	12 1	—
Pour les pièces d'argent de 5 francs. . .	6 3	—
— — de 2 francs. . .	11 2	—
— — de 1 franc.. . .	18 8	—
— — de 50 centimes. .	31 6	—

M. Ruau a cru bon de recommencer ces vérifications en 1888 pour notre monnaie internationale, la pièce de 20 francs, parce que si, en 1885 et en 1886, l'encaisse de la Banque de France s'est accrue, et si le chiffre des importations d'or a dépassé les exportations, au contraire, en 1887, un courant inverse s'est déclaré, le change s'est élevé, la Banque a vu son encaisse diminuer de 127.500.000 francs, et l'exportation de l'or a primé l'importation de 122.931.000 francs; on pouvait craindre qu'un trébuchage des pièces eût été opéré!

Dix expériences, de 5000 pièces chacune, ayant été

faites, et ayant donné des résultats identiques aux anciens, il a paru inutile de les continuer.

Les pièces belges et italiennes représentent, en France, 5 pour 100 de plus qu'en 1884.

Les résultats de la vérification de 1888 comparés à ceux de 1886 sont résumés dans le tableau suivant :

ANNÉES	QUOTITÉ POUR 100 DU NOMBRE DE PIÈCES					POIDS MOYEN ÉVALUÉ EN MILLIÈMES DU POIDS DROIT				
	PIÈCES LOURDES	PIÈCES BONNES		PIÈCES LÉGÈRES		PIÈCES LOURDES	PIÈCES BONNES		PIÈCES LÉGÈRES	
	Au-dessus de la tolérance de fabrication	Dans la tolérance de fabrication	Dans la tolérance de frai	Au-dessous de la tolérance de frai	TOTAL	Au-dessus de la tolérance de fabrication	Dans la tolérance de fabrication	Dans la tolérance de frai	Au-dessous de la tolérance de frai	POIDS MOYEN GÉNÉRAL
1888. . .	0.84	36.42	54.88	7.86	100	1004.1	999.3	995.7	990.1	996.6
1884. . .	1.17	48.46	43.40	6.97	100	1003.4	999.3	995.6	990.3	997.1
Dif. en plus.	»	»	11.48	0.89	»	0.7	»	0.1	»	»
Dif. en moins.	0.33	12.04	»	»	»	»	»	»	0.2	0.5

Les 115 pièces de 20 francs dont le poids droit est 1.000 grammes,

au lieu de peser 997 gr,1 comme en 1884,

pèsent 996gr,6 en 1887 ;

Cette perte qui s'est élevée jusqu'à 9 millièmes se manifeste par une prime de l'or en lingots sur l'or monnayé ;

La pièce de 20 francs, sur laquelle repose *en fait* l'unité de valeur a perdu, en moyenne, 3,4 millièmes de son poids droit et elle est dès lors entrée dans la tolérance de frai.

L'administration, s'appuyant sur ces expériences, désireuse de voir la monnaie française conserver la réputation qu'elle possède dans le monde, a demandé que les pièces légères soient retirées de la circulation et refondues. Le Parlement vient de voter pour 1889 une première somme de 150.000 francs destinée à commencer ce travail d'entretien de la monnaie française.

En 1884, on n'avait pas vérifié l'état des pièces de bronze de 10 et de 5 centimes. Ce travail a été exécuté, en 1888, sur 50.000 pièces de chaque espèce, et il y a montré que l'usure des pièces de 10 centimes est de 3,9 pour 100 de leur poids droit; et l'usure des pièces de 5 centimes est de 4,4 pour 100 de leur poids droit.

Les tolérances de poids pour les fabrications sont exprimées dans la loi en millièmes du poids droit des pièces; en exprimant de la même manière les tolérances de frai, on obtient :

NATURE DES PIÈCES		TOLÉRANCES			POIDS DES PIÈCES évalués en millièmes du poids droit	
		DE FABRICATION	DE FRAI	TOTAL	LIMITE SUPÉRIEURE	LIMITE INFÉRIEURE
		millièmes	millièmes	millièmes	millièmes	millièmes
OR	20 francs	2	5	7	1002	993
	10 francs					
	5 francs	3	5	8	1003	992
ARGENT	5 francs	3	10	13	1003	987
	2 francs	5	10	15	1005	985
	1 franc					
	50 centimes	7	10	17	1007	983

Voici un tableau donnant une idée exacte de notre circulation, formé d'après les résultats de ces expériences.

		RÉPARTITION DES PIÈCES PAR CATÉGORIE D'après les expériences de 1884 et 1888									
NATURE DES PIÈCES	MONTANT NET DES ÉMISSIONS AU 31 DÉCEMBRE 1887	QUOTITÉ POUR 100 DU NOMBRE DE PIÈCES					POIDS MOYEN ÉVALUÉ EN MILLIÈMES DU POIDS DROIT				
		PIÈCES LOURDES	PIÈCES BONNES		PIÈCES LÉGÈRES		PIÈCES LOURDES	PIÈCES BONNES		PIÈCES LÉGÈRES	
		Au-dessus de la tolérance de fabrication	Dans la tolérance de fabrication	Dans la tolérance de frai	Au-dessous de la tolérance de frai	TOTAL	Au-dessus de la tolérance de fabrication	Dans la tolérance de fabrication	Dans la tolérance de frai	Au-dessous de la tolérance de frai	POIDS MOYEN GÉNÉRAL
Or 100 francs..	59.598.900 »	»	»	»	»	»	»	»	»	»	999.6
50 —	46.848.450 »	»	»	»	»	»	»	»	»	»	999.0
40 —	204.432.360 »	»	»	»	»	»	»	»	»	»	995.6
20 —	7.212.930.040 »	0.85	36.42	54.88	7.86	100.0	1004.1	999.3	995.7	990.1	995.6
15 —	965.051.690 »	0.99	7.42	45.21	46.38	100.0	1003.5	999.7	995.1	989.2	996.6
5 —	210.947.190 »	1.64	9.00	25.46	63.90	100.0	1000.5	999.4	993.9	984.6	992.9
TOTAL...	8.699.808.630 »										988.9
Argent 5 francs..	5.060.606.240 »	1.54	29.27	56.96	12.23	100.0	1004.8	999.2	992.9	982.8	993.7
2 —	85.829.890 »	0.32	15.25	84.43	»	100.0	1007.7	997.7	987.0	»	988.8
1 —	108.277.482 »	0.41	9.52	90.07	»	100.0	1007.2	998.3	979.3	»	981.2
50 cent.	49.525.485 50	0.32	17.95	72.39	9.34	100.0	1012.4	998.3	964.7	937.3	968.4
20 —	2.504.728 60	»	»	»	»	»	»	»	»	»	»
TOTAL...	5.306.744.826 10										
Bronze 10 cent.	34.128.983.80	»	»	»	»	»	»	»	»	»	961.2
5 —	27.293.740 65	»	»	»	»	»	»	»	»	»	956.3
2 —	1.922.706 52	»	»	»	»	»	»	»	»	»	»
1 —	1.193.596 93	»	»	»	»	»	»	»	»	»	»
TOTAL..	64.539.027 90										»

L'état de la pièce d'or de 10 francs a appelé l'attention de M. Ruau. Il a entrepris, à la Monnaie de Paris, avec l'assistance de M. Rœhrich et de M. Schmidt, des essais en vue de déterminer s'il ne serait pas possible d'atténuer le frai considérable de cette pièce, et notamment quelle serait la diminution de frai si l'on ramenait son module de 19 millimètres à celui de 17 millimètres prescrit par le décret du 12 janvier 1854.

L'appareil qui a servi dans ces recherches se compose d'une table rectangulaire de 2 mètres de longueur sur 0m,55 de largeur, munie de rebords droits sur les côtés et arrondis aux deux extrémités. Le parquet de cette table est formé de plaques de diverses substances, tôle, laiton, bois, marbre et zinc. L'appareil se meut autour d'un axe horizontal en faisant neuf oscillations complètes par minute. Les pièces entraînées par leur poids glissent d'une extrémité à l'autre, en parcourant un chemin de 36 mètres par minute environ. Le frai est facilité par quelques traces de poudre fine de grès ou de pierre ponce.

Une première série d'essais démontre que *le frai des monnaies est indépendant de la surface.*

Du 11 au 18 juillet 1888, 10 pièces du type et du module des pièces de 5 centimes, mais pesant 10 grammes, et 10 pièces du type et du module des pièces de 10 centimes et pesant également 10 grammes ont été placées dans l'appareil; après 48 heures de marche, les premières ont éprouvé une perte de 4gr,2 et les autres une perte de 4gr,3; la différence représente 2,4 pour 100 du frai des pièces de 5 centimes.

Du 21 au 28 août suivant, du 31 août au 15 septembre et du 4 au 11 octobre, l'expérience a été répétée avec des pièces de même nature à poids égal et à surface inégale ; la différence des pertes a été nulle dans ces trois épreuves. Elle aurait dû être de 44 pour 100 plus élevée en faveur de la pièce du module de 30 millimètres, si l'usure était proportionnelle à la surface.

Une deuxième série prouve que *le frai des monnaies est à peu près proportionnel à leur poids.*

Du 20 au 26 juillet, 10 pièces du module de 25 millimètres pesant 50 grammes et 10 pièces du même module pesant 100 grammes ont été mises en expérience. Le frai s'est élevé à $2^{gr},4$ pour les premières et à $4^{gr},7$ pour les secondes, c'est-à-dire au double, à un écart près, en moins, de 1/48 pour 100.

Du 21 au 28 août, du 31 août au 15 septembre et du 4 au 11 octobre, l'expérience a été répétée et variée avec des pièces semblables ; les pertes ont été toujours proportionnelles aux poids des pièces, à des écarts près, en moins, de 1/16, 1/15,0 et 1/8.

Une autre série d'essais présente le frai comparé d'une pièce de 5 grammes au module de 25 millimètres et d'une pièce de 20 grammes au module de 30 millimètres ; la proportionnalité s'est maintenue à un écart, toujours en moins, de 1/8. Au point de vue pratique, ces écarts n'ont qu'une importance relativement très faible.

M. Ruau termine ainsi :

« On voit ainsi que les lois du frai des monnaies rentrent, comme on pouvait peut-être le prévoir, dans les lois ordinaires du frottement. »

Il résulte de ce qui précède qu'il n'y aurait aucun intérêt appréciable, sous le rapport du frai, à modifier le module de la pièce de 10 francs. L'usure de cette pièce, comme celles des 5 francs d'or, n'a évidemment d'autre cause que l'intensité de la circulation à laquelle elle est soumise. Ces pièces paraissent répondre à des échanges nombreux, et leurs émissions ne s'élèvent, en valeur, qu'à 13 et 3 pour 100 de l'émission de la pièce de 20 francs.

J'ai appliqué le nouveau mode d'expérimentation à la déterminaison du frai de nos alliages monétaires comparativement à celui du cuivre pur. Les opérations n'ont pas été suffisamment répétées pour en déduire des mesures définitives, mais on peut dès à présent classer ces alliages dans l'ordre de leur plus grande résistance au frai comme il suit : *bronze, nickel, cuivre, argent* et *or.*

Ces recherches seront complétées sur ce point et elles seront étendues à d'autres questions qui intéressent plus spécialement la fabrication des monnaies.

Fausses monnaies et médailles. — Dès l'antiquité la plus reculée on a signalé des contrefacteurs de monnaies et de médailles.

Nous avons vu que, chez les Romains, les questeurs monétaires surveillaient rigoureusement la fabrication des monnaies et veillaient avec soin à ce qu'elles ne fussent pas altérées. La fraude la plus ordinaire consistait dans des pièces fourrées.

Le goût de la numismatique qui s'est répandu dans notre siècle a suscité l'industrie interlope des faussaires de médailles, et comme, à côté des vrais numismates, il y a beaucoup de collectionneurs peu versés dans la connaissance des ouvrages des Anciens, cette industrie a été et elle est peut-être encore assez productive. Ce qui lui assure aussi des débouchés, c'est que les médailles anciennes sont très imparfaites et que les défauts sont facilement imitables.

Toute autre est la difficulté de reproduire des monnaies actuelles en raison de la perfection de la gravure et du travail monétaire, et de l'impossibilité d'une frappe clandestine. Il faudrait que ce travail se fasse dans un pays où la police soit impuissante, ou dans lequel on encouragerait ce travail, et que des graveurs habiles s'attachent à cette industrie malhonnête.

On n'en est pas encore arrivé, et on n'arrivera pas, j'espère, à cette dégénérescence morale. Tout ce que l'on a imaginé de pire dans cette voie est la reproduction des pièces d'or de divers pays, par le *contretiré*. Qu'il me suffise de dire ceci : on prend une pièce loyale, et on la frappe fortement contre un bloc d'acier recuit, porté au rouge; celui-ci prend l'empreinte en creux de la gravure; l'opération répétée sur les deux faces, fournit deux coins qui, trempés, deviennent durs au point de pouvoir donner sur un métal la reproduction de la pièce initiale par une frappe énergique. Il s'agit de trouver un métal qui puisse être confondu avec l'or, car, lui seul, possède une valeur suffisante pour que cette coupable industrie soit lucrative. Il existe des alliages de cuivre et de zinc (similor) qui ressemblent à l'or, mais leur densité n'est que 8 à 9 et celle de l'or dépasse 19 : la pièce obtenue sera tellement légère qu'une personne lucide ne s'y laisssera pas prendre. Il n'y a qu'un métal répandu, dont le poids spécifique soit supérieur à celui d'or : c'est le platine qui a pour dureté 21, au moins. Après des tâtonnements difficiles on est arrivé à le combiner avec quelques centièmes de cuivre et à obtenir des flans dont la dureté s'abaisse vers 17,2 à 17,6 qui est celle de l'or à 900 millièmes. Cet alliage est gris, mais la dorure par la pile permet de le recouvrir d'un mince enduit d'or.

Il faut reconnaître qu'au début, le public et même les personnes de finance y ont été trompés ; on se contentait de peser les rouleaux d'or, par suite de la persuasion où l'on était qu'il n'y avait pas d'alliage ayant le poids spécifique de l'or, mais dès qu'on a été prévenu que ce caractère était faillible, la fraude a été déjouée. Ces pièces se reconnaissent à ce qu'elles ont une sonorité relativement faible : c'est pourquoi l'on s'attache dans les hôtels de monnaie à ne livrer aucune pièce pailleuse. Le coin obtenu par le contretiré est toujours défectueux parce que le métal n'est jamais assez mou pour pénétrer dans les creux de la pièce originelle ; les cavités des yeux, des oreilles, de la bouche, et les autres sont imparfaites, mal venues dans les pièces contretirées : un œil attentif, même non exercé, ne s'y laissera pas prendre. Le même défaut se reconnaît sans peine dans le grenetis des bords, dans les lettres. Il suffira de gratter légèrement les faces de la pièce avec une pointe de fer pour voir apparaître le métal gris sous-jacent ; d'ailleurs, l'or y est en couche si mince qu'au bout d'un temps très court, le frottement suffit à les dédorer et à rendre leur transmission inexécutable. J'ai dit de gratter les faces parce que les faussaires prévenus avaient entouré des flans de platine, plus petits de diamètre avec un anneau d'or au titre ; la fraude ainsi perfectionnée n'a, d'ailleurs, pas eu de suite parce que la pièce devient, d'une part, très chère, et que, d'autre part, elle n'a plus de son.

Ces pièces, devenues assez abondantes dans le Midi,

il y a 15 ans, ont diminué parce qu'il suffit d'être prévenu de la possibilité de la fraude pour qu'on s'en préserve.

A une époque déjà éloignée, on avait fabriqué des pièces formées d'un flan central en platine sur lequel on soudait les deux surfaces et le cordon d'une pièce vraie ; ces pièces n'ont pas de son, leur poids s'éloigne du poids légal, on voit à l'œil nu ou à la loupe des traces de soudure. Si on les traite par l'acide nitrique à chaud, la soudure l'attaque et les surfaces se détachent ; on donne le nom de pièces *fourrées* à celles qui contiennent un corps dissimulé sous le métal précieux. Il faut un essai spécial[1] pour déterminer, en qualité et en quantité, l'or et le platine. Il en est de même, pour les pièces en platine doré, un essai chimique est nécessaire si l'on désire connaître les proportions de ces métaux.

On dédore très facilement ces pièces en les trempant dans une eau régale à 15 ou 18° Baumé, ou mieux en les tenant quelques minutes dans des bains spéciaux[2].

On a aussi *lavé* des pièces à l'eau régale faible, ou on leur a enlevé quelques décigrammes d'or par la pile ; des pièces ainsi falsifiées se reconnaissent à l'uniformité du ton sur toutes les parties qui sont *dépolies* et *grenues*. Les coins de monnaies sont très polis sur le *champ*, c'est-à-dire sur le fond, et, au contraire, la gravure est matée : de telle sorte que les pièces vraies, même ayant beaucoup frayé, ont le champ lisse et poli, sinon brillant, et la gravure mate, tandis que les pièces lavées ont un aspect crevassé et terne.

---

[1] *L'art de l'essayeur*, page 256.
[2] *L'art de l'essayeur*, page 247.

Les falsifications des monnaies d'argent sont grossières parce que les pièces sont obtenues par le moulage et qu'elles ont un poids relativement faible. En effet :

L'argent a pour densité.. .	10.40	Il fond vers	1000
L'étain..	7.3	—	225
Le zinc.	6.8	—	410
L'antimoine.	6.7	—	585

Le plomb possède, il est vrai, une densité supérieure à celle de l'argent... 11,4; mais il est d'une mollesse extrême, et il manque de sonorité au point de ne pouvoir entrer dans une fausse monnaie qu'en très faible proportion.

La presque totalité des pièces fausses est en alliages d'étain et d'antimoine, ce dernier entrant dans le mélange pour à 2 à 20 pour 100; les faussaires se procurent, sans difficulté, ces métaux ainsi que le plomb et le zinc parce qu'ils entrent dans les soudures et servent à de nombreux usages industriels; l'étain et l'antimoine mélangés forment même des couverts très communs. Ces alliages possèdent une teinte blanche, une dureté suffisante et un son convenable; enfin, ils fondent à une température assez faible pour être coulés dans des moules en plâtre qui sont d'une fabrication facile.

Les pièces moulées se distinguent immédiatement des pièces frappées en ce que le ton est uniforme, l'aspect grenu, les arêtes arrondies, les caractères plus ou moins empâtés. Le moulage spécial en plâtre se reconnaît à ce que le métal est parsemé de très petites boursouflures qui sont dues à des creux laissés par des bulles d'air qui étaient à la surface du plâtre au moment de sa solidification.

Les pièces fabriquées avec, ces métaux se distinguent des pièces en argent par le toucher ; elles sont douces, grasses à la main. Elles sont reconnaissables aussi à la teinte qui est toujours un peu grisâtre ; les faussaires les argentent le plus ordinairement aujourd'hui.

Cette argenture est obtenue par les bains au trempé, par la pile ou par un frottement avec des poudres à argenter qui sont à base de chlorure d'argent.

On reconnaîtra l'argent en frottant sur la pierre de touche la pièce et en versant de l'acide nitrique sur la trace blanche : s'il y a de l'argent la trace disparaîtra totalement ou en partie. En versant une goutte d'eau salée sur ce liquide, il se forme un précipité blanc de chlorure d'argent, lequel se dissout dans l'ammoniaque.

Les faussaires habiles, pour diminuer la couche d'argent et pour enlever à la pièce moulée l'aspect grenu, commencent à la recouvrir, à la pile, d'un dépôt de cuivre assez épais, puis ils l'argentent. On s'en aperçoit en traitant la pièce par un mélange froid de :

10 parties d'acide sulfurique concentré et de :

1 partie d'acide azotique concentré ;

L'argent est enlevé et l'enveloppe de cuivre apparaît.

Certaines pièces sont en métal commun, fusible, recouvert de feuilles minces en argent.

Ces feuilles sont obtenues par la galvanoplastie ou par empreintes sur une pièce de bon aloi et elles sont soudées sur le flan central. Souvent elles se détachent avec une lame de couteau ; on les séparera plus sûrement en chauffant la pièce tenue dans une pince et inclinée sur un bec de gaz ou une flamme de lampe : bientôt le métal sous-jacent s'écoule et lorsqu'on s'y prend adroitement il reste une carcasse d'argent absolument intacte et creuse.

On trouve plus rarement des pièces coulées en sable; elles sont en métal peu fusible, tel que le cuivre, le bronze, le laiton.

La pierre de touche permet de reconnaître certains alliages par l'addition d'une ou deux gouttes d'acide nitrique.

L'étain et l'antimoine s'attaquent pour donner une poudre blanche. Le plomb se dissout, et une goutte d'acide sulfurique produit un trouble blanc dans le liquide. Le cuivre se dissout avec production d'une liqueur bleue. Le bismuth se dissout et le liquide se trouble par l'eau pure.

Le meilleur procédé d'analyse qualitative rapide, consiste à porter des coupelles au rouge vif, dans le moufle, et à y introduire une petite quantité, un demi-gramme par exemple, du métal; on agite avec une tige en fer, de temps à autre, et on retire la coupelle après 25 à 30 minutes.

Étain. — Ce métal fond, en dégageant une faible fumée, puis il s'oxyde en présentant des points incandescents.

L'oxyde qui est d'abord brun devient jaunâtre et augmente de volume; après refroidissement il est blanc.

Antimoine. — Le métal fond et répand des fumées d'oxyde. La coupelle paraît jaunâtre, et l'oxyde est noir.

Étain et antimoine. — Des phénomènes, intermédiaires aux précédents, se manifestent : l'oxyde est blanc-grisâtre, gris, ou presque noir, suivant que l'étain ou l'antimoine domine. On peut, en faisant des expériences comparatives avec des alliages de dosage connu, et avec les alliages incriminés, arriver assez exactement à déterminer si l'étain contient 1, 5, 10, 15, 20, 30 pour 100 d'antimoine.

Plomb. — Ce métal fond, se découvre nettement, dégage plus de fumées que l'étain et moins que l'antimoine. S'il y a peu de plomb, il pénètre entièrement dans la coupelle; s'il y en a trop, il y reste de la litharge en cristaux brillants, jaunes; la coupelle est jaune après refroidissement.

Lorsqu'il y a du cuivre dans le plomb, la coupelle reste verdâtre au centre.

S'il y a de l'étain, et du plomb, l'oxyde refroidi sera d'un blanc plus ou moins jaune.

Dans le cas d'un alliage d'étain, d'antimoine et de plomb, l'oxyde contiendra des points jaunes dans le mélange gris ou gris noirâtre.

Zinc. — Il fond sans devenir brillant, ni très liquide, puis il s'enflamme en produisant une lumière verdâtre très vive et des fumées très blanches : l'oxyde se soulève en cratères desquels s'échappe une flamme verte. L'oxyde froid est blanc très volumineux.

Bismuth. — Il fond et fournit de l'oxyde qui fond lui-même, et pénètre dans la coupelle. La coupelle est d'un jaune un peu orangé autour du bouton, et elle reste parsemée de tâches vertes et jaunes.

On trouve dans *l'Art de l'Essayeur*, à l'article de ces divers métaux, les procédés qui sont employés pour leur détermination exacte.

DEUXIÈME PARTIE

BIJOUX ET MÉDAILLES

––––––––

CHAPITRE PREMIER

LES OUVRAGES D'OR ET D'ARGENT

— Jusqu'à la fin du XVIII° siècle —

On a dit, au début du premier et du deuxième chapitre, que les Anciens avaient discerné et obtenu, dès les temps les plus reculés, l'or, l'argent, le cuivre, le plomb et le fer, les alliages d'or et d'argent, *asem*, *asemon*. On a même connu certains alliages très anciennement. Ainsi M. Flight a publié l'analyse d'une monnaie ou d'une médaille d'un roi de Bactriane, Euthydemos, qui vivait plusieurs siècles avant l'ère chrétienne; cette pièce contenait :

77.78 pour 100 de cuivre.
20.04 — de nickel.
avec de petites quantités de fer, de cobalt et d'argent.

Jusqu'aux premières années de l'Empire romain, on a cru que l'asem, l'électrum, était une espèce dis-

tincte et que l'or ne se trouvait jamais sans argent.
D'après Pline, l'argent est une scorie qui produit l'or,
lequel ne peut pas en être entièrement débarrassé. Néron
parait être le premier qui ait imposé de fournir de l'or
tout à fait privé d'argent.

La transformation de l'or et de l'argent en objets d'ornementation est plus ancienne que le monnayage de ces
métaux. La Bible nous apprend que ces métaux servaient
à la décoration des temples, à l'ornementation sous forme
de plaques, d'anneaux, de figurines, de bijoux, d'instruments. Les Hébreux rapportèrent ces habitudes de
l'Egypte pour les répandre dans le reste du monde.
L'*Exode* en contient des preuves nombreuses : le veau
d'or par exemple. Moïse édicta des lois pour la transformation des ornements du peuple en ouvrages religieux.

A tous les temps, les monnaies et les objets en métaux
précieux se sont prêté un mutuel appui. Beaucoup de
pièces de monnaie ont été et sont distraites de la circulation pour être changées en ouvrages industriels ; inver-
sement, de grandes quantités de ceux-ci sont refondues
et transformées en espèces.

Homère, dans un grand nombre de descriptions imagées
fait connaitre l'emploi de l'or, de l'argent, de l'airain et
de leurs mélanges pour la fabrication des armes, des ornements des rois, des prêtres, des femmes, et pour la décoration des trépieds et des vases de sacrifices.

Sur le bouclier que Vulcain fabrique à Thétis pour son
fils Achille, il montre une vigne d'or aux grappes de métal
bruni, aux échalas d'argent, et une haie obscure en plomb,
en étain, ou peut être mieux en alliage de ces métaux, car
ceux-ci paraissent avoir été connus antérieurement à

l'étain ; cependant, dans les fouilles de Tello par M. de Sarzec, on a trouvé une figurine en étain pur, qui remonte aux époques les plus anciennes. On a beaucoup discuté sur le fait de savoir si ces couleurs n'étaient pas obtenues par des peintures, mais Pline paraît avoir raison de soutenir qu'à ces époques reculées, la peinture était ignorée, tandis que le dessin, la gravure, la ciselure, l'orfèvrerie en un mot, avaient réalisé les plus grands progrès et que les effets merveilleux du bouclier d'Achille étaient le résultat du mariage de ces métaux et de l'action plus ou moins forte du feu sur eux. Ces arts, égyptiens d'origine, quittèrent l'Asie mineure pour arriver, à la suite des grandes expéditions, dans la Grèce relativement sauvage à l'époque, et ils se développèrent bientôt à Athènes, à Corinthe pour se transporter par les mêmes moyens en Sicile et finir par envahir Rome et son vaste empire.

Il semble même qu'à l'époque de la guerre de Troie, l'art du batteur d'or n'était pas ignoré. Nestor, à l'arrivée du fils d'Ulysse, envoie chercher la plus belle de ses génisses, et il mande auprès de lui l'*industrieux* Laërce, qui vient, avec son enclume et son marteau pour recevoir de son maître de l'or nécessaire à la décoration des cornes de la victime.

Quant au *chomt* des Égyptiens, Lepsius ne le traduit pas par un mot unique, il est jaune ou rouge : c'est l'airain ou le cuivre, plutôt un alliage de cuivre avec l'étain, le zinc ou le plomb que le cuivre lui-même. L'explication en est simple ; ce n'est qu'exceptionnellement qu'on rencontre le cuivre à l'état natif ; le plus ordinairement les minerais sont mixtes ou mélangés et les matières obtenues sont les alliages, nommés par nous laiton, bronze, que les Grecs et les Romains appelaient χαλκός, æs, et qui étaient connus plus spécialement sous le nom d'*orichalque* lorsqu'ils avaient l'aspect de l'or : témoin nombre d'objets, tels que des figurines, des coupes, des haches, des ornements, des instruments comme des cuillers et surtout ces miroirs célèbres formés de cuivre allié de 8 à 10 pour 100 d'étain comme nos bronzes actuels.

M. Berthelot [1] a obtenu d'analyser quatre tablettes votives, appartenant au musée du Louvre, qui proviennent de fouilles exécutées en 1855, par M. Place à Khorsabad, dans l'antique Chaldée, et qui ont été trouvées sous l'une des pierres angulaires du palais de Sargon dans un coffret de pierre ; elles sont couvertes d'inscriptions cunéiformes indiquant que cet édifice a été construit 706 ans avant Jésus-Christ.

L'une est en or travaillé au marteau, ne renfermant pas d'autres métaux en quantité notable. Une deuxième est en argent noirci par sulfuration à la surface. La troisième, de teinte rouge-foncé, doit cet aspect à l'oxydule de cuivre et contient sur 100 parties

Cuivre. 85,25
Étain. 10.00
Oxygène. 4.71

Il ne s'y trouve ni plomb, ni zinc.

La quatrième n'est pas en métal : c'est du carbonate de magnésie.

Ces analyses, ainsi que celles de la figurine de Tello, confirment les renseignements donnés par Théophraste, Dioscoride, Vitruve et Pline, renseignements que la publi-

[1] Collection des anciens alchimistes grecs, 1e livr., p. 219,

cation récente, par M. Leemans, directeur du Musée de Leyde [1], des papyrus du Musée de cette ville a complétés et qui ont été éclairés d'un jour nouveau sous l'esprit sagace et critique de M. Berthelot.

Le papyrus X est surtout intéressant pour nous parce qu'il s'applique presque exclusivement au travail de l'or, de l'argent et des métaux. Il a été trouvé à Thèbes, dans une momie probablement. C'est un cahier de recettes, qui a dû appartenir à un homme peu lettré, s'occupant des métaux, magicien un peu, cherchant sans doute la transmutation des métaux, mais à la façon d'un faux monnayeur.

Ces manuscrits présentent le plus haut intérêt parce qu'ils sont les vestiges à peu près uniques des connaissances des premiers peuples de l'Égypte : ce qui s'explique par ce fait, qu'à deux époques anciennes, très éloignées l'une par rapport à l'autre, sous les empereurs romains et sous la domination turque, on a détruit systématiquement les écrits des premiers habitants de ce curieux pays. Ces manuscrits n'ont échappé et n'ont été trouvés que par un hasard aussi heureux qu'extraordinaire.

Ils nous fournissent la preuve que les Égyptiens, à ces époques reculées, avaient des notions précises sur les alliages ; nombre de ces recettes ne feraient pas mauvaise figure dans certains manuels de nos jours. Ils nous montrent aussi que ce n'était pas, toujours au moins, dans un un but philosophique que la transmutation des métaux communs en argent et en or était poursuivie. Le cahier des recettes qui constitue le dixième papyrus renferme cent une formules, écrites sans ordre, sur lesquelles vingt-

[1] Papyrus du Musée de Leyde, édités par Leemans, 1885.

huit ou trente ont pour objectif la création de l'*asem*,
c'est-à-dire de cet alliage qui était considéré comme l'origine de l'argent et de l'or. On y trouve décrits les alliages
d'argent avec l'étain, le mercure et le plomb, qui ressemblent plus ou moins à l'argent ainsi que les alliages de
cuivre qu'on peut confondre avec l'or. Plusieurs recettes
visent l'adjonction de ces métaux ou de ces alliages à de
l'*asem* tout préparé pour en augmenter le poids sans que
cependant l'œil décèle la fraude. En face d'un pareil industriel il n'eût pas été inutile que la marque des ouvrages
d'or et d'argent eût été inventée dans l'intérêt de ses
concitoyens.

Nous ne donnerons que trois de ces recettes.

La première nous montre que, dès ces temps reculés,
on connaissait le principe de la coupellation des métaux
précieux avec le plomb.

La deuxième nous apprend que l'amalgamation avait
été employée.

La troisième établit les idées ayant cours sur la formation de l'argent en or.

« I. Pour donner aux objets de cuivre l'apparence d'or
et que ni le contact ni le frottement sur la pierre de touche
ne le décèlent, mais qu'il puisse servir surtout pour la
fabrication d'un anneau de belle apparence, en voici la
préparation : on broie l'or et le plomb en une poussière
fine comme de la farine, deux parties de plomb pour une
partie d'or ; puis, après le mélange, on incorpore avec de
la gomme, on enduit l'anneau avec cette mixture ; puis on
chauffe.

« On répète cela plusieurs fois jusqu'à ce que l'objet ait
pris la couleur. Il est difficile de déceler la fraude, parce

que le frottement donne la marque d'un objet d'or, et que la chaleur consume le plomb, mais non l'or. »

« II. Prends de la terre des bords du fleuve d'Égypte qui roule de l'or, pétris-la avec un peu de son...., après avoir fait une pâte..., forme de petits pains..., fais-les sécher au soleil..., mets-les dans une marmite neuve... et fais du feu au-desssus...; remue avec un instrument de fer, jusqu'à ce que tu voies que tout est cuit et semblable à une cendre noire... Ayant pris une poignée de cette matière, jette-la dans un vase de terre cuite, ajoute du mercure, agite méthodiquement la main... ; ajoute une mesure d'eau et... lave avec précaution, jusqu'à ce qu'on soit parvenu au mercure. Mets dans un linge, presse avec soin jusqu'à épuisement. En déliant le linge, tu trouveras la partie solide... Mets-en une boulette sur un plat neuf... dans une fossette pratiquée au milieu...; recouvre de nouveau la marmite, en la faisant adhérer au plat (avec un lut)...; fais chauffer sur un feu clair, avec du bois sec ou de la bouse de vache (desséchée), jusqu'à ce que le fond du plat devienne brulant.

« Aie de l'eau auprès de toi, pour arroser la préparation avec une éponge, en veillant à ce que l'eau ne tombe pas sur le plat.

« Après la chauffe, retire le plat du feu; en découvrant, tu trouveras « ce que tu cherches »; c'est-à-dire l'or dans le fond; quant au mercure, il a dû se condenser dans le couvercle refroidi. »

« III. Rendez le cinabre blanc au moyen de l'huile, ou du vinaigre, ou du miel, ou de la saumure, ou de l'alun; puis jaune au moyen du misy ou du sory, (mélanges de sulfate de cuivre et de sulfate de fer), ou de la couperose, ou du soufre apyre, ou comme vous voudrez. Jetez le mélange sur de l'argent, et vous obtiendrez de l'or; si c'est du cuivre, vous aurez de l'électrum. Car la nature jouit de la nature. »

La transformation de l'or et de l'argent en objets de décoration et d'ornementation a toujours marché de pair avec le monnayage de ces métaux et l'on trouve dans l'histoire, chez les Grecs notamment, des exemples fréquents de l'aide mutuelle que les deux formes, sous lesquelles l'or et l'argent sont amenés, se sont donnée.

Les temples célèbres de Délos, d'Éphèse, de Delphes, renfermaient des richesses immenses qui servaient, dans les moments de crise, à payer les dépenses des guerres, les tributs, les rançons, et certains auteurs ont affirmé que ces trésors y étaient amassés dans ce but : ils auraient été les premiers établissements de crédit.

Puisque, dès les époques anciennes, on poursuivait avec tant de persévérance les moyens de simuler l'or et l'argent, on comprend que les gouvernements réguliers se soient immédiatement préoccupés de sauvegarder les droits de l'État qui bat monnaie, et du citoyen vis-à-vis des orfèvres. Aussi, voit-on Numa Pompilius, créer un corps de magistrats chargés de cette mission. Nous ne reviendrons pas ce sujet qui a été traité dans le chapitre premier des Monnaies et sur la connaissance qu'on avait, à cette époque, de la méthode de coupellation.

Il est clair que si la fraude s'exerçait sur les monnaies, elle devait exister aussi pour les ornements en métal précieux. On en a, d'ailleurs, une preuve directe et restée célèbre; c'est la détermination, faite par Archimède, de la densité de la couronne fabriquée pour Hiéron, roi de

Syracuse, densité qui lui a permis d'établir qu'elle n'était pas en or pur, et même combien elle renfermait de cuivre.

Ce mode d'essai a été utilisé dans d'autres circonstances, et c'est le seul qui soit possible toutes les fois que l'ouvrage ne doit pas être détérioré.

En 1877, M. Roberts Chandler et M. Broch ont repris cette étude avec les appareils perfectionnés de la science moderne et ils sont arrivés à cette conclusion que la méthode de la densité permet de déterminer avec précision la proportion de fin contenu dans les alliages d'or et de cuivre.

L'essai au touchau *(coticula)* n'était pas davantage ignoré des Romains, car il est signalé par Théophraste trois siècles avant notre ère et, plus tard, par Pline. Ce dernier auteur indique aussi que le triumvir Marius Gratidianus fit un règlement pour l'essai des matières d'or et d'argent, règlement qu'il ne détaille pas, mais qui paraissait être nécessaire, car on éleva des statues dans les rues de Rome à ce magistrat réformateur.

En France, l'essai des ouvrages d'argent s'exécutait, à l'origine, en enlevant à l'outil *(échoppe)* un à deux grains de matière et en les chauffant sur des charbons; la richesse se déduisait très grossièrement au moyen des couleurs que prenait l'objet. Ce procédé, dit à l'*échoppe* ou à la *rature*, a été remplacé par l'essai de voie sèche, sous Philippe le Hardi, peu de temps après que le redressement du titre des ouvrages d'argent eût été décrété, et le nouveau mode d'essai n'a pas été étranger au relèvement de ce titre; néanmoins il n'a été rendu obligatoire que sous Louis XII, en 1506.

Les registres du temps paraissent établir que le procédé a été, de suite, très perfectionné, car les essais, faits dans la maison commune des orfèvres par les gardes-orfèvres, distinguent les grains, demi-grains et même le quart de grain.

L'essai d'or par la pierre de touche a été seul pratiqué jusqu'à François Ier; on opérait sur des alliages de comparaison dont le titre variait de huitième de karat en huitième de karat. Les expériences les plus anciennes sur le procédé actuel, dit de *l'inquartation*, datent de 1518, et l'ordonnance du 19 mars 1540 porte que les gages des essayeurs particuliers des monnaies, qui n'étaient que de 50 livres, seront doublés en vue de subvenir aux frais des essais de l'or par le feu et l'eau-forte.

A partir de cette époque, le titre des ouvrages d'or fut relevé de 19 karats et un quint à 22 karats et l'on remarquera que c'est la deuxième fois que nous voyons le relèvement des titres coïncider avec le perfectionnement des essais. Néanmoins, on continua l'emploi de la pierre de touche à la maison commune, et, même, un décret parut en 1543 qui ordonnait de ne faire l'essai par l'eau forte que dans les cas de contestation, en raison de la perte de matière qu'occasionne ce procédé. Ce ne fut qu'en 1721 que l'essai à la pierre de touche céda tout à fait la place à celui de l'eau-forte, sauf pour les menus ouvrages d'or; seulement à l'origine on n'employait que deux parties d'argent pour une partie d'or, au lieu de trois parties qui sont usitées aujourd'hui.

On avait remarqué, dès le milieu du siècle dernier, des différences, souvent assez fortes, dans les résultats obtenus par des essayeurs exercés, dans l'opération de la coupellation. Une décision royale, du 26 novembre 1762, chargea Hellot, Macquer et Tillet d'étudier cette question. Ces savants vérifièrent l'exactitude du fait, reconnurent que l'essai de l'argent donne lieu à une perte sensible, étudièrent la manière de faire les coupelles, les doses de plomb à employer, et reconnurent la nécessité d'opérer d'une manière uniforme qu'ils précisèrent.

Nous avons vu que les Romains avaient réglementé la fabrication des ouvrages d'or et d'argent. Cette législation ne nous est pas parvenue ; on ne connaît, en fait de lois sur ces sujets, que celles qui ont trait à la repression du luxe, que les lois somptuaires. Les principales sont celles de Lycurgue qui prohibe l'usage de la monnaie d'or et d'argent ; celle du tribun Orchius, à Rome, qui défend aux femmes d'avoir sur elles des bijoux dont le poids excède une demi-once, et nombre d'autres publiées par les empereurs Romains : toutes n'ont eu qu'une existence éphémère ; les mœurs relâchées les firent aussitôt tomber en désuétude.

L'orfèvrerie fut en honneur dans la Gaule dès les premiers temps de la domination romaine, et l'histoire des premiers rois francs l'établit par de nombreuses preuves : témoin l'affaire du vase de Reims, qui devait être distribué à Soissons, et qui fut brisé par un soldat de Clovis, blessé qu'il fût enlevé du butin à partager et rendu à l'évêque de Reims, saint Rémy. Elle devint un art national, et, tout en faisant la part de la légende, il est certain que l'orfèvre Eloi fut l'orfèvre de Clotaire II et le maître de la Monnaie royale sous Dagobert Ier et Clovis II, et que, canonisé, il devint le patron très honoré de l'orfèvrerie nationale qui était surtout affectée aux objets du culte. Charlemagne fit faire des pièces remarquables par leur poids et leur travail, dont un certain nombre eurent une destination profane, mais ce ne fut qu'au onzième siècle qu'une école florissante, purement laïque, vint rivaliser avec celle qui était à peu près exclusivement religieuse.

Les orfèvres constituèrent, à partir du xII^e siècle, des corporations qui furent réglementées au siècle suivant, parce que beaucoup de fraudes s'étaient introduites, soit en mélangeant des métaux communs dans les fontes, soit en colorant, dorant ou argentant ces métaux sans valeur.

De 1250 à 1270, Etienne Boileau, prévôt de Paris, rédigea et fit édicter des statuts très explicites dont le texte a été conservé [1]. L'administration de la communauté parisienne des orfèvres devint régulière : elle eut ses droits et ses charges. Disons seulement qu'elle possédait un sceau, une maison commune et un conseil dont les membres, pris parmi les anciens, tenaient leur autorité de l'élection. Le sceau représentait saint Eloi, le marteau dans la main droite. En 1275, Philippe le Hardi publia une ordonnance sur les monnaies et sur l'orfèvrerie, qui vise surtout l'argent : les argentiers doivent marquer leurs ouvrages du sceau de la ville où est leur forge, sous peine de confiscation et d'amendes. En 1313, Philippe le Bel édicta une ordonnance très sévère, s'appliquant à l'or et à l'argent, aux monnaies et aux autres ouvrages. Le poinçon commun des orfèvres est obligatoire, confié à des *gardes* élus, et l'amende et la prison punissent ceux qui n'ont pas fait apposer cette marque, laquelle est le

---

[1] Livre d'or des Arts et Métiers.

garant de la nature et du titre du métal. Le nombre des
gardes, qui était d'abord de deux, fut élevé à trois, puis
à six. Des armoiries figuraient sur les actes, et étaient
brodées sur les bannières de la communauté, la devise
en était : *In sacra inque coronas, pour les vases
sacrés et les couronnes;* le champ de l'écusson portait
des fleurs de lis, deux couronnes, deux vases; cet écusson
était soutenu par deux anges au-dessous d'une couronne
en baldaquin surmontée d'une fleur de lis.

Philippe de Valois, tout en donnant aux orfèvres des
privilèges, poursuivit avec ténacité le but de Philippe
le Bel, consistant à tenir la corporation sous la surveillance de la Cour des monnaies qui fut fortement organisée.
Une ordonnance de son successeur, le roi Jean, modifia
en 1355, les statuts d'Etienne Boileau en précisant les
conditions nécessaires pour exercer la profession, la
manière dont elle devait l'être, et en imposant, outre la
nécessité d'un poinçon, celle d'une marque spéciale pour
le fabricant.

L'orfèvre, une fois reçu, jurait de n'ouvrer que du bon
or et du bon argent ; l'or devait être au titre de 19 karats 1/5. Il n'y a que certains ouvrages qu'on permit de
fabriquer à des titres plus bas, et il fallait l'autorisation
spéciale des gardes.

En 1378, Charles V précise que l'argent sera à 11 deniers
12 grains, avec remède de 2 grains au marc d'argent
pour les ouvrages d'un certain poids *(grosserie)* et qu'il
n'y aura que de petits objets *(menuerie)* qui pourront
ressortir à 11 deniers 12 grains, avec un remède de
5 grains.

Les généraux-maîtres des monnaies ont le droit de

visiter les forges et les établissements des orfèvres sans avertissement préalable, et ils peuvent saisir, couper, confisquer les ouvrages non au titre de la loi, et même infliger une amende arbitraire à ceux qui seraient reconnus coupables pour la troisième fois.

L'orfèvrerie se ressentit des cruelles dissensions et des guerres qui eurent lieu au XVe siècle et se releva rapidement sous Louis XII et sous François Ier, à la Renaissance.

La maison commune qui tombait en ruines fut démolie, et des terrains achetés rue Jean Lantier et rue des Lavandières; un bureau, un hospice et une chapelle furent édifiés et celle-ci fut construite par Philibert Delorme et Germain Pilon, en 1551.

Un édit rendu en 1554, à Fontainebleau, réforma les statuts des orfèvres et des joailliers; Henri II limita le nombre des orfèvres et ce nombre fut fixé à 300 par Henri III. Lorsqu'une vacance se produisait, la place ne pouvait être attribuée qu'au fils d'un maître orfèvre ou à un apprenti, ayant prouvé leur capacité.

A partir de cette même époque, les initiales du maître doivent figurer à côté de son poinçon particulier, avant de recevoir la contremarque ou marque commune insculpée à la maison des orfèvres par les gardes en exercice. Ceux-ci avaient une grande responsabilité, et, à certaines époques, beaucoup cherchaient à échapper à ces fonctions convoitées par les maîtres riches, ou peu occupés dans leur commerce.

Ils essayaient les ouvrages pour le titre et pour le poids, et ces essais, ont été généralement aussi sérieux que le permettaient les procédés connus.

Dans le cas d'un ouvrage délictueux, les gardes devaient

le briser sous peine d'amende arbitraire et de punition corporelle.

Les mêmes gardes avaient la charge d'examiner les apprentis qui aspiraient au titre de maître, et c'est à la maison commune que ceux-ci venaient faire leur chef d'œuvre et subir un examen. Le candidat, reconnu suffisamment capable, passait un dernier examen devant les officiers et, plus tard, devant la Cour des monnaies qui délivrait le titre de maître.

En résumé, les gardes-maîtres administraient la corporation.

Henri III établit sur les ouvrages d'or et d'argent, en 1579, un droit, dit de *remède*, dans le but annoncé d'élever leur prix, de le mettre en harmonie avec la valeur des monnaies et d'empêcher que l'or et l'argent ne devinssent rares, par suite d'une consommation excessive pour des objets superflus.

Une ordonnance semblable fut faite par Louis XIII, en 1631, et une autre par Louis XIV, en 1687 [1]. Cette perception ne fut sérieusement organisée qu'à cette dernière époque. Le droit s'accrut plus tard en 1718 et en 1723, par des édits qui accordaient une idemnité aux gardes-essayeurs dans le but de rétribuer la perte de temps que ce travail leur imposait : telle est l'origine du droit d'essai.

En 1681, parut une ordonnance qui établit, pour tout le royaume, une taxe uniforme, de trois livres pour cha-

---

[1] Statuts et priviléges du corps des marchands orfèvres, joailliers de la ville de Paris. Pierre Leroi, Paris, 1734.

Abot de Bazinghen. Tome II, page 353.

Code des orfèvres, Fontaine. Paris, 1845.

que once d'or, et de quarante sols pour chaque marc d'argent, et pour les ouvrages de moindre poids à proportion.

Lorsque les droits furent créés, une ferme fut chargée de la perception. Le fermier possédait une des deux clefs du coffre contenant la contremarque.

L'ouvrage, marqué et contremarqué, recevait le poinçon de la ferme, poinçon de *décharge*, qui signifiait que cet ouvrage avait acquitté le droit, sans préjudice d'un poinçon de *charge* qui était insculpé par la ferme, pendant le cours du travail, lorsque le maître déclarait qu'il avait entrepris un ouvrage, pour qu'il ne pût rien échapper au trésor.

La perception de ces droits par la ferme spéciale fut toujours difficile. On la réunit, plus tard, aux fermes générales, et elle était attribuée à la Régie des Aides lorsque tous les impôts indirects furent abolis en 1791.

A cette époque les droits étaient de 6 livres 6 sols par once d'or, et 10 sols 6 deniers par once d'argent.

On a vu que l'or et l'argent n'eurent longtemps qu'un titre unique, qui fut pour le premier, d'abord, 19 karats un cinquième, relevé définitivement par Henri II à 22 karats avec un quart de karat de remède, soit 916 millièmes et demi et une tolérance de 10 millièmes; pour le deuxième, de 11 deniers 12 grains, au remède de 2 grains, soit 957 millièmes avec une tolérance de 7 millièmes.

En 1721, certains menus objets d'or furent autorisés à 20 karats un quart, soit 843 millièmes 3/4 et, plus tard, en 1789, le titre de tous les menus ouvrages d'or fut descendu à 18 karats, soit 750 millièmes comme aujourd'hui.

Il y avait donc, avant 1791, quatre sortes de poinçons sur les ouvrages d'or et d'argent.

1° Le poinçon de maître est le plus ancien, car les maîtres orfèvres l'appliquaient généralement avant même qu'il ne fût exigé par la loi.

Au XIVe siècle, il consistait en une fleur de lis, une couronne ou toutes les deux avec une devise ou un emblème.

Vers 1550 furent ajoutées les initiales du maître orfèvre. En 1579 la place et la grandeur de ces marques fut uniformément réglée.

2° Le poinçon de la maison commune, *contreseing*, *contremarque*, date de Philippe le Hardi, en 1275. Il fut, à l'origine, simplement une fleur de lis, qui, plus tard, fut placée dans un périmètre de formes différentes, un losange notamment au XVe siècle, avec divers ornements une couronne, un croissant, etc. A partir de 1460, on trouve une ou plusieurs lettres couronnées, auprès de la fleur de lis; plus tard, la fleur de lis disparait et l'on ne rencontre que des lettres couronnées jusqu'en 1784, ou les lettres alphabétiques sont remplacées, à Paris, par la lettre P couronnée; les deux derniers chiffres du siècle — 84 — figurent entre la couronne et la lettre. On y voit souvent deux points. Ce mode de marque a subsisté jusqu'en 1791.

3° Le poinçon de *charge* prit naissance en 1672, à l'époque de la perception réelle des droits; ce fut d'abord une lettre sous une fleur de lis; à Paris il consistait dans la lettre A, et pour les autres villes la lettre était celle qui était affectée à la monnaie de cette cité.

4° Peu après, les fermiers obtinrent l'autorisation d'insculper une marque dite de *décharge*, sur les objets ayant payé le droit et terminés ; elle représentait une tête d'homme, d'animal, ou un emblème.

Diverses modifications eurent lieu pour ces poinçons.

Il y eut, en France, des communautés d'orfèvres très anciennes, outre celle de Paris. Les principales étaient à Bordeaux, Marseille, Montpellier, Rouen, le Puy, Cambrai, Troyes, Toulouse. Au début, Philippe le Hardi avait autorisé les orfèvres de ces villes à marquer leurs ouvrages du sceau de ces cités.

On trouvera dans le *Livre d'or des métiers*, par Paul Lacroix, outre l'historique de l'orfèvrerie en France, l'armorial des communautés d'orfèvres, le tableau des poinçons de ces communautés en 1789, par F. Seré, et le recueil des statuts et des privilèges du corps des orfèvres-joailliers de Paris, par Pierre Leroi, en 1734.

En 1791, la Corporation des orfèvres disparut comme les autres, lorsque tous les impôts indirects furent abolis. L'industrie et le commerce de l'orfèvrerie, de la joaillerie et de la bijouterie devinrent libres.

Il est juste de reconnaître que, depuis le XIIIᵉ siècle, le système de surveillance des fabricants et des marchands d'ouvrages d'or et d'argent par des membres élus, pris parmi eux, sous la juridiction très ferme de la Cour des monnaies, a généralement produit de bons résultats au point de vue de l'art et du maintien des titres et des poids.

Cette corporation était très bienfaisante; à la maison commune étaient entretenus, comme dans un asile, les anciens orfèvres et leurs veuves qui étaient sans moyens d'existence suffisants. Lorsque les biens de la communauté de Paris furent vendus, l'Etat plaça aux Incurables

les pensionnaires de la maison commune et il y en avait encore quatre au moment où fut promulguée la loi de brumaire an VI.

Dans la plupart des pays européens, l'orfèvrerie était divisée en corporations, analogues à celle qu'on vient de faire connaître.

L'Angleterre est encore sous ce régime de contrôle par l'État avec l'intermédiaire des corporations, et on trouvera cette organisation décrite dans le dernier chapitre.

CHAPITRE II

LES OUVRAGES D'OR ET D'ARGENT EN FRANCE
DEPUIS 1797

Nous donnerons textuellement les articles de la loi de Brumaire qui ont trait aux titres, au contrôle et à l'essai.

On a dû en venir à cette loi, parce que le gouvernement avait fait de vains efforts pour maintenir les titres. D'ailleurs il n'y avait aucune raison de supprimer un droit qui ne portait que sur le luxe, ou du moins qui ne frappait que les personnes aisées, et, le 19 brumaire an VI (9 novembre 1797), fut promulguée la loi, remarquable malgré certaines défectuosités qu'a produites le temps, qui nous régit encore aujourd'hui avec des modifications de détail.

A ce moment on fit une recense : ce qui signifie que l'autorité publique ordonna l'application d'un poinçon spécial, dit de *recense*, sur tous les ouvrages, application exécutée gratuitement d'ailleurs. Depuis cette époque, il y a eu trois autres recenses, en 1809, en 1816, en 1838, et une recense partielle pour les articles d'horlogerie en 1822. On a recours à cette mesure lorsque, par suite d'infidélités sur les poinçons ou de négligence sur les titres, le trésor ou le public ne sont plus suffisamment garantis par l'apposition des poinçons en cours.

LOI DE BRUMAIRE

ARTICLE PREMIER. — Tous les ouvrages d'orfèvrerie et d'argenterie fabriqués en France, doivent être conformes aux titres prescrits par la loi, respectivement suivant leur nature.

ART. 2. — Ces titres, ou la quantité de fin contenue dans chaque pièce s'exprimeront en millièmes. Les anciennes dénominations de karats et de deniers, pour exprimer le degré de pureté des métaux précieux, n'auront plus lieu.

ART. 3. — Il est cependant permis pendant un an, à compter de la date de la présente loi, d'employer dans les actes ou écrits qui sont dans le cas de passer sous les yeux d'un officier public, les anciennes expressions de *karats*, *deniers*, ou leurs subdivisions, mais seulement à la suite du nombre de millièmes qui devra exprimer la vraie qualité du métal précieux.

ART. 4. — Il y a trois titres légaux pour les ouvrages d'or, et deux pour les ouvrages d'argent; savoir, pour l'or :

Le premier, de 920 millièmes (ou 22 karats 2/32 et demi environ);
Le second de 840 millièmes (20 karats 5/32 et 1/8 environ;
Le troisième de 750 millièmes (18 karats);

Et pour l'argent :

Le premier de 950 millièmes (11 deniers 9 grains 7/10);
Le second de 800 millièmes (9 deniers 14 grains 2/5).

ART. 5. — La tolérance des titres pour l'or est de

trois millièmes; celle des titres pour l'argent est cinq millièmes.

ART. 6. — Les fabricants peuvent employer à leur gré
l'un des titres mentionnés en l'article 4, respectivement
pour les ouvrages d'or et d'argent, quelle que soit la gros-
seur ou l'espèce des pièces fabriquées.

ART. 7. — La garantie du titre des ouvrages et matières
d'or et d'argent est assurée par des poinçons; ils sont
appliqués sur chaque pièce, en suite d'un essai de la
matière, et conformément aux règles établies ci-après.

ART. 8. — Il y a, pour marquer les ouvrages tant en
or qu'en argent, trois espèces principales de poinçons,
savoir :

Celui du fabricant,

Celui du titre,

Et celui du bureau de garantie.

Il y a, d'ailleurs, deux petits poinçons, l'un pour les
menus ouvrages d'or, l'autre pour les menus ouvrages
d'argent trop petits pour recevoir l'empreinte des trois
espèces de poinçons précédentes.

Il y a, de plus un poinçon particulier pour les vieux
ouvrages dits de *hasard;*

Un autre pour les ouvrages venant de l'étranger;

Une troisième sorte pour les ouvrages doublés ou plaqués d'or et d'argent;

Une quatrième sorte, dite *poinçon de recense*, qui s'applique par l'autorité publique, lorsqu'il s'agit d'empêcher
l'effet de quelque infidélité relative aux titres et aux poinçons;

Enfin, un poinçon particulier pour marquer les lingots
d'or ou d'argent affinés.

ART. 9. — Le poinçon du fabricant porte la lettre initiale de son nom, avec un symbole ; il peut être gravé par tel artiste qu'il lui plaît de choisir, en obervant les formes et proportions établies par l'Administration des monnaies.

ART. 10. — Les poinçons de titre ont pour empreinte un coq avec l'un des chiffres arabes 1, 2, 3, indicatif des premier, second et troisième titres, fixés dans la précédente section. Ces poinçons sont uniformes dans toute la République.

Chaque sorte de ces poinçons a d'ailleurs une forme particulière qui la différencie aisément à l'œil.

ART. 11. — Le poinçon de chaque bureau de garantie a un signe caractéristique particulier, qui est déterminé par l'Administration des monnaies.

Ce signe est changé toutes les fois qu'il est nécessaire, pour prévenir les effets d'un vol ou d'une infidélité.

ART. 12. — Le petit poinçon destiné à marquer les menus ouvrages d'or, a pour empreinte une tête de coq ; celui pour les menus ouvrages d'argent porte un faisceau.

ART. 13. — Le poinçon de vieux, destiné uniquement à marquer les ouvrages dits de *hasard*, représente une hache.

Celui pour marquer les ouvrages venant de l'étranger contient les lettres E T.

ART. 14. — Le poinçon de chaque fabricant de doublé ou de plaqué, a une forme particulière déterminée par l'Administration des monnaies. Le fabricant ajoute en outre, sur chacun de ses ouvrages, des chiffres indicatifs de la quantité d'or et d'argent qu'il contient.

ART. 15. — Le poinçon de recense est également déterminé par l'Administration des monnaies, qui le différencie à raison des circonstances.

ART. 16. — Le poinçon destiné à marquer les lingots d'or ou d'argent affinés, est aussi déterminé par l'Administration des monnaies; il est uniforme dans toute la France.

ART. 17. — Tous les poinçons désignés dans les articles 10, 11, 12, 13, 15 et 16 sont fabriqués par le graveur des monnaies, sous la surveillance de l'Administration des monnaies, qui les fait parvenir dans les divers bureaux de garantie, et en conserve les matrices.

Le poinçon destiné pour les lingots affinés n'est déposé que dans les bureaux de garantie dans l'arrondissement desquels il se trouve des affineurs à la chambre de délivrance de la Monnaie de Paris, pour l'affinage national.

ART. 18. — Lorsqu'on ne fait point usage de ces poinçons, ils sont enfermés dans une caisse à trois serrures, et sous la garde des employés des bureaux de garantie, comme il sera dit ci-après.

ART. 19. — Les fabricants de faux poinçons et ceux qui en feraient usage, seront condamnés à dix années de fers, et leurs ouvrages confisqués.

ART. 20. — Les poinçons servant actuellement à constater les titres et l'acquit des droits de marque, seront biffés immédiatement après que les poinçons ordonnés par la présente loi seront en état d'être employés.

Titres, poinçons. — Les trois titres pour l'or sont sensiblement les mêmes que ceux qui avaient cours avant la loi; on les a modifiés seulement pour avoir des nombres décimaux.

DÉSIGNATION DES POINÇONS	PARIS	DÉPARTEMENTS	TITRES	
			Millièmes	Karats
Or premier titre.			920	22 et 2/32 1/2
Or deuxième titre.			840	20 5/32 et 1/8
Or troisième titre.			750	18 Karats
				Deniers
Argent premier titre			950	11 d. 9 gr. 7/10
Argent deuxième tit.			800	9 d. 14 gr. 2/5
Garantie d'or et d'argent, grosse.				
Garantie d'or et d'argent, moyenne.				
Petite garantie or.				
Petite gar. argent.				
Recense grosse.				
Recense petite.				

DÉSIGNATION DES POINÇONS	PARIS	DÉPARTEMENTS
Étranger gros.		
Étranger petit.		
Hasard.		
Horlogerie de Besançon, grosse. . .		
Horlogerie de Besançon, petite. . .		
Lingots or		
Lingots argent.		
Argues.		

Fig. 19. — Poinçons de l'an VI.

Les figures de ces tableaux et d'un certain nombre des tableaux suivants ont été puisées dans le Traité de la Garantie, par B.-L. Raibaud, 1825 et 1838.

Poinçons établis en exécution de décret du 11 prairial an XI (31 mai 1803)

DÉSIGNATION DES POINÇONS	PARIS	DÉPARTEMENTS	TITRES
Or premier titre			Milliém. 920
Or deuxième titre. . . .			840
Or troisième titre. . . .			750
Argent premier titre. . . .			950
Argent deuxième titre. . .			800
Garantie d'or, grosse. .			
Garantie d'or, petite. . .			
Autre garantie d'or, petite.			

DÉSIGNATION DES POINÇONS	PARIS	DÉPARTEMENTS
Garantie d'argent, grosse.		
Garantie d'argent, moyenne.		
Garantie d'argent, petite.		
Recense grosse.		
Recense moyenne.		
Recense petite.		
Étranger gros.		
Étranger petit.		

Fig. 20. — Poinçons de l'an XI (31 mai 1803).

Poinçoins établis en exécution de l'ordonnance royale du 22 octobre 1817.

DÉSIGNATION DES POINÇONS	PARIS	DÉPARTEMENTS	TITRES
			Milliém.
Or premier titre.			920
Or deuxième titre. . . .			840
Or troisième titre. . . .			750
Argent premier titre. . .			950
Argent deuxième titre. .			800
Garantie d'or, grosse. .			
Garantie d'or, petite. .		*Voir les Poinçons Divisionnaires*	

DÉSIGNATION DES POINÇONS	PARIS	DÉPARTEMENTS
Garantie d'argent, grosse.		
Garantie d'argent, moyenne. . . .		*Néant pour les Départemens*
Garantie d'argent, petite		*Voir les Poinçons Divisionnaires*
Recense, grosse.		
Recense, petite.		*Voir les Poinçons Divisionnaires*
Étranger, gros.		
Étranger, petit.		

Fig. 21. — Poinçons de 1819.

Les poinçons des bureaux de garantie des départements portent un numéro qui est gravé dans la figure des gros poinçons de garantie pour l'or, l'argent et la recense.

On a simplifié de même l'ancien titre d'argent; de 957 on l'a ramené à 950. Il en a été créé un deuxième, à 800, qui est seul usité en bijouterie; le titre de 950 n'est guère employé que pour l'orfèvrerie, les couverts par exemple.

Ces poinçons ont été mis en vigueur, le 9 novembre 1797.

Les poinçons officiels exécutés d'après cette loi ont servi jusqu'au 1er septembre 1809, époque à laquelle eut lieu une recense. Dans les poinçons de 1809 ne figurent plus, les poinçons pour les lingots affinés, pour l'horlogerie, pour l'argue, et le poinçon de hasard. Le coq fut conservé pour les poinçons de titre mais la disposition en fut modifiée.

Ils ont été mis en service le 1er septembre 1809 et ils ont été retirés le 16 août 1819.

Des poinçons ayant disparu, une nouvelle recense, ordonnée en 1817, eut lieu en 1819.

Ceux-ci ont été en vigueur du 16 août 1819 au 10 mai 1838.

Deux modifications principales caractérisent cette réforme.

La première consiste à ne pas se contenter, comme dans les deux systèmes antérieurs, de faire deux séries de poinçons, l'une pour Paris, l'autre pour les départements, mais à diviser la province en neuf régions, pour lesquelles existait un poinçon différent de petite garantie d'or et d'argent ainsi que de recense.

Cette distinction fut malheureuse, car elle établissait un tel nombre de poinçons que leur vérification devenait très difficile, elle a été supprimée en 1838.

La deuxième modification, qui augmentait encore cette complication, et qui est restée, consiste dans l'inscul-

Poinçons affectés aux neuf régions dans lesquelles on avait divisé la France.

RÉGIONS	PETITE GARANTIE D'OR	DÉSIGNATION	PETITE GARANTIE D'ARGENT	DÉSIGNATION	RECENSE	DÉSIGNATION
1re Nord		Char		Papillon		Cafetière
2e Nord-Est		Garde d'épée		Tortue		Tour
3e Est		Tiare		Coquille		Ciboire
4e Sud-Est		Éventail		Trombidion		Cobelet
5e Sud		Casque		Lysse		Sonnette
6e Sud-Ouest		Lyre		Grenouille		Arrosoir
7e Ouest		Morion		Limaçon		Vase
8e Nord-Ouest		Trompette		Raie		Guitare
9e Centre		Fleur de lys		Cochon d'Inde		Livre

pation d'un poinçon, dit contremarque, qu'il ne faut pas confondre avec le poinçon des corporations d'orfèvres, garantissant le titre, lequel portait le même nom. Ce poinçon se nomme *bigorne* ; il est formé d'une enclume en acier sur laquelle on place les bijoux à marquer. Ce tas d'acier n'est pas uni, il porte gravés des caractères extrêment déliés. Il existe trois sortes de bigornes, la grosse, la moyenne, la petite. Sur les deux premières étaient gravés des insectes très déliés ; sur la petite étaient représentés des dessins spéciaux d'une extrême finesse.

Pour poinçonner un ouvrage, on le fait reposer sur la bigorne ; les figures, qui s'y trouvent, s'insculpent dans l'ouvrage directement au-dessous de la marque que fournit le poinçon sur cet ouvrage lorsqu'on donne le coup de marteau.

Cet instrument, que je n'ai constaté dans aucun système de garantie étranger, est cependant aussi commode qu'ingénieux ; d'un seul coup on appose deux marques.

Peu après la recense de 1819, le 19 septembre 1821, on a créé deux poinçons d'horlogerie l'un pour l'or, l'autre pour l'argent (fig. 23).

En 1835, il circulait depuis quelques années, dans le commerce de la bijouterie, une grande quantité d'ouvrages qui, à la faveur de marques entées ou fausses, et habilement imitées, échappaient à la surveillance du service de garantie. Pour mettre un terme aux fraudes de ce genre, une ordonnance royale du 30 juin 1835 prescrivit une recense générale et la création d'un nouvel ordre de poinçons et de bigornes.

Cette mesure ne reçut son exécution qu'à partir du 10 mai 1838 ; elle fut précédée d'un examen soigné des marques empreintes sur les pièces de bijouterie et d'orfèvrerie présentées pour jouir de l'application gratuite du poinçon de recense. Les ouvrages dépourvus de marque, ceux qui ne portaient que des poinçons antérieurs à 1819, ceux qui étaient empreints de marques effacées ou de marques faussées, furent essayés et marqués à titre onéreux, tandis que tous ceux qui avaient été dûment contrôlés reçurent gratuitement la marque du poinçon de recense.

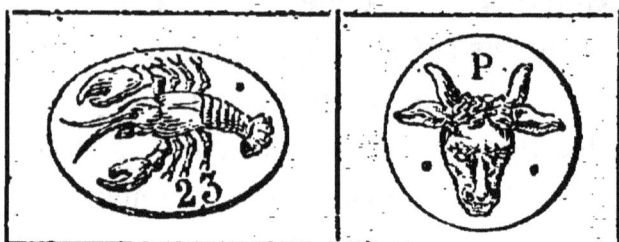

Poinçon pour l'horlogerie
d'argent.

Poinçon pour l'horlogerie
d'or.

FIG. 23.

Les poinçons portent le signe distinctif du département.
Ceux de Paris portent la lettre P.

Deux modifications essentielles caractérisent le nouveau système : c'est la limitation du poinçon de *garantie* qui, dans les organisations antérieures, faisait double emploi avec le poinçon de *titre* parce qu'on les appliquait sur le même ouvrage et la suppression des neuf régions établies en 1819.

Les tableaux suivants représentent le système de 1838 avec les modifications qu'il a subies jusqu'à ce jour.

Tableau des poinçons actuels.

DÉSIGNATION DES POINÇONS			TYPES	FORME DES POINÇONS	CHIFFRE INDIQUANT LE TITRE ET POSITION DE CE CHIFFRE	PLACE DU SIGNE DISTINCTIF DES BUREAUX POUR LES DÉPARTEMENTS
Or. . . .	1er titre. . . . . ; 2e titre. . . . . ; 3e titre.	Paris, départements	Tête de Médecin grec	8 pans irréguliers. ; Ovale tronqué. ; 6 pans irréguliers.	1 devant le front. ; 2 sous le menton ; 3 vis-à-vis le nez.	Sous le menton. ; Derrière la nuque
Or. . . . . ;	Petite garantie. .	Paris. . . . . ; Départements. . .	Tête d'Aigle. . . ; Tête de Cheval.	Découpée.. . . .	. . . . . .	Dans la joue.
Poinçon *remarque* pour les chaines d'or et la marque au poids.		Paris, départements.	Tête de Rhinocéros	Corne tronquée pour Paris . .	. . . . . .	Entre la corne et le front.
Argent. . . .	1er titre. . . . ; 2e titre. . . .	Paris, départements.	Tête de Minerve.	8 pans irréguliers ; Ovale tronqué.. .	1 devant le front. ; 2 sous le menton.	Sous le menton. ; Devant le front. .
Argent. . . . ;	Petite garantie. . -	Paris. . . . . ; Départements. . . .	Tête de Sanglier ; Crabe	Découpée. . . .	. . . . .	Entre les pattes..
Or et argent. Étranger. . . . ;	Paris, départements.	Gros poinçon. . . ; Petit poinçon. . .	Charançon. . . .	Ovale.		Entre les pattes .
Le poinçon le Charançon est spécial aux ouvrages provenant des pays avec lesquels des traités de commerce ont été conclus; il garantit le titre.						
Or et argent. Étranger . . . ;	Paris, départements.	Gros poinçon. . . ; Petit poinçon. . .	Les lettres E T. .	Rectangulaire..	Le poinçon de Paris a une forme rectang. plus allong. que ceux des départements.	
Le poinçon E T est spécial aux ouvrages provenant des pays avec lesquels il n'existe pas de traité de commerce et aux ouvrages vendus dans les Monts-de-Piété et les Hôtels des ventes.						
Poinçon de retour. Or et argent. . . -;	Paris, départements.	Gros poinçon. . . ; Petit poinçon.. .	Tête de Lièvre.	Enferm. dans un polygone de huit-côtés. . .	. . . . . .	Sous les oreilles.
Le poinçon de retour créé par le décret du 24 décembre 1887						
Ouvrages de fabrication française exportés. . . ;	Or.	1er titre. ; 2e titre. ; 3e titre.	Paris, départements. . . .	Tête de Mercure.	Enfermée dans un périmètre découpé avec listel. . . .	1 sous le menton. ; 2 sous le menton. ; 3 sous le menton.	Sur le cou.
	Or.	Petite garantie.	Paris, départements.	Tête de Mercure.	Enfermée dans un périmètre découpé avec listel. . .		Sur le cou.
	Argent.	1er titre.. ; 2e titre..	Paris, départements.	Tête de Mercure.	6 pans irréguliers ; Ovale tronqué.. .	1 sous le menton. ; 2 sous le menton.	Sur le cou.
	Argent.	Petite garantie.	Paris, départements.	Tête de Mercure	Ovale régulier. . .		Sur le cou.
Horlogerie importée. . . . ;	Or et argent . .		Paris et les bureaux spéciaux pour l'importation. . . .	Chimère. . . . Le poinçon de Chimère est plus gros pour les ouvrages d'argent que pour les ouvrages d'or.	Découpée. . . .		Entre l'aile et la croupe.
Horlogerie exportée. . . . ;	Or. . .	4e titre.	Paris et les bureaux spéciaux pour l'exportation. .	Tête égyptienne. .	Enfermée dans un périmètre découpé avec listel. . .	4 sous le menton.	Sur la joue.
Horlogerie exportée. . . . ;	Or. .	Petite garantie.	Paris et les bureaux spéciaux pour l'exportation..	Tête égyptienne. .	Enfermée dans un périmètre découpé avec listel. . .	. . . . . .	Sur la joue.
L'horlogerie au 4e titre est spéciale pour l'exportation. Outre la tête égyptienne, elle porte un autre signe.			Empreinte dans laquelle sont inscrites les mentions EXP. et 583 M.	Elliptique. . .	Cette empreinte est apposée au centre du fond des boites de montres d'or.	

On entend par poinçons de *titre* ceux qu'on applique sur les ouvrages d'or après l'essai de l'*inquartation*, et sur ceux d'argent après l'essai à la coupelle ou par voie humide : ils garantissent absolument l'exactitude du titre qu'ils représentent.

On entend par poinçons de *garantie*, ou de *petite garantie*, ceux qu'on insculpe sur les ouvrages qu'on ne peut essayer qu'à la pierre de touche, en raison de ce qu'ils sont creux, formés de parties soudées, de très faible poids; or, la pierre de touche ne donnant pas le titre à 3 millièmes pour l'or, à 5 millièmes d'argent, on ne peut pas affirmer que les ouvrages sont dans les tolérances; ces poinçons indiquent que l'objet est en métal précieux à un titre voisin du titre légal, et l'on verra à l'article des *essais* que quand l'essai au touchau est convenablement exécuté, le titre est très approché du titre réel.

Bigornes. — On a dit quelques mots sur les bigornes à propos du système de 1819. Ce sont des enclumes en acier qui, au lieu d'être en acier uni et poli, portent des gravures d'un fini et d'une délicatesse extrêmes. Lorqu'il s'agit d'insculper un poinçon sur un ouvrage, on place celui-ci sur cette enclume et on donne un coup de poinçon avec un marteau; il en résulte deux effets : le poinçon s'insculpe dans la partie de l'ouvrage sur laquelle on l'avait appliqué et les dessins de la bigorne s'impriment sur la partie opposée de l'ouvrage. Supposons une bague : à l'extérieur sera le poinçon, à l'intérieur sera la gravure de la bigorne, appelée contre-marque. Si, donc, la contre-marque n'existe pas sur un ouvrage, il doit être marqué d'un faux poinçon ou suspecté comme tel.

Les bigornes inaugurées en 1819 n'étaient pas aussi

perfectionnées qu'à partir de 1838. Le nombre des insectes
a été de beaucoup augmenté, la finesse du travail et les
ingénieuses dispositions adoptées en font, aujourd'hui, un
instrument d'une absolue perfection, d'une imitation
impossible, et, par suite, il permet à un homme expert,
à un contrôleur attentionné de reconnaître, à coup sûr la
fraude.

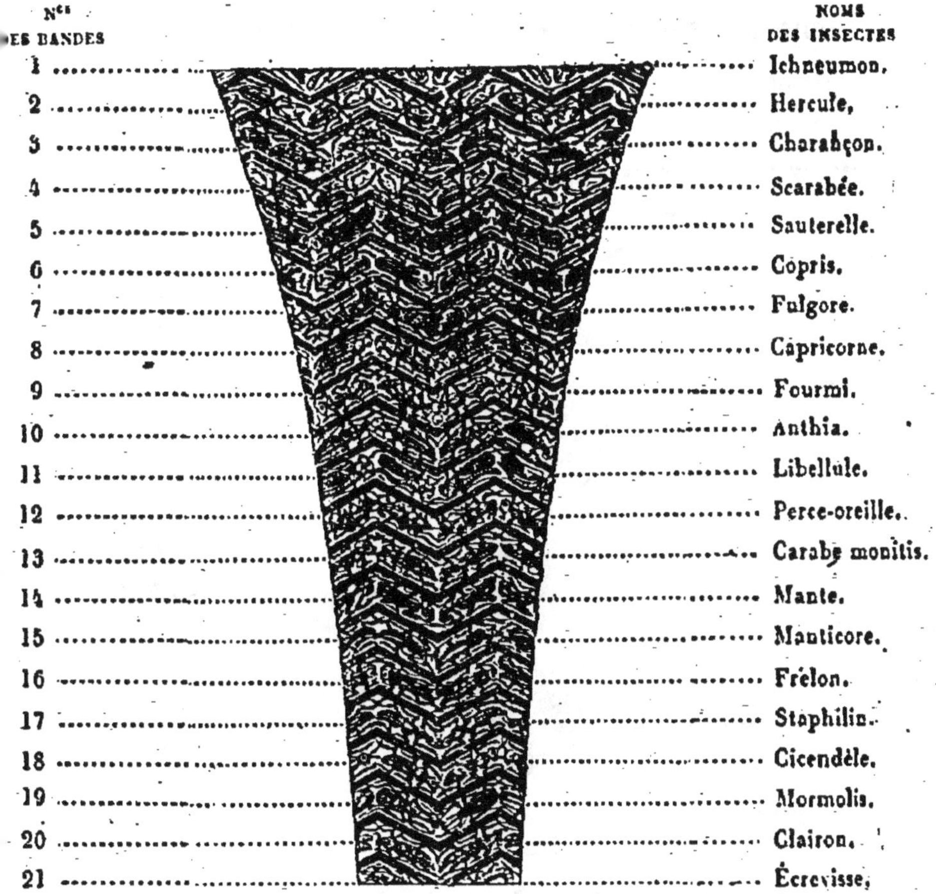

Nᵒˢ DES BANDES		NOMS DES INSECTES
1		Ichneumon.
2		Hercule,
3		Charabçon.
4		Scarabée.
5		Sauterelle.
6		Copris.
7		Fulgore.
8		Capricorne.
9		Fourmi.
10		Anthia.
11		Libellule.
12		Perce-oreille.
13		Carabe monilis.
14		Mante.
15		Manticore.
16		Frelon.
17		Staphilin.
18		Cicendèle.
19		Mormolis.
20		Clairon.
21		Écrevisse.

FIG. 24. — Petite bigorne, corne méplate (grossie 4 fois).

Depuis 1838, la petite bigorne est formée d'insectes
assemblés, comme le sont, avec des dispositions diverses,
la grosse et la petite bigorne. La petite bigorne est à deux
branches ou *cornes*, l'une ronde, l'autre méplate, afin de se

prêter mieux à la marque des plus petits bijoux. On a donné, dans diverses publications, les dessins de ces bigornes, c'est pourquoi nous indiquons ici celui de la petite bigorne[1]; cela n'a d'ailleurs, pas d'inconvénient car ces dessins ne représentent que très approximativement la gravure réelle, laquelle peut être admise comme défiant toute contrefaçon par suite de la délicatesse des détails et de l'entrecroisement habile (fig. 24 et 25) des pattes et des antennes.

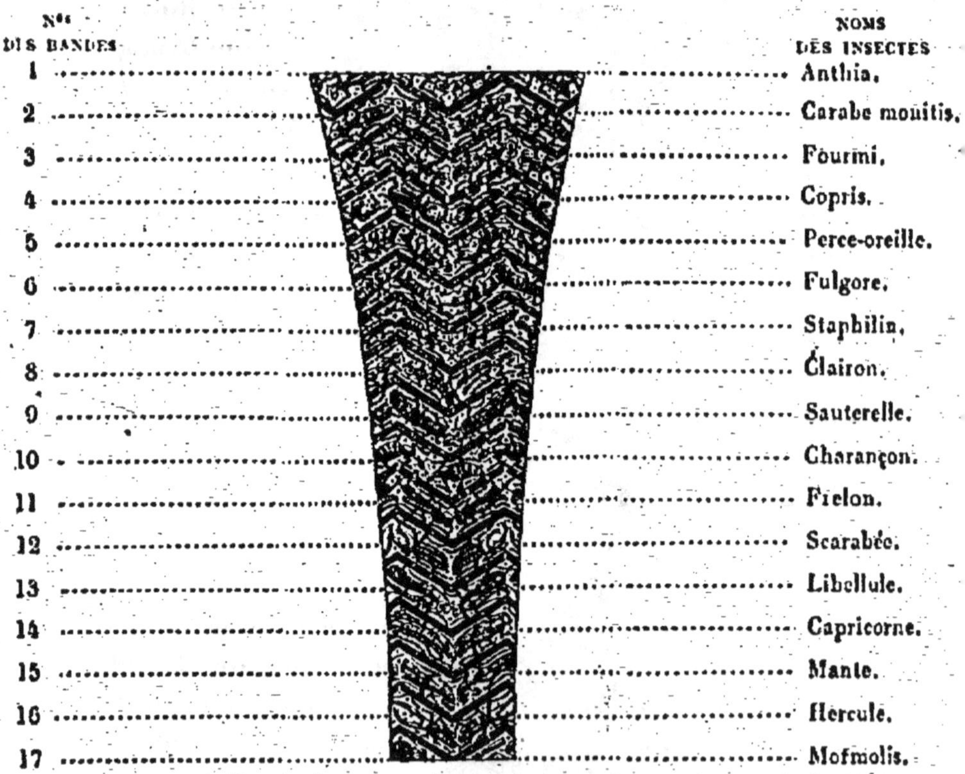

N°° DES BANDES		NOMS DES INSECTES
1		Anthia.
2		Carabe monitis.
3		Fourmi.
4		Copris.
5		Perce-oreille.
6		Fulgore.
7		Staphilin.
8		Clairon.
9		Sauterelle.
10		Charançon.
11		Frelon.
12		Scarabée.
13		Libellule.
14		Capricorne.
15		Mante.
16		Hercule.
17		Mofmolis.

FIG. 25. — Petite bigorne, corne ronde (grossie 6 fois).

La grosse bigorne porte 16 sortes d'insectes disposés en bandes, la moyenne en possède 13; il y en a 17 sur la corne ronde de la petite bigorne et 21 sur la corne

[1] Raibaud, page 92, 1re partie, 1875, et page 68, 2e partie, 18?8

méplate. Les insectes d'une même bande, pareils dans leur ensemble, présentent des différences notables et précises dans l'arrangement des parties extérieures.

Les insectes sont vus de profil sur les bigornes de Paris et vus de face sur les bigornes des départements.

Le champ des diverses bigornes n'a pas le même poli ; ce caractère permet à un contrôleur attentif de distinguer, au premier examen, la bigorne dont on a fait usage.

Les inspecteurs et les contrôleurs possèdent des reproductions de ces instruments, et l'Administration a pris des dispositions pour que la vérification en soit efficace entre des mains de fonctionnaires exercés et vigilants.

Poinçons des colonies. — La Guadeloupe ne possède que des poinçons de petite garantie d'or et de petite garantie d'argent.

Les types ne sont pas les mêmes que ceux dont on se sert en France et en Algérie.

C'est ainsi que :

La garantie d'or est une tête de *levrette* découpée et portant comme différent un P placé sur le derrière de la tête.

La garantie d'argent représente une tête de *sanglier*, ayant comme différent, un P placé sur le derrière de la tête.

Ce système de poinçons et de bigornes est celui qui fonctionne aujourd'hui.

Les poinçons de titre sont les mêmes pour Paris et les départements : un chiffre 1, 2, 3 pour l'or ; 1, 2 pour l'argent indique le titre ; il n'y a pas de signe particulier pour les poinçons de Paris, tandis qu'il y a sous le menton, dernière la nuque, devant le front, un signe distinctif, *différent* ou *déférent*, pour chaque bureau des départements. En outre, la forme du périmètre n'est pas la même pour les divers titres; on les distingue donc au premier coup d'œil. Les poinçons d'or représentent une tête dite le *médecin grec* ; les poinçons d'argent une tête de *Minerve.*

1er titre	2e titre	3e titre
Titre = 920 mm.	Titre = 840 mm.	Titre = 750 mm.
Kilogs = 3162 fr, 04	Kilogs = 288 fr, 08	Kilogs = 2577 fr. 75
Différent sous le menton.	Différent derrière la tête.	Différent derrière la tête.

FIG. 26. — Or. Le médecin grec.

1er titre	2e titre
Titre = 940 mm	Titre = 800 mm.
Kilogs = 209 fr, 53	Kilogs = 176 fr. 44
Différent sous le menton.	Différent sous le front.

FIG. 27. — Argent. La Minerve.

Pour les départements la chevelure du *médecin grec* est moins épaisse, et la mèche de cheveux sur la tête de la *Minerve* n'existe pas.

La petite garantie d'or et d'argent n'a pas le même symbole dans les départements qu'à Paris; un signe distinctif dans la joue de la tête de cheval, entre les pattes du crabe fait reconnaître le bureau des départements (fig. 28 et 29).

Il y a un poinçon pour les bijoux étrangers : le *cha-rançon* gros, ou petit suivant le volume de l'objet. Le signe distinctif du bureau est sous le ventre (fig. 30).

PARIS · DÉPARTEMENTS

Tête d'aigle double listel · Tête de cheval
FIG. 28. — Or. Petite garantie.

PARIS · DÉPARTEMENTS

Tête de sanglier · Crabe
FIG. 29. — Argent. Petite garantie

Gros charançon · Petit charançon
FIG. 30. — Poinçon d'importation

Il s'applique sur les ouvrages importés, au titre français, provenant des pays liés à la France par les traités de commerce. Ce poinçon garantit le titre. Il sert pour la marque au poids des ouvrages étrangers.

Les poinçons, *gros et petit étrangers* (fig. 31), d'horlogerie de grosse recense et de remarque (fig. 32, 33, 34) n'ont pas le même périmètre à Paris et dans les départements.

L'horlogerie nationale est marquée des poinçons ordinaires.

L'horlogerie étrangère est insculpée d'une *chimère* ayant

le signe du bureau des départements entre la croupe et l'aile. Les montres étrangères ne sont admises que si elles sont au titre légal. Leur essai doit être fait à la coupelle et non au touchau si elles ne sont pas présentées à l'état fini (fig. 32).

FIG. 31. — Poinçon d'importation.

Il s'applique sur les ouvrages :
1° Au titre français, importés de pays étrangers n'ayant pas de traité avec la France;
2° En métal précieux, ayant servi, trouvés dans les ventes publiques.
Le poinçon de Paris finit au pointillé.

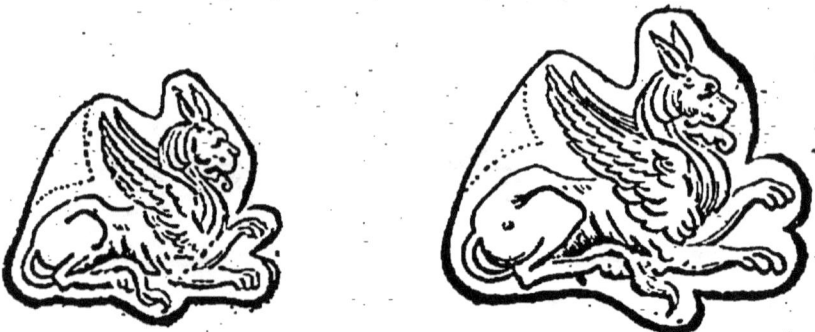

Petit poinçon pour l'or　　　　　Gros poinçon pour l'argent

FIG. 32. — Poinçon d'importation pour l'horlogerie étrangère. La chimère.

Ces figures sont celles des poinçons des départements; le signe du bureau est entre l'aile et la croupe. Le pointillé indique la forme plus découpée des poinçons du bureau de Paris.

La recense est constituée, pour les gros objets, par une *tête de girafe*, pour les petits, par une *tête de dogue*, avec le signe sous la mâchoire inférieure de la girafe et sur le collier du dogue (fig. 33).

Une innovation très heureuse est la création du poinçon de *remarque* qui sert aujourd'hui pour la marque *au poids* et qui a été créé pour poinçonner les chaines d'or sur lesquelles s'exerçait une fraude fréquente (fig. 34).

Girafe, grosse recense.   Dogue, petite recense.

FIG. 33. — Poinçon de recense.

Le pointillé fait comprendre la forme du poinçon du bureau de Paris.

Le poinçon de *remarque*, qui est figuré par une tête de rhinocéros, porte le signe du bureau entre la corne et le front. L'usage était de marquer les chaines, tous les trente centimètres, avec le poinçon ordinaire. Le fraudeur enlevait le maillon marqué et le plaçait sur une autre chaine plus lourde ou à bas titre, de telle sorte que ce dernier ouvrage échappait au contrôle : cette opération criminelle constitue l'*enture*.

PARIS   DÉPARTEMENTS

FIG. 34. — Poinçon dit : *la remarque*.

La tête du poinçon de Paris est sans corne. Elle a un double listel.

On insculpe la *remarque* de dix en dix centimètres sur les chaines en pelote, les jaserons, les sautoirs. Ce poinçon, spécial à ces ouvrages, ne peut s'appliquer à d'autres sortes et, comme il n'affranchit plus que 10 centimètres au lieu de 30 centimètres, la fraude cesse d'être suffisamment fructueuse.

Depuis le commencement du siècle, l'amour des bijoux a envahi toutes les classes de la société, et le commerce, pour satisfaire ce goût, s'est efforcé de diminuer la valeur et par suite le poids des ouvrages en substituant le creux au plein : ce qui exige l'emploi exagéré de la soudure. Si l'on avait conservé à la soudure son ancien titre qui dépassait 500 millièmes, cet emploi n'aurait pas beaucoup diminué le titre des bijoux, mais, sous prétexte que la soudure sans or, ou renfermant peu d'or, est plus solide, on est arrivé à ne faire usage que de soudures très cuivreuses ; d'où il résulte que le titre des bijoux en a été singulièrement réduit.

La loi autrichienne et la loi russe ont sagement prévu cette cause d'abaissement des titres et ont réglementé le titre des soudures des métaux précieux.

La Commission des monnaies et médailles à dû intervenir, et une circulaire [1], adressée aux essayeurs de la garantie, s'exprime ainsi sur ce sujet :

« Les bijoux creux, que la concurrence a successivement amenés à une légèreté extrême, ont été d'abord la cause et bientôt le prétexte d'un grand relâchement de titre, ou d'une surcharge de matière étrangère destinée à leur donner la solidité qu'ils ne pouvaient recevoir du peu de matière employée à leur confection. S'il a paru juste d'accorder à ce genre d'ouvrage une tolérance plus étendue, en raison de la nécessité des soudures nombreuses

---

[1] *Circ. des Monnaies* 16, du 3 mai 1838.

dont le bijou plein n'a pas besoin, il faut cependant exiger rigoureusement que le titre de la grenaille s'élève au
moins à 730 millièmes. C'est la dernière limite de concession qu'il soit possible d'accorder en pareil cas. »

Le plein n'a jamais droit qu'à la tolérance de 3 millièmes.

L'exagération de la soudure dans la fabrication des
boîtes de montre d'or a amené le même résultat.

Après une enquête qui a porté tant sur les montres de
fabrication française que sur les montres de fabrication
étrangère [1], on a reconnu la nécessité de déterminer d'une
manière fixe la limite de la tolérance qui peut être accordée, eu égard aux besoins de la fabrication et une décision ministérielle a établi un nouveau régime pour l'essai
des boîtes de montres, qui seront désormais assimilées aux
bijoux fabriqués avec des pièces de deux sortes : les unes
massives, les autres soudées. « Le fond, la cuvette et la
lunette des boîtes de montres sont des pièces massives,
dont le titre devra toujours être conforme à celui prescrit par la loi ; la carrure et le pendant, au contraire, sont
des pièces soudées, qui seront admises dorénavant au
bénéfice de la tolérance administrative de 20 millièmes,
accordée depuis 1838 pour ce genre d'ouvrages. »

Exportation, importation. — En 1839, intervint une
loi du 10 août sur l'exportation [2].

La loi de brumaire accordait une remise des deux
tiers du droit aux fabricants qui exportaient des ouvrages neufs, marqués des poinçons courants. Cette mesure

---

[1] *Circ. des Contr. indir.* 490, du 1er octobre 1887, et *Circ. des
Monn.* 13, du 20 juillet 1887.

[2] Ordonn. du 30 décembre 1839.

ne fut pas changée, mais la nouvelle loi libéra de tout droit les ouvrages reconnus au titre légal sortant des ateliers et envoyés directement à l'étranger, sans marque des poinçons français. Un poinçon, *tête de Mercure*, était insculpé sur ces objets[1]; dans le cas où le bijou était réimporté le droit intégral était exigé.

La conclusion des traités de commerce obligea l'Administration à introduire des modifications dans le système de la garantie.

A partir du 1er juin 1864[2], le poinçon décrit plus haut sous le nom de *charançon*[3] a pris la valeur d'un poinçon de titre qu'il garantit; il est exclusivement insculpé sur les ouvrages d'or et d'argent des pays contractants, qui remplissent les conditions de titre fixées par la loi française, à l'exception des montres, sur lesquelles on insculpe la *chimère*.

En même temps on fit revivre l'ancien poinçon E T, *étranger*, au milieu d'un rectangle. Il s'applique sur les bijoux d'or et d'argent, provenant d'un pays n'ayant pas de traité avec la France, lorsqu'ils sont aux titres légaux, car on ne doit marquer aucun objet qui n'est pas dans les conditions légales les plus inférieures. Les circulaires ministérielles du 15 novembre 1822 et du 14 juillet 1824, assimilant les ouvrages vendus par les monts-de-piété, et dans les ventes publiques aux objets étrangers, on insculpe le poinçon E T sur ces objets[4].

---

[1] *Circ. des Contr. indir.* n° 236, du 11 juillet 1840.

[2] Décret du 13 janvier 1864; *Circ. 34 des Monnaies*, 30 janvier 1864.

[3] L'ancien poinçon, le *charançon* avait un périmètre découpé le nouveau est de forme ovale.

[4] *Circ. 69 des Monnaies*, 26 décembre 1872.

Telles sont les premières dispositions qui régissent les relations des fabricants étrangers avec les nôtres, c'est-à-dire l'importation, et celles de nos nationaux avec l'étranger, ou l'exportation.

On a compris la différence entre l'effet des deux poinçons. L'ouvrage provenant d'un pays contractant, marqué du *charançon*, paie le droit comme celui qui vient des contrées qui ne sont pas liées commercialement avec la France, sur lequel est insculpé l'ET; mais si l'objet est réexpédié de France parce qu'il n'a pas trouvé d'acheteur ou pour toute autre raison, le premier bénéficie d'un remboursement de droit qui est refusé au second : ce qui, pour le dire en passant, détermine une fraude consistant à envoyer en France par l'intermédiaire d'un pays contractant les ouvrages fabriqués dans un autre qui n'a pas de traité commercial avec nous.

Une loi, votée le 30 mars 1872, par l'Assemblée nationale, fit un nouveau pas dans cette voie.

Cette loi est ainsi conçue :

« ARTICLE PREMIER. — Le droit de garantie perçu au profit du Trésor sur les ouvrages d'or et d'argent de toute sorte fabriqués à neuf est fixé à :

« 30 francs par hectogramme d'or;

« 1 fr. 60 cent. par hectogramme d'argent, non compris les frais d'essais ou de touchau.

« ART. II. — La totalité des droits de garantie perçus sur les objets d'or et d'argent fabriqués en France sera restituée lorsque ces objets seront exportés.

« ART. III. — Le ministre des finances fixera le prix des essais des matières d'or et d'argent applicable à tous les bureaux de garantie. Ce prix ne pourra, dans aucun cas,

excéder la prix fixé par l'article 62 de la loi du 19 brumaire an VI.

« Le paragraphe 2 de l'article 21 et l'article 25 de la
loi du 19 brumaire an VI sont abrogés. »

Le premier article s'explique par la nécessité de créer
des ressources au Trésor public.

Le deuxième, en modifiant libéralement l'article de la
loi de brumaire, qui n'accordait que le remboursement
des deux tiers du droit, avait pour but de développer notre commerce à l'étranger et de lui ouvrir de nouveaux
débouchés; d'où une source de bénéfices compensant
largement l'accroissement du droit.

L'article troisième n'a pas encore reçu d'application; il
n'est pas impossible qu'on y arrive, mais il se présente
de réelles difficultés.

On verra qu'il existe un grand nombre de bureaux de
garantie. La très grande majorité des essayeurs perçoit, de ses essais, un revenu qu'il n'est pas exagéré
de taxer d'illusoire parce que la fabrication d'horlogerie
s'est cantonnée dans le département du Doubs et que les
bijoux locaux, très prisés autrefois, ont à peu près disparu
devant la mode de Paris.

Le plus clair de leur revenu est la modeste rétribution de l'État dont il sera question plus loin. On a dit
que la perte de quelques francs sera peu sensible à ces
essayeurs qui sont, la plupart, des pharmaciens de la
ville, ne consacrant que, pendant un jour ou deux de la
semaine, quelques heures au bureau d'essai. C'est, ce
me semble, parce qu'ils gagnent peu, qu'il n'est pas
rationnel de leur retirer encore une partie de leur minime
revenu.

Il y a six ou sept villes, où la rétribution de l'essayeur est plus convenable et cette mesure appliquée à tous les genres d'ouvrages leur ferait un tort considérable.

Restent deux villes : Besançon où l'essai des ouvrages d'horlogerie s'est à peu près centralisé et dont le bureau perçoit de forts droits d'essai; Paris dont le bureau a bénéficié, pour l'essai de la bijouterie et de l'orfèvrerie, de la décadence de tous les autres.

A Besançon, on a diminué le revenu en créant deux essayeurs, et la municipalité leur a, plus ou moins légalement, enlevé une forte partie du produit de l'essai, dans un but très louable d'ailleurs, l'entretien de l'École d'horlogerie bysontine.

A Paris, les divers gouvernements ont eu, jusqu'à ce jour, l'heureuse pensée d'honorer la science et d'augmenter les rares débouchés des carrières scientifiques en confiant le bureau de Paris à des savants ou à leurs enfants : Vauquelin, Gay-Lussac, un des fils de ce dernier, Debray, le fils de J.-B. Dumas, ancien directeur de la Monnaie de Rouen et de Bordeaux. A Paris, le service de l'essai a été conféré à deux titulaires, et l'on a parlé, à plusieurs reprises, du remaniement des droits d'essai.

Il ne serait pas déraisonnable de distraire du revenu de l'essai à Paris une somme égale à la rétribution que l'État distribue dans les bureaux dont le droit d'essai n'atteint pas un chiffre minimum; par cette heureuse combinaison, le Trésor public ferait une économie et la place de titulaire du bureau de Paris serait encore enviable.

Quoi qu'il en soit des suites qui seront données à ce troisième article de la loi de 1872, il est certain que le commerce a profité de la concession donnée par l'article deuxième. Mais comme toujours, des industriels ont trouvé, dans cette forte restitution, la source d'un bénéfice illicite, au préjudice du Trésor et de leurs confrères honnêtes.

Un décret a été rendu le 27 juillet 1878 en vue de remédier à ces fraudes et voici comment s'exprime à ce sujet une circulaire[1] explicative de ce décret, très complète, que les contrôleurs de bureaux consulteront avec grand profit, car elle renferme beaucoup de renseignements pour le service.

A la faveur de la restitution intégrale du droit, qui leur assure une prime très rémunératrice, ils ont organisé, en effet, une spéculation consistant à réintroduire clandestinement les articles de bijouterie exportés avec la marque des poinçons intérieurs. Une fois la frontière franchie, à leur retour en France, ces articles, qui ne portent aucun signe de nature à faire connaître qu'ils ont bénéficié du remboursement de l'impôt, peuvent être livrés impunément à la consommation intérieure, ou même faire l'objet d'une nouvelle déclaration d'exportation donnant lieu à un second remboursement.

Le gouvernement, d'accord avec les représentants des principaux centres industriels, a jugé qu'il était nécessaire de subordonner à diverses restrictions, le remboursement des droits de garantie afférents aux ouvrages d'or et d'argent exportés sous la marque des poinçons courants. La principale réforme inaugurée par ce règlement consiste dans l'obligation de revêtir d'un signe spécial

---

[1] *Circ. des Contr. indir.* du 18 mars 1879, n° 266, et aussi arrêtés ministériels du 5 février 1879 et du 15 mars 1879.

tous les objets exportés avec remboursement du droit, qui sont susceptibles de recevoir sans dommage l'application de cette marque. Une distinction nette et ostensible est ainsi établie entre les bijoux passés à l'étranger après avoir donné ouverture à la restitution des droits précédemment acquittés, et ceux qui, restés en France, n'ont profité d'aucun remboursement.

Le décret institue des poinçons d'exportation, indicatifs de la nature et du titre de métal employé.

Ils sont au nombre de 7 : 4 pour l'or et 3 pour l'argent[1]. Dans les premiers, la nature du métal est caractérisée par un périmètre découpé avec listel suivant les contours de l'effigie et décrivant une courbe sous le menton; le titre est indiqué par les chiffres 1, 2, 3, dans cet espace courbe. Un petit poinçon sans numéro est destiné à la marque, dite de garantie.

Le périmètre du poinçon de premier titre argent est un hexagone irrégulier, celui du deuxième titre un ovale tronqué; sous le menton est le chiffre 1 ou 2. Le petit poinçon de garantie est ovale et sans numéro.

Ces poinçons ont été mis en service le 1er juillet 1879.

Le décret répartit les ouvrages en trois classes.

La première comprend les ouvrages en or dont le poids est, au moins, de 10 grammes et les montres en or sans distinction de poids.

La deuxième catégorie se compose des ouvrages creux en or du poids de 2 à 10 grammes, des objets en or plein de 1 à 10 grammes, des articles en argent pesant 10 grammes et plus, et de toutes les montres en argent.

[1] *Circul. de l'Administr. des monn.* nº 6, 19 mars 1879.

DÉSIGNATION	DESSINS FIGURATIFS DES POINÇONS	TYPES ET FORMES
1er titre d'or.		Tête de Mercure. Découpée avec listel.
2e titre d'or.		Tête de Mercure Découpée avec liste
3e titre d'or.		Tête de Mercure Découpée avec liste.
Petite garantie d'or (ouvrages qui n'ont pu être essayés qu'au touchau).		Tête de Mercure Découpée avec listel
1er titre d'argent.		Tête de Mercure. Six pans irréguliers.
2e titre d'argent.		Tête de Mercure. Ovale tronqué
Petite garantie d'argent (ouvrages qui n'ont pu être essayés qu'au touchau).		Tête de Mercure. Ovale régulier.

FIG. 35. — Tableau des poinçons destinés à la marque des ouvrages d'or et d'argent expédiés à l'étranger, sans payement préalable des

La troisième catégorie comprend tous les autres objets.

La circulaire fera connaître quelques exceptions.

Les trois catégories sont soumises à une marque différente. La première reçoit l'empreinte du nouveau poinçon, après oblitération des marques de titre et de garantie. Sur la deuxième l'exportation du nouveau poinçon a lieu sans oblitération. Les objets de la troisième sont expédiés sans insculpation ni oblitération; on espérait que cette absence de poinçon aurait peu d'inconvénients en raison de la faiblesse de poids de ces objets.

Le décret déclare ensuite que les ouvrages des deux premières catégories recevront, s'ils sont réimportés, la marque du *charançon*, lorsqu'ils auront acquitté le droit dont ils ont bénéficié à la sortie.

Ces dispositions ne sont applicables qu'aux montres de fabrication indigène. Les montres importées et marquées du poinçon la *chimère* restent en dehors de la nouvelle réglementation. Les conditions dans lesquelles ces montres sont présentées à la marque, en vertu du traité franco-suisse, ne permettent pas de les admettre au bénéfice du remboursement des droits à l'exportation.

Les ouvrages marqués du poinçon E T sont exclus de la prime à l'exportation. Ils doivent, par suite, comme les montres, empreintes de la *chimère*, être admis en franchise à la réimportation.

Un récent décret[1] a donné lieu à la formation d'un nouveau poinçon dont voici le but.

Lorsqu'un ouvrage d'or ou d'argent de fabrication fran-

---

[1] 24 décembre 1887, *Circ. 14 des Monn.* du 27 décembre 1887, *Circ. des Cont. indir.* 501, du 9 janvier 1888.

çaise est exporté, muni de l'empreinte de la tête de
Mercure et que la réimportation en est demandée, on lui
applique le poinçon de *charançon*. Lorsqu'un ouvrage
étranger, marqué du *charançon* est exporté de France
on insculpe le *Mercure :* par suite de cette identité des
deux marques la distinction de l'origine française ou étrangère est impossible.

Le nouveau poinçon, dit de *retour*, s'applique seulement sur les ouvrages de fabrication française réimportés
ou livrés à la consommation intérieure après avoir reçu
l'empreinte du poinçon d'exportation.

Les ouvrages étrangers introduits en France, et par
conséquent marqués du *charançon*, ne reçoivent plus
l'empreinte du *Mercure* lorsqu'on les présente à l'exportation, et on oblitère la marque du *charançon* sauf pour
les objets d'une délicatesse extrême.

Tête de lièvre.

Fig. 36. — Poinçon de retour.

Ce nouveau poinçon représente une tête de *lièvre* enfermée dans un périmètre à huit côtés inégaux, avec le
signe distinctif des bureaux de département sous les
oreilles.

La fraude étrangère a trouvé encore à s'exercer, malgré la disposition précédente, et elle porte en grande partie
sur des ouvrages d'or, d'un poids léger, qui sont terminés
par un anneau ou un cliquet, tels que les bracelets, les
chaines, les colliers, etc. Après que ces ouvrages ont

reçu au bureau de garantie où ils ont été expédiés par le service des douanes, l'empreinte du poinçon le *charançon* qui est appliquée sur l'anneau ou sur le cliquet, on détache habilement la partie revêtue de la marque pour l'adapter à des bijoux d'un poids plus élevé.

« Le Trésor est, de la sorte, frustré du droit de garantie afférent à la différence de poids qui existe entre les ouvrages présentés au bureau et ceux qui sont livrés à la consommation. Il serait même exposé à se voir réclamer le remboursement de la somme d'impôt qui a été fraudée si les ouvrages ainsi revêtus de la marque empruntée à des bijoux plus légers donnaient lieu à une déclaration de réexportation.

« D'un autre côté, l'acheteur français court le risque d'être trompé sur le titre, puisque le bijou qui lui est vendu n'a pas été soumis à l'essai; enfin au moyen de cette manœuvre, les fraudeurs font aux commerçants honnêtes une concurrence déloyale que ces derniers sont impuissants à soutenir.

« A la suite d'une étude attentive de la question, l'Administration a dû reconnaître que le seul moyen pratique de mettre un terme aux abus dont il vient d'être parlé consiste à rendre obligatoire, pour tous les ouvrages d'or de provenance étrangère, autres que les chaînes qui sont susceptibles de recevoir sans détérioration la marque sur le corps de l'objet (de décimètre en décimètre), le système de la marque au poids, déjà adopté, depuis longtemps, dans un certain nombre de bureaux de garantie à l'égard des ouvrages d'or de fabrication nationale [1]. »

---

[1] *Circul. des Contr. indir.* 401, 22 juillet 1884.

On trouve à l'article *Manutention des poinçons*, des détails sur la marque au poids.

Ce système n'offrirait pas de fissure, s'il était possible de poinçonner les petits ouvrages de la troisième catégorie. Malgré la petitesse de ces ouvrages je crains que la fraude n'y trouve encore un aliment de quelque importance.

Quoiqu'il en soit, il n'y a plus de confusion possible entre les ouvrages français et étrangers : l'objet français reçoit à la sortie de notre pays le poinçon de *Mercure* approprié à sa nature et à son titre, et, à sa rentrée en France, le poinçon du *lièvre*.

L'objet étranger est marqué, à l'entrée, du *charançon*, et, à la sortie, il n'est pas insculpé avec le *Mercure*.

Pendant de longues années, la fabrique française avait demandé que l'on créât un titre inférieur pour les bijoux d'or ou même qu'on laissât fabriquer pour l'exportation des bijoux à tous les titres, afin de lui permettre d'entrer en lutte et dans les autres pays avec nos concurrents de Genève, d'Allemagne, etc. Une loi[1], du 25 janvier 1884, a fait droit à ces observations, en créant pour les boîtes de montre en or, destinées exclusivement à l'exportation, un quatrième titre légal à 583 millièmes (14 carats) avec un poinçon spécial permettant de les distinguer des montres au titre ordinaire.

Ce poinçon est une *tête égyptienne* sans barbe, dont le périmètre, découpé avec listel, suit le contour de l'effigie en décrivant sous le menton une courbe dont le

---

[1] Décret du 6 juin 1884; *Circ. des Contr. indir.*, n° 386 du 26 janvier 1884, n° 398 du 7 juin 1884 et n° 468 du 19 février 1887.
Circ. des Monnaies, n° 10, du 29 janvier 1884 et n° 11, du 18 juillet 1884.

creux contient le chiffre 4 ; le poinçon servant aux boîtes délicates de petit calibre ne porte pas ce numéro.

Tête égyptienne.

Gros boîtiers.

Petits boîtiers

Les lettres E X P, signifient exportation. Ce poinçon est insculpé au fond des boîtes des montres d'or.

Fig. 37. — Poinçons de 4ᵉ titre pour les montres destinées à l'exportation seulement.

De plus, on insculpe au centre des fonds de boîtes une empreinte ellipsoïdale, dans laquelle sont inscrites les mentions : E X P, et, en dessous, 583 M.

La même loi autorise les fabricants d'orfèvrerie, de joaillerie et de bijouterie, à fabriquer à tous titres des objets d'or et d'argent, exclusivement destinés à l'exportation. Ces objets ne reçoivent en aucun cas l'empreinte des poinçons de l'État.

Cette autorisation, sollicitée avec la plus grande insistance, n'a été suivie, jusqu'à ce jour, que d'un bien faible résultat : les montres à 583 millièmes et les bijoux fabriqués à tous titres sont des quantités négligeables. On devait s'y attendre, car la bijouterie et les ouvrages français sont recherchés pour leur goût, leur fini et aussi parce qu'on est certain de leur titre. Cependant, certains pays voisins font avec les peuples peu civilisés une exportation de bijoux à bas titre, et nos fabricants nationaux pourraient lutter à armes égales avec ces producteurs étrangers.

Les ouvrages à tous titres se reconnaissent à ce qu'ils portent pour poinçon de maître un pentagone irrégulier composé d'un carré surmonté d'un triangle dont tous les côtés sont égaux ; la lettre initiale du nom du fabricant et le symbole sont empreints dans la partie supérieure du poinçon, et l'indication du titre est gravée dans la partie inférieure, en millièmes ou en carats.

Fig. 38. — Poinçon de maître pour les ouvrages d'or et d'argent à tous titres.

Les montres au quatrième titre peuvent être exportées sans marque de fabrique.

Les contrôleurs et les fabricants français ont intérêt à lire, plus loin, la loi allemande et les précautions que l'administration suisse a cru devoir prendre pour la marque des ouvrages exportés en Allemagne

Le titre minimum pour que le poinçon allemand soit insculpé est 585 pour l'or et 800 pour l'argent, avec une tolérance de 5 millièmes pour l'or et 10 millièmes pour l'argent, que l'objet soit plein, creux ou soudé.

Par conséquent, il faut veiller à ce que le titre des ouvrages qui pourraient être envoyés en Allemagne ne soit pas au-dessous du titre de 580 pour l'or et de 790 pour l'argent, dernière limite.

Un poinçon spécial avait été créé par l'ordonnance du 19 septembre 1821, pour la marque de l'horlogerie française, mais, depuis l'ordonnance du 7 avril 1838, les montres fabriquées en France sont revêtues des poinçons ordinaires de garantie. Quant aux montres fabriquées à l'étranger et importées en France, elles sont marquées du poinçon spécial *(la chimère).* D'après la loi du 2 juillet 1836, ces montres ne peuvent être introduites en France que par les bureaux de garantie spécialement désignés pour cette importation.

Ces bureaux, qui, dans le principe, étaient au nombre de cinq seulement sont aujourd'hui, en vertu de lois ou décrets successivement promulgués, au nombre de quatorze pour la France et l'Algérie, savoir :

Paris ;	Bordeaux ;
Bellegarde ;	Lyon ;
Nice ;	Chambéry ;
Marseille ;	Le Havre ;
Besançon ;	Alger ;
Pontarlier ;	Nancy ;
Toulouse ;	Montbéliard.

Voici, d'ailleurs, la liste des bureaux de garantie actuels, comprenant l'indication des divers genres de travaux qui y sont exécutés.

État des Bureaux de garantie établis dans chaque département, avec indication des signes caractéristiques qui distinguent les Poinçons de titre et de garantie de chaque Bureau.

DÉPARTEMENTS	BUREAUX	SIGNES caractéristiques DES POINÇONS de chaque bureau	EXPLICATION DES SIGNES CARACTÉRISTIQUES
AIN (E. R. H.).	Bellegarde. . . .	V	» »
ALPES (HAUTES-). . . .	Gap.	C	» »
ALPES-MARITIMES (E.R.H)	Nice.	n	» »
ARDENNES (R.).	Charleville. . .	E	» »
BOUCHES-DU-RH. (E. R. H.).	Marseille. . . .	ع	g Arabe.
CALVADOS (R.).	Caen.	⋀	t Phénicien.
CANTAL.	Aurillac. . . .	I	» »
CHARENTE (E.).	Angoulème. . .	J	» »
CHER.	Bourges. . . .	••	» Deux points.
CÔTE-D'OR.	Dijon.	ϑ	900 Grec ancien.
DORDOGNE.	Périgueux. . .	U	» »
DOUBS (E. R. 4T. H.). .	Besançon. . . .	ᴠ	tz Phénicien.
— (E. R. 4T. H.). .	Pontarlier. . .	P	» »
— (E. 4T. H.). . .	Montbéliard. . .	ɗ	ph Grec de Virgile.
DRÔME (E.).	Valence. . . .	X	n —
EURE.	» »	»	» »
EURE-ET-LOIR.	» »	»	» »
FINISTÈRE (R.).	Brest.	ვ	z Dialecte attique.
GARD (E.).	Nimes.	Φ	ph Grec.
GARONNE (HAUTE-) (H.).	Toulouse. . . .	⇻	» Sagittaire (signe du Zodiaque)
GIRONDE (E. R. H.). . .	Bordeaux. . . .	θ	th Grec.
HÉRAULT (E. R.). . . .	Montpellier. . .	𝛽	th Dialecte attique.

DÉPARTEMENTS	BUREAUX	SIGNES caractéristiques DES POINÇONS de chaque bureau	EXPLICATION DES SIGNES CARACTÉRISTIQUES
ILLE-ET-VILAINE (R.)	Rennes	✛	» Croix.
INDRE-ET-LOIRE	Tours	ϭ	kai Grec.
ISÈRE	Grenoble	ɰ	m Phénicien.
JURA	» »	»	» »
LANDES	» »	»	» ɪ
LOIR-ET-CHER	» »	»	» »
LOIRE	» »	»	» »
LOIRE (HAUTE-)	Le Puy	♉	» Taureau (signe du Zod.).
LOIRE-INFÉRIEURE (E. R.)	Nantes	⊀	a Phénicien.
LOIRET	Orléans	Ꮯ	e Dialecte attique.
LOT	» »	»	» »
LOT-ET-GARONNE	» »	»	» »
LOZÈRE	» »	»	» »
MAINE-ET-LOIRE	Angers	⌘	m Bulgare.
— — (E.)	Saumur	⪥	» »
MEURTHE-et-Mos.(E.R.H.)	Nancy	♎	» Balance (signe du Zod.)
NORD (E. R.)	Lille	ℼ	h Phénicien.
— (R.)	Dunkerque	Ω	» Lion (signe du Zodiaque).
— (R.)	Valenciennes	ℬ	b Dialecte attique.
OISE	Beauvais	⅀	s Grec ancien.
PAS-DE-CALAIS (R.)	Boulogne-s.-mer.	Ψ	ps Grec.
PUY-DE-DÔME	Clermont	7	t —
PYRÉNÉES (BASSES) R.	Pau	Σ	S —
PYRÉNÉES-ORIENT. (R.)	Perpignan	φ	ph Grec ancien.
RHÔNE (E. R. H.)	Lyon	⟞	m Arabe.

DÉPARTEMENTS	BUREAUX	SIGNES caractéristiques DES POINÇONS de chaque bureau	EXPLICATION DES SIGNES CARACTÉRISTIQUES	
SAVOIE (E. R. H.) . . .	Chambéry. . . .	☾	»	»
SEINE (E. R. 4T. H.). . .	Paris.	»	»	»
SEINE-INFÉRIEURE (E. R.).	Rouen.	B	o Dialecte attique.	
— — (E. R. H.).	Le Havre. . .	ℵ	d — —	
SEINE-ET-OISE.	Versailles. . .	ω	s — —	
SÈVRES (DEUX-) (R.). . .	Niort.	⊟	hh Phénicien.	
SOMME (E. R.). . . .	Amiens.	✳	» Étoile.	
VAR (E. R.).	Toulon. . . .	ℛ	s Bulgare.	
VAUCLUSE.	Avignon. . . .	℗	ious Bulgare.	
VIENNE.	Châtellerault. .	⅋	» Capricorne (signe du Zod.)	
VIENNE (HAUTE-). . . .	Limoges. . . .	ℸ	c Phénicien.	
ALGÉRIE (E. R. H.). . .	Alger.	؋	»	»
— (E. R.). . .	Oran.	ﻭ	»	»
—	Mostaganem. . .	ﻭ	»	»
—	Tlemcen. . . .	ﻭ	»	»
— (E. R.). . .	Constantine. . .	ﻭ	»	»
—	Bône.	٢	»	»
—	Sétif.	٤	»	»
—	Batna.	ℛ	»	»

E. Bureaux ouverts à l'exportation.
R.   —   ayant des poinçons de retour.
4T.   —   ayant des poinçons de 4e titre or.
H.   —   ouverts à l'horlogerie importée.

Poinçon de maître. — Tout ouvrage d'or ou d'argent doit porter le poinçon du fabricant, dit poinçon de *maître*, lorsque cet ouvrage est apporté au bureau.

Ce poinçon doit avoir la forme d'un losange [1]. Sa grandeur varie avec les dimensions de l'ouvrage.

Les marchands horlogers ou bijoutiers ne sont pas dans l'obligation d'avoir un poinçon de maître ; seuls les fabricants y sont astreints. Tous les marchands d'objets d'or et d'argent peuvent présenter au contrôle, sans avoir recours à aucun intermédiaire, les objets leur appartenant.

Les traités de commerce entre la France et les autres pays ont amené ce résultat singulier de favoriser la fabrication étrangère par rapport à la fabrique nationale, et à son détriment.

Quand, en effet, nos nationaux apportent à l'essai des bijoux à bas titre ou fourrés, ces objets leur sont rendus brisés dans le premier cas et un procès-verbal qui entraîne la confiscation est rédigé à leur charge dans le second.

Il n'en est pas de même pour les industriels étrangers. Quelle que soit la fraude constatée à l'essai lors de l'importation, les objets fourrés ou à bas titre sont simplement renvoyés, en l'état, à la frontière. Il n'y a d'exception que pour les boîtes de montres qu'un décret, en date du 13 janvier 1864, à prescrit de briser lorsqu'elles n'étaient pas en règle.

Il arrive alors, que les fabricants malhonnêtes font des tentatives pour entrer à un autre bureau les ouvrages

[1] Voir l'exception pour les ouvrages à tous titres page 234.

refusés au premier, et vont même jusqu'à s'adresser à des bureaux moins au courant du service, éloignés des frontières.

Des exemples récents, qui ont eu un certain retentissement, montrent qu'on a pu y parvenir grâce aux circonstances suivantes :

Les ouvrages fabriqués à l'intérieur de la France sont apportés au bureau dans un état inachevé, et, alors même qu'en raison de leur nature ils ne sont essayés qu'au touchau, l'essayeur peut, sans dommage pour ces objets, pratiquer un grattage profond et essayer le métal sous-jacent, au besoin faire une grenaille, etc. [1]

On a autorisé l'entrée en France d'ouvrages à l'état fini devant être essayés au touchau; à une certaine époque il s'est rencontré des commissionnaires très exigeants qui avaient fini par persuader à l'essayeur d'un bureau que ces ouvrages ne devaient pas subir la moindre détérioration, et alors il y a eu quelques essais au touchau, exécutés d'une manière insuffisante, consistant dans le frottement de la partie superficielle de l'objet contre la pierre de touche, essais absolument illusoires.

Les essayeurs doivent résister à de pareilles pressions, et exécuter l'essai au touchau avec les précautions, indiquées plus loin, qui, dans des mains habiles, rendent ce mode d'essai sérieux et efficace pour déceler la fraude.

Dans une lettre du 27 août 1884, à la suite de plaintes très vives du commerce français qui se voyait battu sur son propre marché par suite de l'emploi de ces moyens illicites, le ministre des finances a écrit au président de

---

[1] Voir plus loin : essai au touchau.

la Chambre syndicale de la bijouterie de Paris que les objets importés peuvent être essayés de la même manière que les objets de nationalité française. Les essayeurs ont donc le droit et le devoir, lorsqu'ils soupçonnent que les ouvrages sont à bas titre ou fourrés de matières étrangères, de pratiquer des incisions et de faire une grenaille avec une partie de ces objets, car il faut qu'ils s'entourent de toutes les garanties possibles en vue de sauvegarder les intérêts de l'État et du public. Leur responsabilité y est engagée et une condamnation récente l'a démontré.

C'est au commissionnaire à organiser dans la ville du bureau de garantie un petit atelier d'ajustage, de polissage où seront réparés les désordres que produit nécessairement l'essai d'un ouvrage terminé.

A mon sens, tout ouvrage étranger, délictueux, devrait être traité comme le sont les montres.

Il est, en principe, déraisonnable d'avantager les étrangers plus que les nationaux. En agissant ainsi, d'ailleurs, on interprète mal la loi, à mon avis, car on lit :

Une disposition commune à tous les traités de commerce conclus par la France depuis 1860 est ainsi conçue [1] :

« Les articles d'orfévrerie et de bijouterie en or, en argent, platine ou autres métaux, importés de l'un des deux pays, seront soumis, dans l'autre, au régime de contrôle établi pour les articles similaires de fabrication nationale, et payeront, s'il y a lieu, sur la même base que ceux-ci, les droits de marque et de garantie. »

En conséquence, on devrait adopter pour les bijoux une mesure analogue à celles qui concernent les montres

[1] *Circul. des Contr. indir.* n° 6, du 24 mai 1869.

trouvées à un titre inférieur. Ne pourrait-on pas aussi requérir contre l'importateur l'application des peines édictées par l'article 65 de la loi de brumaire, quand l'essayeur, après avoir coupé les objets en présence du propriétaire ou du commissionnaire, reconnaîtrait qu'ils sont fourrés de matières étrangères?

La Chambre syndicale de la bijouterie de Paris et la Chambre de commerce de cette ville ont demandé que l'essai au touchau soit remplacé d'une manière obligatoire, à l'importation, par l'essai à la coupelle. Il me semble qu'il faut comprendre que cette demande s'applique seulement aux ouvrages étrangers pour lesquels on fait l'essai au touchau, tandis que les ouvrages similaires nationaux sont soumis à l'essai rigoureux de titre, c'est-à-dire aux ouvrages non compris dans la nomenclature de ceux qu'on essaie au touchau. La justice exigerait qu'il en soit ainsi et on devrait y veiller lorsque les traités de commerce seront renouvelés, si une entente n'intervient pas auparavant à ce sujet entre les pays contractants. En attendant on palliera le mal en exécutant l'essai au touchau avec les soins convenables, qui seront décrits à l'article des *Essais*.

MÉDAILLES

La fabrication des médailles, des jetons et des pièces de fantaisie constitue, en France, un monopole qui appartient exclusivement à la Monnaie de Paris. Cependant, les médailles, en or et en argent, à bélière, les jetons-adresses, les médaillons dits de sainteté ainsi que les décorations et les estampages peuvent, à titre de tolérance, être fabriqués dans les ateliers privés et par suite sont soumis au régime de la bijouterie.

Un arrêté du 5 germinal an XII a prohibé la fabrication des médailles, jetons ou pièces de platine, d'or, d'argent ou d'autres métaux, ailleurs que dans un atelier destiné à cet usage, dans une galerie du Louvre, à moins d'une autorisation spéciale. Tout graveur, dessinateur ou autre pourra dessiner, graver, faire dessiner ou graver des médailles, mais elles seront frappées avec un coin qu'ils remettent à la Monnaie. Les frais de fabrication seront réglés par le ministre de l'intérieur ; deux exemplaires en bronze seront déposés à la Monnaie du Louvre et deux autres à la Bibliothèque nationale. Lorsque Louis-Philippe fut nommé roi des Français, cette Monnaie des médailles, qui appartenait à la maison royale, rentra dans les attributions de l'Administration des monnaies (24 mars 1832).

Toute médaille d'or, d'argent ou de cuivre, frappée à l'Hôtel des monnaies de Paris porte sur la tranche l'empreinte du poinçon particulier *(différent)* du directeur de la fabrication.

Cette marque a pour but d'attester que les médailles ont été fabriquées à la Monnaie de Paris dans les conditions de titres fixées par le tarif, soit 916 millièmes pour les médailles d'or et 950 millièmes pour les médailles d'argent, sous réserve toutefois des tolérances ; elle permet aussi de retrouver le nom de l'entrepreneur responsable dans l'exercice duquel la fabrication a été effectuée.

Les symboles adoptés comme *différents* ont été :

Du 3o mars 1832 au 21 octobre 1841. . une lampe antique[1].

---

[1] Le différent est suivi, pour les médailles de vermeil, de la lettre A initiale du mot argent, et du mot *Doré* ; pour les médailles

Du 21 octobre 1841 au 25 septembre 1842.	un C et une ancre entrel.[1]
Du 25 septembre 1842 au 12 juin 1845.	une proue de navire.
Du 12 juin 1845 au 31 octobre 1860...	une main indicative[2]
Du 31 octobre 1860 au 1er janvier 1880.	une abeille.
Depuis 1880, date de la substitution de la Régie à l'Entreprise...	une corne d'abondance.

Les médailles, sauf les cas cités plus haut, ne sont donc pas soumises au service de la garantie.

OUVRAGES DORÉS, ARGENTÉS, EN DOUBLÉ

Les fabricants d'ouvrages en métal commun, dorés ou argentés par les procédés électro-chimiques doivent marquer ces ouvrages d'un poinçon carré et ne pas en apposer d'autres pour qu'il n'y ait pas de confusion avec les ouvrages d'or et d'argent proprement dits.

La forme du poinçon des fabricants de doublé ou de plaqué est également un carré. Des chiffres font connaître la quantité d'or et d'argent, et le mot, *doublé*, doit figurer à côté du poinçon du maître.

DROITS DE GARANTIE

L'article 21 de la loi fixait ce droit à 20 francs par hec-

---

de bronze doré, de la lettre C initiale du mot cuivre et également du mot *Doré*. — Décision du 9 mai 1834, abrogée en 1845.

[1] Le différent est suivi du nom du métal dont la médaille est composée, savoir : Or, Argent, Bronze, etc. — Décision du 21 octobre 1841.

[2] Le différent est isolément employé pour la marque des médailles de sainteté et appliqué non sur la tranche, comme cela se pratique ordinairement pour les médailles, mais sur la base de l'anneau ou bélière ; il porte, sur la partie la plus apparente de sa surface, les lettres : O. A. C., initiales des mots : Or, Argent, Cuivre.

togramme d'or et à 1 franc par hectogramme d'argent, non compris le droit d'essai.

Les bijoux étrangers sont envoyés sous plomb de la douane au bureau de garantie le plus voisin et essayés. S'ils sont au titre, le droit de garantie est le même que celui des bijoux nationaux. S'ils ne sont pas au titre, on se contente de les retourner, sans les briser.

Les ouvrages que les propriétaires, héritiers ou créanciers, gardent dans une vente ne sont pas exposés et ne paient pas de droit.

Par application des lois du 30 mars 1872 et du 30 décembre 1873, les droits sont aujourd'hui les suivants :

Or, en principal. . . . . . . 30^{fr}
Plus le double décime et demi.. 7,50

37,50 par hectogr.

Argent, en principal. 1,60
Plus le double décime et demi. . 0,40

2.00 par hectogr.

L'article 25 de la loi porte que les ouvrages neufs qui seront exportés ne payeront qu'un tiers du droit. La loi du 30 mars 1872, en créant les poinçons d'exportation, a prescrit le remboursement intégral du droit de garantie lequel doit, par conséquent, être payé en totalité si l'objet est réimporté.

BUREAUX DE GARANTIE

La loi de brumaire s'occupe ensuite des bureaux de garantie et des fonctionnaires de ces bureaux.

ART. 34. — Il y aura des bureaux de garantie établis pour faire essai et constater les titres des ouvrages d'or et d'argent, ainsi que des lingots de ces matières qui y seraient apportés, et pour percevoir, lors de la marque de ces ouvrages ou matières, les droits imposés par la loi.

ART. 35. — Ces bureaux seront placés dans les communes où ils seront le plus avantageux au commerce; le nombre en est fixé provisoirement à deux cents au plus pour toute la France. Le placement de ces bureaux et les lieux compris dans leur arrondissement seront déterminés par le Directoire exécutif, sur la demande motivée des administrations de département, et sur l'avis de celle des monnaies.

ART. 36. — Les bureaux de garantie seront composés de trois employés; savoir, un essayeur, un receveur et un contrôleur. Mais à Paris et dans les autres communes populeuses, le Ministre des finances pourra autoriser un plus grand nombres d'employés, à raison des besoins du commerce.

ART. 37. — L'Administration des monnaies surveillera les bureaux de garantie relativement à la partie d'art, et au maintien de l'exactitude des titres des ouvrages d'or et d'argent mis dans le commerce.

ART. 38. — La régie de l'Enregistrement surveillera les bureaux de garantie relativement aux dépenses et au recouvrement des droits à percevoir.

ART. 39. — L'essayeur de chaque bureau de garantie sera nommé par l'administration du département où ce bureau est placé; mais il ne pourra en exercer les fonctions qu'après avoir obtenu de l'Administration des monnaies un certificat de capacité, aux mêmes conditions prescrites par l'article 49 de la loi du 22 vendémiaire, sur l'organisation des monnaies.

ART. 40. — La régie de l'Enregistrement nommera le receveur de chaque bureau de garantie, ou en fera faire les fonctions par l'un de ses préposés, dans les communes où cette cumulation de fonctions ne serait nuisible ni à l'un ni à l'autre service.

ART. 41. — Les contrôleurs des bureaux de garantie seront nommés par le Ministre des finances, sur la proposition de l'Administration des monnaies.

ART. 42. — Les essayeurs n'auront d'autre rétribution que celle qui leur est allouée pour les frais de chaque essai d'or et d'argent, ainsi qu'il sera dit dans le titre suivant.

ART. 43. — Les traitements des receveurs et des contrôleurs

seront gradués à raison de l'importance et de l'étendue de leurs fonctions. Ces traitements ne pourront excéder, savoir : 3.000 francs à Paris, 2.400 francs dans les communes au-dessus de cinquante mille âmes, et 1.800 francs dans les autres.

ART. 44. — L'essayeur se pourvoira, à ses frais, de tout ce qui est nécessaire à l'exercice de ses fonctions : l'Administration des monnaies fournira au bureau les poinçons et la machine à estamper ; les frais de registres et autres seront réglés par la régie de l'Enregistrement, sous l'approbation du Ministre des finances ; l'administration du département procurera un local convenable au bureau, qui devra être placé, autant que possible, dans celui de la municipalité du lieu.

ART. 45. — L'essayeur, le receveur et le contrôleur du bureau de garantie auront chacun une des clefs de la caisse dans laquelle seront renfermés les poinçons.

ART. 46. — Les employés des bureaux qui calqueraient les poinçons, ou qui en feraient usage sans observer les formalités prescrites par la loi, seront destitués, et condamnés à un an de détention.

ART. 47. — Aucun employé aux bureaux de garantie ne laissera prendre de calque, ni ne donnera de description, soit verbale, soit par écrit, des ouvrages qui sont apportés au bureau, sous peine de destitution.

ART. 48. — L'essayeur ne recevra les ouvrages d'or et d'argent qui lui seront présentés pour être essayés et titrés, que lorsqu'ils auront l'empreinte du poinçon du fabricant, et qu'ils seront assez avancés pour qu'en les finissant ils n'éprouvent aucune altération.

ART. 49. — Les ouvrages provenant de différentes fontes devront être envoyés au bureau de garantie dans des sacs séparés, et l'essayeur en fera l'essai séparément.

ART. 50. — Il n'emploiera dans ses opérations que les agents chimiques et substances provenant du dépôt établi dans l'Hôtel des monnaies de Paris ; mais les frais de transport de ces substances et matières seront compris dans les frais d'administration du bureau.

ART. 51. — L'essai sera fait sur un mélange des matières prises sur chacune des pièces provenant de la même fonte. Ces matières seront grattées ou coupées, tant sur les corps des ouvrages que sur les accessoires, de manière que les formes et les ornements n'en soient pas détériorés.

ART. 52. — Lorsque les pièces auront une languette forgée ou fondue avec leur corps, c'est en partie sur cette languette, et en partie sur le corps de l'ouvrage que l'on fera la prise d'essai.

ART. 53. — Lorsque les ouvrages d'or et d'argent seront à l'un des titres respectivement pour chaque espèce par l'article 4 de la présente loi, l'essayeur en inscrira la mention sur un registre destiné à cet effet, et qui sera coté et paraphé par l'administration départementale; les dits ouvrages seront ensuite donnés au receveur, avec un extrait du registre de l'essayeur, indiquant le titre trouvé.

ART. 54. — Le receveur pèsera les ouvrages qui lui seront ainsi transmis, et percevra le droit de garantie qu'ils doivent conformément à la loi. Il fera ensuite mention sur son registre, qui sera coté et paraphé comme celui de l'essayeur, de la nature des ouvrages, de leur titre, de leur poids, et de la somme qui lui aura été payée pour l'acquittement du droit, et remettra le tout au contrôleur.

ART. 55. — Le contrôleur aura un registre coté et paraphé comme ceux de l'essayeur et du receveur; il y transcrira l'extrait du registre accompagnant chaque pièce à marquer; et, conjointement avec le receveur et l'essayeur, il tirera de la caisse à trois serrures, le poinçon du bureau et celui indicatif du titre, soit de l'or, soit de l'argent, ou le poinçon dont les menus ouvrages doivent être revêtus, et les appliquera en présence du propriétaire.

ART. 56. — Les ouvrages d'or et d'argent qui, sans être au-dessous du plus bas des titres fixés par la loi, ne seraient pas précisément à l'un d'eux, seront marqués au titre légal immédiatement inférieur à celui trouvé par l'essai, ou seront rompus, si le propriétaire le préfère.

ART. 57. — Lorsque le titre d'un ouvrage d'or ou d'argent sera trouvé inférieur au plus bas des titres prescrits par la loi, il pourra être procédé à un second essai, mais seulement sur la demande du propriétaire.

Si le second essai est confirmatif du premier, le propriétaire paiera le double essai, et l'ouvrage lui sera remis, après avoir été rompu en sa présence.

Si le premier essai est infirmé par le second, le propriétaire n'aura qu'un seul essai à payer.

ART. 58. — En cas de contestation sur le titre, il sera fait une prise d'essai sur l'ouvrage pour être envoyée sous les cachets du fabricant et de l'essayeur, à l'Administration des monnaies, qui la fera essayer dans son laboratoire en présence de l'inspecteur des essais.

ART. 59. — Pendant ce temps, l'ouvrage présenté sera laissé au bureau de garantie, sous les cachets de l'essayeur et du fabricant:

et lorsque l'Administration des monnaies aura fait connaître le résultat de son essai, l'ouvrage sera définitivement titré et marqué conformément à ce résultat.

Art. 60. — Si c'est l'essayeur qui se trouve avoir été en défaut, les frais de transport et d'essai seront à sa charge; au cas contraire, ils seront supportés par le propriétaire de l'objet.

Art. 61. — Lorsqu'un ouvrage d'or, d'argent ou de vermeil, quoique marqué d'un poinçon indicatif de son titre, sera soupçonné de n'être pas au titre indiqué, le propriétaire pourra l'envoyer à l'Administration des monnaies, qui le fera essayer avec les formalités prescrites pour l'essai des monnaies.

Si cet essai donne un titre plus bas, l'essayeur sera dénoncé aux tribunaux, et condamné pour la première fois à une amende de deux cents francs; pour la seconde, à une amende de six cents francs, et la troisième fois il sera destitué.

Art. 62. — Le prix d'un essai d'or, de doré et d'or tenant argent, est fixé à trois francs, et celui d'argent à quatre-vingts centimes (seize sous).

Art. 63. — Dans tous les cas, les cornets et boutons d'essai seront remis au propriétaire de la pièce.

Art. 64. — L'essai des menus ouvrages d'or par la pierre de touche, sera payé neuf centimes par décagramme (deux gros quarante quatre grains et demi environ) d'or.

Art. 65. — Si l'essayeur soupçonne aucun des ouvrages d'or, de vermeil ou d'argent, d'être fourré de fer, de cuivre, ou de toute autre matière étrangère, il le fera couper en présence du propriétaire. Si la fraude est reconnue, l'ouvrage sera saisi et confisqué, et le délinquant sera dénoncé aux tribunaux, et condamné à une amende de vingt fois la valeur de l'objet.

Mais, dans le cas contraire, le dommage sera payé sur le champ au propriétaire, et passé en dépense comme frais d'administration

Art. 66. — Les lingots d'or et d'argent non affinés qui seraient apportés à l'essayeur du bureau de garantie pour être essayés, le seront par lui, sans autres frais que ceux fixés par la loi pour les essais. Ces lingots, avant d'être rendus au propriétaire, seront marqués du poinçon de l'essayeur, qui, en outre, insculpera son nom, des chiffres indicatifs du vrai titre, et un numéro particulier.

L'essayeur fera mention de ces divers objets sur son registre, ainsi que du poids des matières essayées.

Art. 67. — L'essayeur qui contreviendrait au précédent article, serait condamné à une amende de cent francs pour la première fois, de deux cents francs pour la seconde, et la troisième fois il serait destitué.

ART. 68. — L'essayeur d'un bureau de garantie peut prendre, sous sa responsabilité, autant d'aides que les circonstances l'exigeront.

Inspecteurs. — Une ordonnance du 5 mai 1820 porte que des inspecteurs seront chargés, sous la direction de l'Administration des monnaies, de surveiller l'exécution des lois et règlements sur le titre des ouvrages d'or et d'argent[1].

L'inspecteur se fait présenter et vise les registres des divers employés des bureaux, l'état de situation comprenant le nombre et la désignation exacte des poinçons et des bigornes, ainsi que la feuille de service.

Il fait insculper les poinçons par le contrôleur sur une planche de métal et s'assure si ces instruments sont en bon état.

Il constate toutes les infractions aux lois et aux règlements.

Son examen porte spécialement sur le service de l'essai. Il en examine le matériel et il assiste, au moins, à une séance du bureau pour se rendre compte de l'aptitude de l'essayeur et du soin qu'il accorde à son travail. Il vérifie son livre et s'assure qu'il est à jour, indépendant de ceux du receveur et du contrôleur, et qu'il contient toutes les désignations de nombre, de poids, de nature et de titre.

Ce sont les essayeurs de la Monnaie qui remplissent maintenant les fonctions d'inspecteurs de la garantie.

---

[1] Art. 37 de la loi de brumaire.

Contrôleurs. — La régie des Contributions indirectes a remplacé la régie de l'Enregistrement (loi du 5 ventôse an XII); elle nomme le contrôleur des bureaux. Ce fonctionnaire a pour mission de poinçonner les ouvrages qui lui sont remis, essayés, et au titre, par l'essayeur. Il est chargé de la tenue et de la police du bureau. Il communique avec l'Administration des monnaies par l'intermédiaire du directeur des Contributions indirectes de la circonscription du bureau.

Il doit faire, le plus souvent possible, la visite des divers assujettis de la ville où est le bureau et l'inspection minutieuse des objets en fabrication ou en magasin. D'année en année, l'administration supprime les contrôleurs spéciaux de la garantie parce que le revenu des bureaux diminue en raison de la rapidité des communications et de la disparition des bijoux locaux qui sont remplacés par les bijoux à la mode de Paris et de quelques grandes villes. Le fait est très regrettable parce que les contrôleurs du service général, chargés de la garantie, n'en connaissent pas toujours les principes et les obligations et ne reçoivent pas le temps de les apprendre.

Il est absolument nécessaire, avant de leur donner ces attributions, de les envoyer dans un bureau de contrôle d'une grande ville de la région, pour y étudier les règlements, la nature et l'emploi des poinçons, et les exercer à leur manutention. Il conviendrait de les rétribuer spécialement pour le service de la garantie.

Il y a grand intérêt aussi à ce que les villes, autres que celles des bureaux de garantie, soient inspectées par des agents compétents pour que cette inspection ne devienne pas la comparaison du livre de l'assujetti avec ce qui existe en magasin au moment de la visite.

Les poinçons doivent être examinés à la loupe, avant et après chaque séance de contrôle, souvent même pendant la marque, lorsqu'ils servent un certain nombre de fois. La loupe permettra de voir, soit sur le poinçon, soit sur la bigorne, des corps étrangers comme de la crasse, des débris de tissus ou de métaux; dans ce cas on les frotte avec une gratte-bosse en fils de laiton fin, puis avec de la gomme élastique. Avant de les remettre dans le coffre à trois clefs, on doit les essuyer avec du drap ou un linge très sec afin d'enlever l'humidité des mains, sans quoi ils seront rapidement envahis par la rouille.

Le contrôleur veillera à avoir toujours un poinçon en réserve de chaque sorte, ou même plusieurs si ce poinçon est très usité. Il conviendra de tenir ces poinçons en réserve isolément dans un papier bien serré; tous les deux mois environ, on les essuiera avec soin, on les frottera très légèrement avec un pinceau ou une brosse douce à peine enduits d'huile animale, de pétrole ou de vaseline.

Le contrôleur s'assurera que le poinçon donne une empreinte nette sur toute la surface, et il ne doit jamais hésiter à le renvoyer à l'Hôtel des monnaies dès que la gravure cesse d'être ferme, et qu'une cause quelconque en a altéré une partie si faible qu'elle soit.

Le contrôleur possède un registre spécial sur lequel il inscrit la nature, le nombre, le poids des ouvrages et le droit.

Il n'insculpera jamais le poinçon de titre sur un ouvrage qui n'a subi que l'essai par la pierre de touche.

Lorsqu'un ouvrage contient des pierres, de l'émail, etc.,

n ne fait pas payer le droit sur ces corps étrangers.
L'évaluation en est faite par les trois fonctionnaires du
bureau au moyen d'un bijou du même modèle, que le
fabricant apporte, sans être monté, au bureau de garantie[1].

Une décision ministérielle du 12 janvier 1829 fut prise
au sujet de la fabrication des ouvrages composés de plusieurs métaux précieux et de l'introduction d'autres mé-
aux dans les ouvrages, en vue de sauvegarder les intérêts
du commerce et de garantir en même temps le titre du
métal précieux.

Elle décida que les parties d'or et d'argent, entrant
dans la fabrication des boites de montre composées d'or,
d'argent et de platine, seraient marquées des poinçons
destinés à garantir le titre de chaque métal, et que le
droit serait perçu d'après le poids de chaque métal employé. En cas d'impossibilité de constater ce poids, il en
est fait une évaluation approchée, en présence du fabricant, comme pour les bijoux[2].

La fabrication des bijoux composés d'or, d'argent et
de platine fut également autorisée. La matière formant le
corps principal est essayée et marquée dans la forme ordinaire. Les autres matières ne pourront être employées
que comme ornement et elles n'excéderont pas la proportion de 18 grains par onze. Leur poids sera confondu
avec celui de la matière principale pour l'acquittement des
droits.

---

[1] *Circulaire des Contrib. indir.* du 15 mai 1829; n° 23/9.

[2] Article 1er de l'arrêté du 1er messidor an VI; article 3 de la
décision ministérielle du 12 janvier 1829. Voir aussi : *Circ. des
Contrib. indir.* du 15 mai 1829; n° 23/9)

Peu à peu on a cédé aux exigences de la mode et on est arrivé à tolérer jusqu'à 50 pour 100 de platine.

La valeur, l'inaltérabilité, la blancheur du platine expliquent cette tolérance qui a été récemment étendue aux alliages de platine et d'argent qu'on emploie, au lieu d'argent, pour sertir les diamants et les pierres précieuses.

Supposons un bijou d'or et d'argent, ou d'or, d'argent et de platine, pesant 30 grammes, dans lequel l'or est évalué à 20 grammes. Il sera essayé : le corps principal, c'est-à-dire la partie en or sera seule marquée, et la perception sera faite sur 30 grammes d'or.

La décision ministérielle autorisa l'emploi de l'acier dans l'intérieur des boutons de montres à répétition. Depuis cette époque, diverses autres tolérances ont dû être accordées, dans des cas spéciaux, aux fabricants : entre autres pour les barrettes, les anneaux à ressort, des pièces de coutellerie, des médailles en argent à bélières, des boutons de manchettes, mais on ne l'a fait qu'après enquête, lorsqu'il y avait des nécessités de fabrication démontrées.

En règle, à l'exception du platine, la marque doit être refusée à tout ouvrage formé d'un métal commun soudé à de l'or et de l'argent ; en un mot, les bijoux mixtes, soudés, d'or ou d'argent, et d'un métal commun sont prohibés.

Le bijoutier n'est pas empêché, par ce fait, de fabriquer des ouvrages à bon marché, parce qu'il lui est permis de remplacer le métal précieux par du plaqué, ou par un métal commun doré ou argenté.

La marque du contrôle peut être accordée lorsque, comme dans une montre, la partie en métal commun est fixée, sans soudure, avec des charnières, par exemple, au reste de l'ouvrage ; mais ces divers genres d'ouvrages doivent avoir été soumis à l'Administration des monnaies qui décidera s'ils peuvent être contrôlés. On comprend, en effet, que le mécanisme d'une montre ou d'autres ouvrages spéciaux ne peut être en or ou en argent, et qu'il y a nécessité d'employer un métal dur comme l'acier, ou encore le nickel et ses alliages.

Le métal commun doit trancher, par sa couleur, avec le métal précieux : ainsi, on autorisera une plaque, une tige de nickel ou de maillechort sur un ouvrage en or, mais non sur un ouvrage en argent. Le public sera, de plus, averti de l'existence de ce métal commun par l'insculpation des mots : cuivre, bronze, etc.

On avait sollicité l'autorisation d'introduire en France des montres dont la boîte se composait de deux parties, l'une en argent, l'autre en acier oxydé. Cette autorisation a dû être refusée parce que la décision ministérielle du 12 janvier 1829 est limitative : elle n'accorde cette tolérance pour les boîtes de montre que lorsqu'elles sont composées d'or, d'argent et de platine et elle admet seulement que l'intérieur du bouton soit en acier dans les montres à répétition.

On ne peut pas autoriser leur introduction comme *bijoux en acier*, c'est-à-dire sans paiement du droit de garantie, parce que le métal précieux échapperait au droit ; ce qui constituerait une violation de l'articl 21 de la loi de brumaire, aux termes duquel les ouvrages d'or et d'argent de *toute sorte* doivent être frappés du droit de garantie.

L'emploi des métaux précieux à bas titre dans des

bijoux est prohibé comme l'est celui d'un métal commun. Il y a eu cependant quelques dérogations à cette règle, mais elles ont été très rares, et ce ne sont que des cas d'espèces, basés aussi sur des nécessités de fabrication.

Je citerai un modèle récent de boutons de manchettes en or dont le patin est formé de deux parties, se repliant l'une contre l'autre ; ce qui permet de placer et d'enlever très rapidement ces boutons. Les deux volets de ce patin sont fixés sur des supports qui seraient rapidement détériorés s'ils étaient en or ou en argent au titre.

On a cru devoir autoriser la confection de ces supports en argent à bas titre, quoi qu'ils soient soudés au corps de l'ouvrage, parce qu'il était nécessaire d'avoir un métal dur et soudable, et on a permis l'emploi de l'argent parce que ce métal tranche sur l'or par sa couleur : ce qui avertit l'acheteur de sa présence. Mais il a été spécifié :

1° Que le poids du métal argent ne dépasserait pas quatre décigrammes par bouton ;

2° Que ce métal serait toujours apparent ;

3° Et que cette tolérance ne s'appliquerait qu'au modèle présenté à l'administration ;

Le contrôleur doit veiller avec soin à ce que la tolérance accordée pour les mécanismes, en métal commun, ne devienne pas l'occasion de cacher des poids excessifs sans valeur dans les bijoux.

Récemment des fabricants ont cherché à introduire dans des anneaux des ressorts en acier d'un poids exagéré.

Ils s'appuyaient sur ce fait qu'il existe des barrettes, contenant des tiges de fer du poids de 6 à 8 grammes ; cette tolérance regrettable s'est introduite depuis longtemps, sans la sanction de l'administration, mais s'il y a eu un abus, qu'il est difficile de réprimer aujourd'hui, ce n'est pas une raison pour en créer d'autres.

Le mécanisme des anneaux à ressorts doit être réduit autant que possible, et, à cet effet, on exige que le poids du ressort ne dépasse pas 3 décigrammes dans les anneaux de grande dimension ; il doit avoir un poids moindre pour les anneaux de petit calibre puisque l'effort à produire est plus faible. Enfin le ressort sera toujours partiellement visible.

Si un ouvrage d'or est formé d'une partie pleine et d'une partie creuse, le *plein* doit être à 747 au moins et le *creux* à 730 au moins ; aucune compensation ne peut-être établie.

La fabrication de médailles et jetons de plaisir constituant, en France, un monopole qui appartient exclusivement à la Monnaie de Paris, les règlements de la douane prohibent l'importation de ces sortes d'ouvrages. Il n'est fait exception à cette règle qu'à l'égard des médailles historiques et artistiques ayant manifestement le caractère d'objets de collection.

Cependant, comme les médailles de sainteté, en or et en argent, de petit module et à bélière, ainsi que les décorations et estampages, peuvent, chez nous, en vertu d'une tolérance, être fabriqués dans les ateliers privés et sont soumis au régime de la bijouterie, il a paru que les objets de même nature, provenant des pays avec lesquels ont été conclus des traités de commerce, devaient jouir du même traitement de faveur.

En conséquence, M. le Ministre des finances a décidé le 7 mars 1874 que les objets de l'espèce, importés des pays dont il s'agit, seraient, à l'avenir, exceptés de la prohibition.

Par suite, les médailles de sainteté, en or et ne
argent, de petit module et à bélière, les décorations et
estampages étrangers, qui seront dirigés par la douane sur
les bureaux de garantie, seront reçus à l'essai et à la
marque, comme la bijouterie ordinaire de même provenance.

La marque de certains ouvrages nouveaux peut susciter
quelques difficultés. Le contrôle s'inspirera du mode de
marque qu'on emploie dans les bijoux les plus analogues
et qui est précisé dans un catalogue annexé à la circulaire 172 des Contributions indirectes, en date du 2
mai 1838; voici un exemple de bijoux compliqués.

Épingles-broches. — La marque s'appose sur l'un des
ornements, à défaut de place, sur le crochet. Elle s'appose
en outre sur la queue, près de la charnière. Les broches
et les épingles se marquent séparément.

Bracelets en argent. — Les bracelets en argent se marquent seulement sur les cliquets où l'on appose à cet effet
deux empreintes de poinçon ou autrement dit une garniture. — S'ils sont dépourvus de cliquet et s'ils sont creux
le fabricant doit placer dans le corps du bracelet un support
en argent en partie pleine, destiné à recevoir les deux
empreintes en question.

Les objets en argent recouvert d'or sont de deux
espèces : en argent doré à la pile ou au trempé; en argent
doublé d'or.

Les premiers ont la teinte jaune de l'or parce que le
dépôt est de l'or pur. Les seconds sont plus ou moins
rouges suivant qu'on a employé, pour le doublage de
l'argent, un alliage d'or plus ou moins fin.

Ces ouvrages sont contrôlés et reçoivent la marque de

l'argent. Il n'y a pas de règle absolue pour le titre et pour l'épaisseur de la lame d'or. Le titre devrait, à mon avis, être à 750, ou à 730, au minimum, mais il est difficile de s'assurer de ce titre parce que la feuille d'or est le plus souvent d'une extrême ténuité.

On appelle plus spécialement *vermeil* l'argent doré, et les droits d'essai sont ceux de l'argent.

A Paris, le droit d'essai du doublé est le double du droit de l'essai de l'argent, si tout l'ouvrage est doublé. Lorsque la moitié environ est seule doublée, comme dans certains bracelets, on prélève une fois et demie le droit de l'argent.

Le fabricant doit déclarer sur son bulletin le poids brut et le poids net de son apport. Ces poids peuvent être très différents lorsqu'il y a des pierres enchâssées, comme dans les articles de joaillerie, ou lorsqu'il s'agit d'ouvrages contenant des mécanismes, tels que les clefs-barrettes par exemple.

Le service doit vérifier le dire du fabricant, et se faire apporter même un type de l'objet démonté s'il a des doutes. Lorsqu'il s'agit d'articles courants de grandeur variable, il en garde au besoin un échantillon dans lequel le poids de métal précieux a été déterminé directement et à la suite d'une entente avec le fabricant, afin de pouvoir le comparer avec les objets de même espèce qu'on apportera dans l'avenir.

Deux circulaires de la Commission des monnaies[1] contiennent des recommandations sages et précises, à retenir : défense d'introduire dans les ouvrages de l'émail,

---

[1] *Circulaire* 14, 28 avril, 1838; *Circ.* 15, 1er mai, 1838.

du ciment, de la gomme laque que l'acheteur paie au poids de l'or ; nécessité de l'apposition antérieure du poinçon de maître, et, si l'ouvrage n'est pas terminé, obligation d'y avoir préparé la place avivée et polie pour le poinçon de garantie ; examen attentif par l'essayeur des parties creuses, soudées, et ordre de refuser les ouvrages où un emploi exagéré de la soudure a eu lieu ; constatation du titre des accessoires d'un bijou qui sont souvent plus bas que celui du corps de l'objet.

Une nomenclature publiée, en 1822, dans une circu-laire de l'Administration des monnaies[1], fait connaître les bijoux d'or à essayer au touchau. Une circulaire des con-tributions indirectes[2] contient un catalogue très détaillé des principaux ouvrages d'or et d'argent qui se trouvent dans le commerce, avec l'indication des points où doivent être appliqués les poinçons, et de la nature de ces poin-çons lorsque ce renseignement est nécessaire.

Il s'y trouve aussi la nomenclature des objets dispen-sés de la marque.

Aussitôt qu'un poinçon a éprouvé une détérioration quel-conque, il doit être renvoyé à l'Administration des mon-naies.

Le service a reçu des instructions pour le cas ou un poinçon s'est brisé en fragments ; un procès-verbal doit être dressé dans des conditions déterminées par une cir-culaire de l'Administration des monnaies du 21 avril 1827.

Le contrôleur possède un état de situation sur lequel

[1] *Circulaire* 69, 26 décembre 1822 ; décis. minist. des 4 octobre et 15 novembre 1822.

[2] *Circulaire* 172 *des Contrib. indir.* 2 mai 1838.

doivent être inscrits, avec la date précise, les numéros et les désignations des poinçons mis au rebut et renvoyés, et des poinçons reçus en échange sur la demande.

Il ne doit pas perdre non plus de vue qu'il y a dans le bureau des plaques métalliques portant des places nettement indiquées dans lesquelles doit être insculpé chaque poinçon à l'arrivée de Paris et au moment de la mise au rebut.

On a vu qu'aux termes des articles 8 et 48 de la loi du 19 brumaire an VI, tous les ouvrages d'or et d'argent presentés au contrôle doivent être revêtus du poinçon du fabricant. Dans la pratique les marchands bijoutiers et horlogers achètent, soit aux ventes, soit aux monts-de-piété, des objets sur lesquels l'empreinte du poinçon a disparu ou qui n'en portent pas et il est admis par tolérance que ces ouvrages peuvent être marqués; ils doivent en effet (loi du 19 brumaire an VI, article 21) être frappés du droit de garantie. Cette disposition légale ne peut sous aucun prétexte être éludée, mais, comme les objets dont il s'agit proviennent d'un fabricant inconnu, on se trouve dans l'impossibilité matérielle d'y faire apposer le poinçon de maître. On a vu plus haut qu'on y insculpe le poinçon ET.

Essayeurs. — L'essayeur des bureaux de garantie est nommé par le préfet du département dans la circonscription duquel se trouve le bureau. Il doit être muni, pour entrer en fonctions, d'un certificat de capacité qui est délivré par le directeur général de l'Administration des monnaies, après un examen subi devant le directeur des essais et un essayeur des monnaies.

Cet examen se compose de trois parties : la première est un examen oral, portant sur la préparation, la purification et l'essai des matières servant à l'essayeur ; sur les caractères principaux des métaux et de leurs sels. La deuxième est un examen manuel fait au laboratoire des essais, consistant en essais d'or, d'argent et de platine. La troisième est un examen oral sur l'art des essais en général, et sur les essais particuliers que le candidat a exécutés dans le laboratoire [1].

Ce certificat de capacité est exigé pareillement des essayeurs du commerce qui sont, comme les essayeurs de la garantie, responsables des titres accusés par eux.

La plupart des préfets s'assurent, avant la nomination d'un essayeur de la garantie, que le candidat possède ce certificat ou bien ils ne prennent leur arrêté qu'après sa réception.

Quelques-uns, cependant, nomment l'essayeur préalablement à sa réception, et je dois dire qu'ils ont tort parce qu'il peut arriver que ce candidat ne soit pas capable d'obtenir les connaissances que l'Administration des monnaies doit exiger d'un essayeur.

En effet, l'essayeur doit posséder certaines notions de sciences appliquées et avoir une habileté manuelle qu'il est difficile d'acquérir lorsqu'on ne les a pas apprises, ou qu'on ne s'y est pas exercé étant jeune. La lecture de la loi vient de montrer que de simples erreurs, en dehors de toute action malhonnête, conduisent à des amendes et à la révocation (art. 61).

L'essayeur correspond avec l'Administration des monnaies sous les ordres de laquelle il est placé : ce qui s'explique par le fait qu'il est un technicien et que c'est

---

[1] Riche et Gélis, *l'Art de l'Essayeur*.

l'Administration des monnaies qui est chargée de la surveillance et du maintien des titres, en même temps que
de la fabrication des poinçons.

Les pharmaciens, par leurs études, par leurs habitudes
de travail manuel, par leur sédentarité sont naturellement
désignés pour ces fonctions (circulaire du 11 février 1811)
qui ne doivent pas être confiées à des fabricants d'ouvrages d'or et d'argent.

L'essayeur de garantie devra toujours avoir présente
à l'esprit, ou mieux avoir à sa portée une circulaire
du 26 décembre 1822, n° 69, de l'Administration des monnaies qui est l'explication détaillée de deux décisions ministérielle, en date du 4 octobre et du 15 novembre de la
même année. Il y est traité des droits d'essais, de la
manière de faire les essais — au touchau, à la coupelle
— des ouvrages à essayer au touchau, de l'examen des
ouvrages, de l'essai des ouvrages provenant des ventes
publiques, etc.

L'essayeur ne doit admettre à l'essai que des ouvrages
lisiblement marqués du poinçon de maître. « Son devoir[1]
est d'exiger, quand ils ne seront pas entièrement terminés,
qu'au moins la place qui doit recevoir la marque, soit
avivée ou polie; d'examiner avec soin toutes les parties
des ouvrages pour s'assurer si la fabrication en est loyalement exécutée, s'ils ne renferment pas des corps étrangers et si tous les accessoires sont au même titre;
d'essayer souvent à la coupelle les pièces de touchau,
afin de rectifier par des opérations rigoureuses le jugement quelquefois trompeur des yeux; de fondre une pièce

<hr>

[1] *Circulaire* n° 16 du 3 mai 1838.

creuse pour juger de la fabrication et du titre de ses analogues, toutes les fois que cela lui sera possible; enfin,
d'appeler à son aide toutes les ressources de l'art et de
l'expérience, pour persuader aux fabricants qu'ils ne peuvent espérer de la mettre en défaut, et qu'ils ne présente-
raient pas impunément des ouvrages fourrés de matières
basses ou étrangères, ou fabriqués en dehors des conditions légales du titre.

« Il doit repousser aussi de l'essai les bijoux creux remplis de ciment ou de gomme laque, sous le prétexte que
ces corps sont indispensables pour soutenir la ciselure,
ou pour obtenir les rosettes ou ornements appliqués; si
parfois ces matières sont nécessaires à la confection de
l'ouvrage, elles deviennent inutiles quand il est achevé,
et, cachées aux yeux du consommateur, elles ne servent
qu'à l'abuser sur la valeur intrinsèque de son achat. »

Il doit essayer fréquemment à la coupelle les pièces dont
l'essai réglementaire s'exécute au touchau, afin de vérifier
d'une manière rigoureuse ses résultats. Mais il ne doit,
dans ce cas, percevoir le droit d'essai que d'après le tarif
du touchau, car ce travail est fait dans l'intérêt du service et pour la sauvegarde de la responsabilité de l'essayeur. Il ne serait fondé à demander le tarif de l'essai de
titre que si l'essai était demandé par le propriétaire des
ouvrages. L'essayeur consultera pareillement avec fruit
la circulaire n° 18 [1]. Il n'oubliera pas qu'un ouvrage d'or
ou d'argent reconnu à bas titre ne peut être brisé par
l'essayeur qu'en présence du propriétaire.

L'essayeur participe des fonctionnaires dans l'accom-

[1] *Circulaire* n° 18 du 20 mai 1841.

plissement de son service; il ne paye donc pas patente s'il se borne à essayer les ouvrages fabriqués et les lingots qui lui sont envoyés en vertu de la loi sur la garantie.

L'essayeur a le droit de prendre des aides, non pas pour le suppléer, mais pour lui permettre de satisfaire aux besoins du service. Une ordonnance du 15 juillet 1842 a visé spécialement le bureau de Paris. Les aides choisis par l'essayeur reçoivent une commission de la préfecture de la Seine, et prêtent serment : ils peuvent donc être poursuivis dans les cas de corruption. L'essayeur les rétribue et les révoque.

Lorsque l'essayeur est absent ou que sa place est vacante, la clef du coffre à trois serrures qui lui appartient est remise au contrôleur (circul. du 5 octobre 1818) et la clef du contrôleur est remise au présenteur.

L'administration ne lui fournit plus, comme au début, et à ses frais, les ustensiles et les produits nécessaires à son travail. A la fin du siècle dernier il n'était pas toujours possible de se les procurer dans des conditions convenables; les perfectionnements de l'industrie ont rendu toutes ces matières d'un usage courant, et l'essayeur a plus d'avantages à se les procurer chez des fournisseurs de son choix.

Les ouvrages à essayer sont apportés par les soins du fabricant, et remis au laboratoire d'essai sans que ce fabricant ou son porteur y pénètrent. Ils sont pesés devant lui, et le droit d'essai réglé aussitôt, contre un reçu détaché d'une feuille dont l'autre moitié est gardée par l'essayeur.

Ces deux fractions de feuilles contiennent les mêmes désignations : nom du fabricant, poids brut et net, nombre et nature des pièces. La souche, restée entre les mains de l'essayeur, doit servir immédiatement à celui-ci pour inscrire tous ces renseignements sur son livre, qui doit être tenu tout à fait indépendamment de celui du receveur, afin que le contrôleur puisse faire une vérification sérieuse des opérations du bureau par la comparaison des deux livres.

La souche est placée dans la corbeille ou dans la boîte qui contient les ouvrages et elle les suivra jusqu'à la fin du contrôle, au moment où ces ouvrages sont rendus à l'assujetti par le receveur qui doit s'assurer, en touchant le droit de garantie, si les indications des deux parties de la feuille sont rigoureusement les mêmes.

Le droit d'essai n'a pas été modifié depuis la loi de brumaire (art. 62 et 64). Il y a eu, de temps à autre, quelques difficultés d'interprétation, non pas sur le droit qui est précis, mais sur les limites de la division. Le bureau de Paris a reculé ces limites et il a eu tort à mon sens, car la manière d'opérer doit être identique dans tous les bureaux. Ainsi, le législateur (art. 64) avait pris pour dernière fraction de l'or (essai au touchau) le décagramme dont le droit est de 9 centimes ; or, on subdivise ce droit à Paris. Voici le tarif usité dans ce bureau.

OR

Touchau de	1 gramme à	8 gr 5.	. . .	1 centime
—	— 9 —	13 5.	. . .	10 centimes
—	— 14 —	18 5.	. . .	15 —
—	— 19 —	24 ».	. . .	20 —
—	— 25 —	30 ».	. . .	25 —
—	— 31 —	35 ».	. . .	30 —
—	— 36 —	41 ».	. . .	35 —
—	— 42 —	46 ».	. . .	40 —

Touchau de	47 grammes à	52 ».	45 centimes
— —	53 —	57 ». . . .	50 —
— —	58 —	63 ». . . .	55 —
— —	64 —	68 ». . . .	60 —
— —	69 —	74 ». . . .	65 —
— —	75 —	80 ». . . .	70 —
— —	81 —	85 ». . . .	75 —
— —	86 —	91 ». . . .	80 —
— —	92 —	96 ». . . .	85 —
— —	97 —	100 ». . . .	90 —
— —	101 —	108 ». . . .	95 —
— —	109 —	113 ». . . .	100 —

9 francs le kilogramme.

Coupelle, 3 francs par essai jusqu'à 120 grammes.

Au dessus de 120 grammes on multiplie par 2 fr. 50 le nombre d'hectogrammes.

ARGENT

La loi du 19 brumaire an VI n'a pas réglé le taux de la perception de l'essai à la pierre de touche des menus ouvrages d'argent. Pour suppléer à cette lacune la Commission des monnaies [1] a fixé le prix de cet essai à 20 centimes par hectogramme, mais cette fixation n'est applicable qu'aux apports au-dessous de 400 grammes. A partir de ce chiffre la perception doit être la même que pour les ouvrages qui sont essayés à la coupelle.

La somme à percevoir [2] pour l'essai à la coupelle d'une quantité quelconque d'ouvrages neufs d'argent, renfermés dans un seul sac et déclarés faire partie de la même fonte, est réglée, à raison d'un droit d'essai, par chaque pesée de 2 kilogrammes d'ouvrages d'argent, au prix de 80 centimes fixé par la loi.

[1] Tableau de la *Circ. des Monnaies* du 15 février 1827.

[2] Décis. ministér. du 15 novembre 1822; *Circ. des Monnaies* 69, 20 décembre 1822.

On compte à Paris de la façon suivante :

Touchau. — 5 centimes par fraction de 25 grammes jusqu'à 400 grammes.

De 400 grammes jusqu'à 2 kilos, 80 centimes.

Au dessus de 2 kilos à raison de 40 centimes par kilogramme.

Coupelle. — 80 centimes par essai jusqu'à 2 kilos.

Au dessus comme dans l'essai par le *touchau.*

Les lingots d'or, de doré, d'argent, ne supportent, quel que soit leur poids qu'un droit d'essai de 3 francs pour l'or et le doré; de 80 centimes pour l'argent.

Les cornets et les boutons d'essai seront rendus. L'essayeur appose sur les lingots son poinçon qui devra être déposé à l'Administration des monnaies et au Tribunal de commerce.

Les prix fixés pour les essais faits à la coupelle doivent être perçus sur une pièce ou sur plusieurs pièces provenant de la même fonte quand même le poids de ces ouvrages serait inférieur à 120 grammes d'or et à 2 kilogrammes d'argent.

« Lorsque le poids des ouvrages essayés à la coupelle, présentés dans un même sac comme provenant d'une même fonte, dépassera, pour l'or, chaque quotité de 120 grammes, et, pour l'argent, chaque quotité de 2 kilogrammes, « l'essayeur[1] pourra exiger pour cet excédent qui demande un essai particulier, un droit qui lui est légitimement dû. Mais, pour les essais d'un lingot quel que soit son poids, ou d'une pièce unique de bijouterie ou d'orfèvrerie ou autre qui excéderait pour l'argent le

[1] *Circ. des Monnaies*, 69, 26 décembre 1822.

poids de 2, 4, 6 kilogrammes et plus, l'essayeur, n'ayant qu'un seul essai à faire pour en déterminer le titre, ne doit percevoir qu'un seul droit d'essai, mais il doit se faire représenter en outre pour les essayer séparément les pièces accessoires d'applique et ornements de la pièce principale, et pour ces pièces accessoires si elles sont d'une même fonte, il doit être payé un seul droit d'essai, si le poids ne dépasse pas 2 kilogrammes, et un prix proportionnel dans le cas où ces pièces excéderaient ce poids. »

En résumé, le droit d'essai dépend du poids des objets et du nombre d'essais exécutés. Si le lot pèse moins de 120 grammes pour l'or, ou de 2 kilogrammes pour l'argent, le droit est de 3 francs ou de 80 centimes comme si le poids était de 120 grammes ou de 2 kilogrammes, parce qu'un seul essai sera fait dans l'un et l'autre cas. S'il pèse plus de 120 grammes pour l'or ou de 2 kilogrammes pour l'argent, le droit d'essai pourra s'accroître de 3 francs ou de 80 centimes par chaque quotité de 120 grammes d'or ou de 2 kilogrammes d'argent, mais c'est à la condition qu'un essai soit fait par chaque quotité.

L'essayeur tient un livre, fourni par l'Administration, paraphé, sur lequel doivent être inscrits, chaque jour, le nom du fabricant, le nombre, la nature, le poids, et le titre des ouvrages et le droit perçu.

L'essayeur procédera de suite à l'essai; le résultat, sauf difficultés spéciales, sera donné, et l'ouvrage marqué et rendu le jour même au porteur de matière.

Essais. — 1° Les objets d'orfèvrerie, de joaillerie et de grosse bijouterie, *grosserie*, sont toujours soumis à l'essai dit de titre, c'est-à-dire, à l'essai par les procédés de précision qui sont :

Pour l'or, la méthode connue sous le nom d'inquartation (coupellation et emploi de l'acide nitrique)[1] ;

Pour l'argent, l'essai par la voie humide ou par la coupellation [2].

La tolérance, est, pour l'or, de 3 millièmes en dessous du titre légal.

Elle est, pour l'argent de 5 millièmes au dessous du titre légal.

L'opération doit être faite dans les conditions suivantes:

On prélève de la matière par un grattage sur l'ouvrage à essayer. Lorsqu'il est volumineux on emploie un demi-gramme s'il s'agit d'or, et un gramme, ou plus, s'il s'agit d'argent et l'on en exécute l'essai. Quand l'objet est peu important, on opère sur le quart de gramme pour l'or, sur le demi-gramme à la coupelle pour l'argent, quelquefois même sur un décigramme.

Si le lot renferme beaucoup d'articles peu volumineux, on réunit les produits du grattage de plusieurs d'entre eux; il est nécessaire de gratter sur chacun des ouvrages. Il convient de ne pas essayer le premier grattage de la surface par ce que les bijoux sont souvent passés à l'acide qui a enlevé une partie du cuivre superficiel.

Le fabricant doit fournir l'objet propre. S'il y avait de la graisse, on chaufferait au moufle le produit du grattage dans un petit creuset de charbon de cornue et on essayerait le bouton formé.

---

[1] *Art de l'Essayeur*, § 113.
[2] *Art de l'Essayeur*, § 98 et 93.

Autrefois les fabricants laissaient dans les moules où
l'on coule les objets pleins tels que couverts, lames ou
manches de couteaux en argent, truelles, ciboires, chan-
deliers, etc., un léger creux à l'une des extrémités; l'ouvrage sortait de la fonte avec une languette qu'on essayait.
Cet usage qui se conserve encore pour les gros articles
disparaît pour les couverts, parce que cette languette
représente un certain poids d'argent, lequel n'est cependant pas immobilisé pour un temps très long.

Le grattage s'opère surtout sur les objets d'argent parce
que les objets volumineux en or sont rares. On ne fait que
très exceptionnellement des ouvrages d'or au premier
titre, et rarement au second titre; au contraire, le bas prix
de l'argent amène à produire beaucoup d'articles, tels que
ceux que je viens de citer, au premier titre.

Le grattage se fait pour les parties extérieures avec un
outil en acier triangulaire *(grattoir)*. Il est muni d'un
manche court afin que l'essayeur puisse presser fortement
sur l'ouvrage, et la portion d'acier qui touche le manche
est entourée d'une ficelle serrée qui est tenue à la main
en même temps que le manche.

Pour les parties intérieures, le grattage se fait avec un
outil *(échoppe)*, taillé en biseau très coupant, qui est plat
lorsqu'il s'agit de gratter une surface plane, et cintré
quand l'ouvrage est arrondi.

L'essayeur doit avoir aussi une petite scie à métaux
qui lui permet de faire une entaille très fine dans un
ouvrage. Elle sert, notamment pour les cuillers à café en
argent qui souvent, au lieu d'être d'une seule pièce à la
poignée, sont constituées par deux lamelles réunies par de
la soudure au cuivre. Si la scie révèle cette soudure,

l'essayeur doit scier toute la poignée et en faire une grenaille, laquelle doit ressortir à 795 ou à 945 suivant
le titre, car cet objet n'a nulle raison d'être creux.
Lorsque l'essai fournit moins de 795 ou 945, il doit
être brisé.

2° Les objets de petite bijouterie *(menuerie)* sont
soumis à un examen préalable par le touchau. Trois cas
se rencontrent :

a. *Le bijou est plein.* — Quand l'objet est assez volumineux et épais, comme une épingle d'or, certains médaillons et bracelets d'or, on serre la partie à essayer entre
le pouce et le premier doigt, et on la frotte sur la pierre
de touche.

Lorsque l'objet est petit, tel que le crochet d'une
broche, d'une boucle d'oreille, un anneau, les maillons
d'une chaine pleine, on le serre, suivant sa forme et son
volume, dans une pince, généralement plate, quelquefois
ronde, et on fait la touche.

b. *Le bijou est creux* : bracelets, médaillons, maillons de chaînes creuses, de colliers, ornements d'un bracelet, d'une broche, d'un médaillon, d'une boucle d'oreille,
d'un bouton en or, etc. Certains bracelets ou médaillons
sont assez forts pour qu'on puisse les frotter contre la
pierre de touche, mais ce n'est pas possible pour d'autres,
ni pour les maillons des chaînes creuses, pour les ornements divers, parce que le frottement contre la pierre les
écrase et empêche d'obtenir une touche ferme, continue
Alors on doit procéder de la façon suivante. Avec une
lime fine triangulaire, ou avec une lime plate et mince on
entaille le bijou. Supposons le cas le plus délicat, celui
d'une chaîne creuse.

La chaîne creuse est obtenue en passant à la filière une feuille mince d'or ou d'argent sur un fil de cuivre plein qu'elle recouvre, en laissant plus ou moins séparés les deux bords de la feuille *(assemblage)* qu'on ne soude pas. Avec un fil de fer qu'on serre on prépare ensuite les maillons. Cela fait, on dissout le cuivre par des bains d'acide nitrique qui laissent l'or inaltéré sur l'intérieur creux.

L'essayeur examinera le bijou soigneusement; s'il paraît y avoir beaucoup de soudures, il n'hésitera pas à prendre sur le lot plusieurs maillons, ou sur la chaîne un maillon, et à en faire une grenaille qui sera essayée, comme il sera dit plus loin.

Il portera son attention spécialement sur l'assemblage, et, avec un fil de platine, il y instillera une goutte d'acide à toucher. Si l'or est au titre, l'acide reste incolore, et il n'y a pas de dégagement gazeux; lorsqu'il reste du cuivre, la goutte verdit, du gaz nitreux se dégage. Lorsque l'assemblage est très serré, on donne un trait de lime triangulaire ou plate et l'on ajoute la goutte. Si cet essai laisse quelque doute, on coupe sur le lot de chaînes quelques maillons, avec la pince coupante, en diverses places et on les chauffe isolément sur la plaque de charbon, dans un courant d'air lancé par un chalumeau au moyen d'une bonne soufflerie [1].

Le maillon fond aussitôt et, par suite, la goutte obtenue offre la composition réelle de l'alliage; on ajoute, au besoin une trace de borax. Dès que la goutte est solidifiée, on la jette dans de l'eau contenant 5 pour 100 d'acide

---

[1] Riche et Gélis, *l'Art de l'Essayeur*, p. 63.

sulfurique, on la lave, on la sèche, on la bat de deux ou
trois coups de marteau sur un tas d'acier propre, et on
passe le bouton aplati à la pierre de touche en le serrant
fortement dans la pince coupante qui l'empêche de glisser.
S'il y a le plus léger doute, ce bouton est essayé par inquartation.

Dans les bureaux importants, l'essai, ainsi compris,
se fait couramment. Dans quelques autres, l'essayeur
hésite et il a tort. Le fabricant n'éprouve pas une
difficulté sérieuse à remplacer, par un autre le maillon
détruit dont l'essayeur lui rend exactement la matière
précieuse.

L'essai de titre, c'est-à-dire par la coupelle ou la voie
humide pour l'argent, par l'inquartation pour l'or, constitue la règle; l'essai par le touchau doit être réduit autant
que possible, pour la raison péremptoire que ce dernier
ne donne pas le titre à 3 millièmes pour l'or et à
5 millièmes pour l'argent; tout au moins il doit être
fortifié par la formation fréquente d'une grenaille.

Le titre de 730 millièmes n'est applicable qu'aux objets
creux et soudés [1].

L'essayeur et le contrôleur se rappelleront la décision
suivante :

« Quels que soient la forme et le poids des ouvrages,
on doit, s'il est possible, les essayer à la coupelle [2] ».

« Les menus ouvrages de bijouterie dont la délicatesse
ou la forme ne permet pas de faire de prise d'essai sans
détérioration, ou qui ne peuvent être marqués des poinçons

---

[1] *Circulaire* n° 16 *de la Commission des monnaies,*
3 mai 1838.

[2] Même *Circulaire.*

garantissant le titre positif, seront seuls essayés au tou-chau[1]. »

Un bon essayeur doit aussi sonder les bracelets formés par une lame d'or consolidée sur chaque bord par un tube creux *(bâte)*. Avec la lime fine ou avec un forêt, il fera une entaille très déliée ou un trou sur l'un des bouts, et il introduira un fil de laiton flexible qui devra péné-trer jusqu'à l'autre extrémité : ce qu'il déterminera en appliquant le fil à l'extérieur sur le pourtour.

c. *Le bijou est en partie creux, en partie plein :* soit une boucle d'oreille à charnière *(brisure)*. Ce bijou est constitué par un fil plein dans deux parties, et un ornement creux. On fait une touche des parties pleines en se servant de la pince plate pour serrer la brisure; l'ornement sera traité comme on vient de l'indiquer pour un maillon creux.

On opérera de même pour une *broche*, sur l'épingle et le crochet qui sont pleins, et sur l'ornement qui est creux; ou encore sur un *bouton* dont le patin est plein.

Il est inutile de pousser plus loin ces exemples.

Lorsque l'ouvrage est reconnu au titre, l'essayeur le fait passer au contrôle avec le bulletin indiquant le droit d'essai payé, le poids et le nombre des articles, leur dési-gnation et le mode d'essai suivi. Cette dernière indication est nécessaire pour que le contrôleur sache s'il doit in-sculper le poinçon de titre, ce qui n'a lieu que dans le cas où l'essai a été fait à la coupelle ou par voie humide; dans le cas contraire, il n'apposera que le poinçon de petite garantie.

---

[1] Décision ministérielle du 15 novembre 1822.

Si l'ouvrage sort au-dessous de la tolérance légale, il est cisaillé et rendu au propriétaire lorsqu'il appartient au titre le plus bas. S'il n'est pas fabriqué au dernier titre il est marqué au poinçon de titre inférieur ou cisaillé, suivant le gré du porteur de matière.

Les droits d'essai ne représentent dans un grand nombre de bureaux qu'une somme minime. La loi du 13 germinal, an VI, permet à l'Administration des monnaies d'accorder aux essayeurs une somme qui peut atteindre 400 francs quand le produit du droit d'essai ne s'élève pas à 600 francs, déduction faite des frais : ces frais sont évalués au quart de la recette brute des droits d'essai.

Cette rétribution qui, à l'époque de cette loi, n'était pas trop inadmissible, se trouve maintenant bien faible, insuffisante, car l'essayeur est un homme instruit dont la capacité et les études antérieures devraient être prises en sérieuse considération ; les besoins de la vie, de plus en plus grands, ont amené logiquement l'élévation des traitements.

Lorsque cette question est soulevée, l'Administration objecte que, dans ces circonstances, le bureau de cette localité n'est ouvert qu'une fois, deux fois, trois fois au plus par semaine et pendant quelques heures seulement.

L'essayeur peut répondre qu'il aide fréquemment le contrôleur, à la marque : ce qui n'est pas absolument son service, et qu'il le remplace en cas d'absence motivée. J'ajouterai que, dans un grand nombre de villes, l'essayeur qui est sédentaire dans le pays, a bien souvent le rôle de mettre le contrôleur au courant de la manutention des poinçons parce que celui-ci est incessamment déplacé par l'Administration des contributions indirectes. J'ai vu, nombre de fois, dans ma carrière d'inspecteur de la garantie, l'essayeur diriger, en réalité, le bureau, soigner les poinçons, répondre aux assujettis.

L'essayeur ne doit s'absenter qu'après avoir obtenu un congé délivré par l'Administration des monnaies. En son absence pour cette cause, ou pour toute autre, ou pendant la vacance des fonctions d'essayeur, le contrôleur fait les essais au touchau des pièces présentées au bureau, et il doit envoyer les ouvrages à marquer du poinçon de titre au bureau le plus voisin, sous son cachet et celui du fabricant.

En résumé, le contrôleur représente l'Administration des contributions indirectes ; il est chargé de la recette du droit de l'État et, par suite, il lui incombe d'apposer la marque de la garantie sur les ouvrages, d'entretenir les poinçons et les bigornes.

L'essayeur représente l'Administration des monnaies qui lui a donné la délégation de maintenir l'intégrité des titres par des essais sérieux.

Leur rôle est donc nettement défini, mais ils doivent se prêter au besoin un mutuel appui.

Le reste de la loi de brumaire traite des obligations des fabricants et des marchands, et de quelques autres points spéciaux tels que l'affinage, l'argue, qui sont devenus tout à fait libres.

ESSAI AU TOUCHAU

Ce procédé, déjà connu des Romains et peut-être même plus anciennement, consiste à former sur une pierre noire, dure, *pierre de touche*, un trait avec l'objet à essayer et à comparer ce trait avec d'autres, aussi

semblables que possible en dimensions et en force, obtenus avec des alliages d'or et de cuivre, d'argent et de
cuivre, de titre connu, *touchaux*.

La pierre de touche, *pierre lydienne*, est un silicate
d'alumine et de fer contenant aussi de la chaux, de la
magnésie, du charbon et des traces de soufre à un état
indéterminé. Les acides ne l'attaquent pas à froid ; chauffée
longtemps avec de l'acide chlorhydrique, elle dégage
l'odeur d'hydrogène sulfuré. Les alcalis fondus la désa-
grègent en la décolorant.

Les pierres de touche sont de qualité très variable,
même en laissant de côté des pierres noires qui moussent
au contact des acides et qu'il faut absolument rejeter pour
les essais d'or.

Une bonne pierre doit être très noire, présenter une
surface égale, légèrement mate, sans veines, avoir un
grain très fin. Elle doit être très dure, parce qu'alors elle
sera d'une grande durée et que, d'autre part, le trait
manque de netteté si elle présente une certaine mollesse.
Il y en a cependant dont la dureté est trop forte, les traits
n'ont pas une adhérence suffisante. Une pierre de très
bonne qualité ne se rencontre que rarement aujourd'hui :
c'est une trouvaille.

Essai d'or au touchau. — La petite bijouterie d'or
est essayée en France et dans tous les pays, principalement à la pierre de touche.

L'essai se compose de deux opérations : la première
consiste à faire des traits avec l'alliage à essayer, et avec
les alliages de titre connu et à comparer entre elles les
diverses traces ; la deuxième consiste à soumettre ces
traces à une liqueur acide, choisie de façon à dissoudre le

cuivre et à laisser l'or inattaqué. Cette deuxième partie de l'essai est la principale à la condition expresse que l'on ait fait des touches, comparables par leur surface et surtout par leur épaisseur.

Avant Vauquelin, l'acide employé était l'acide nitrique. Ce savant l'a fort avantageusement remplacé par de l'acide nitrique étendu dans une proportion déterminée, et additionné d'une faible quantité d'acide chlorhydrique.

En résumé, on fait de l'eau régale et l'on sait [1] que ce liquide attaque l'or; mais cette eau régale est si chargée d'eau et si faiblement chlorhydrique qu'elle réagit faiblement sur l'or. Cependant elle le dissoudrait à la longue et l'on verra plus loin qu'on enlève l'acide au bout de quelques instants en appuyant légèrement un tampon de linge sur les traits mouillés d'acide.

Il est même nécessaire de forcer la dose d'acide chlorhydrique au fur et à mesure que l'alliage est plus riche en or, car on a vu [2] que l'acide nitrique pur n'enlève pas le cuivre à l'or dans les alliages de titre élevé.

Vauquelin fixe les doses suivantes pour les essais d'or des bijoux français, qui sont à 750 millièmes :

98 parties d'acide azotique à 37° B D = 1.340
2 — — chlorhydrique à 21° B D = 1.171
25 — eau distillée.

Les essayeurs opèrent le plus ordinairement par tâtonnements pour faire cette eau. Dans un flacon bas, bouché à l'émeri, de petite dimension, on met de l'acide nitrique pur à 32°, et on y verse de l'acide chlorhydrique pur, par gouttes.

[1] *L'Art de l'Essayeur*, § 59.
[2] *L'Art de l'Essayeur*, § 113.

Lorsqu'on en a employé 15 à 20 pour un flacon de 100 centimètres cubes, la liqueur est agitée et essayée comme il suit :

Il faut avoir trois alliages d'or qu'on a préparés soi-même, ou qu'on a achetés puis essayés ; ils doivent être aux titres de :

750. . . . . . . '. 18 karats ;
730. . . . . 17 karats et demi ;
708. . . . . 17 karats environ.

On fait, côte à côte, avec chacun de ces trois alliages, une touche nette, ferme, régulière et continue. Les traits doivent être faits parallèlement les uns aux autres, en se touchant, et non les uns sur les autres pour avoir une épaisseur égale et une touche aussi semblable que possible sur la pierre avec les trois alliages. Au moyen d'un agitateur en verre plein, on promène cet acide également sur les trois traces. Si l'acide est bon, la touche à 708 brunit et s'atténue beaucoup, et la touche à 750 reste sensiblement inaltérée : ceci se voit généralement ; mais la touche à 730 doit brunir faiblement et s'atténuer un peu.

Quand ce dernier point n'est pas vérifié, on rajoute de l'acide chlorhydrique goutte à goutte, on agite et l'on recommence.

Si la touche à 708 avait totalement disparu, l'acide serait trop chargé d'acide chlorhydrique, et l'on ajouterait de l'acide nitrique par petites portions.

En un mot, il faut arriver à ce que la touche à 708 ait bruni et se soit très affaiblie et qu'en même temps il y ait une atténuation légère, quoique moins appréciable de la touche à 730.

Il faut que l'action ne soit pas instantanée, parce que, dans ce cas, l'œil n'a pas le temps d'apprécier le changement produit. Le même acide peut donner une bonne ou une mauvaise indication suivant que la température est haute ou basse : c'est pourquoi les essayeurs, au début de la journée, ont souvent l'habitude d'échauffer quelque peu la pierre dans le voisinage d'un poêle, s'il fait froid, et de conserver l'acide dans un lieu frais pendant les fortes chaleurs.

L'acide étant reconnu bon, il est procédé à l'essai.

On trace deux touches parallèles sur la pierre en laissant entre elles un intervalle suffisant pour une troisième. Pour que la touche soit ferme et régulière il faut tenir l'objet entre le pouce et le premier doigt de la main droite et frotter sur la pierre en appuyant le médius de la main gauche contre le doigt de la droite. Dans l'intervalle on trace une touche avec l'alliage à 750. L'examen de la couleur, en faisant varier l'incidence de la lumière sur la pierre, n'indiquera de différence que si le titre de l'ouvrage est très bas.

L'agitateur en verre plein est plongé dans le flacon, retiré et promené délicatement 6 à 10 fois d'une manière égale sur les trois touches. On examine aussitôt ; après quelques secondes on presse légèrement sur ces touches avec un tampon de linge fin et blanc, et on recommence l'action de l'acide de la même façon. Souvent, on saisit une différence qui a échappé lors du premier traitement.

J'ai dit plus haut comment on préparait une grenaille pour l'essayer au touchau lorsque la trace du bijou a paru faible ou quand on opère sur un bijou creux.

Cette grenaille, pressée entre les mâchoires de la pince

coupante, est essayée comme ci-dessus en faisant deux
traces : seulement, au milieu de ces deux traces on en fait
une troisième avec le touchau à 730. Si la touche paraît
faible ou même douteuse, la grenaille sert à faire un essai
de titre par inquartation.

Cet essai doit être fait en employant pour le départ
un acide à 22° et un seul acide à 32° [1].

Lorsque l'essayeur examine un bijou, il n'en cherche
pas le titre exact, il se propose seulement d'établir s'il
est au dessus d'un titre minimum. Il n'en est pas de même
lorsqu'il essaie un lingot ; le titre rigoureux doit être
obtenu.

Les essais au touchau exigent une grande habitude.
L'essayeur doit étudier sa pierre, son acide, avec un soin
extrême. L'action de l'acide doit être plutôt un peu
lente que trop rapide ; néanmoins, il ne faut pas prolonger
trop le contact parce que l'or s'attaquerait lui-même, la
trace deviendrait sombre et d'intensité trop faible.

Si la proportion d'argent était un peu forte, il se
ferait un trouble, blanc laiteux, dû à la formation de
chlorure d'argent. Le tampon l'enlèvera et le second
passage à l'acide donnera un résultat meilleur que le
premier.

Remarques. — 1° Il ne faut pas oublier de faire une
première touche qui ne sert pas à l'essai, pour enlever la
partie tout à fait extérieure du bijou parce que souvent
on l'a passé à l'acide pour chercher à rendre plus riches les
surfaces visibles, ou parce que le bijou, n'étant pas
achevé, est recouvert de corps gras, d'oxydes, etc. Le

---

[1] Riche et Gélis, *l'Art de l'Essayeur*, § 116.

mieux est même d'enlever la surface avec un grattoir ou une lime douce.

2° L'acide doit être conservé, quand il ne sert pas, à l'abri de la lumière. S'il fait très froid, son action se ralentit et, dans ce cas, on peut le tenir quelques minutes près du fourneau de coupelle. Par les grandes chaleurs il devient trop actif; si on ne peut pas le tenir frais, il faut y ajouter quelques gouttes d'acide nitrique, ou mieux en faire de l'autre.

3° Le flacon, ne servant pas, doit être tenu bouché à l'émeri.

L'acide sera essayé tous les matins et corrigé par de l'acide chlorhydrique ou de l'acide nitrique goutte à goute s'il ne donne pas sensiblement les réactions décrites dans la préparation de l'acide.

Lorsque la pierre est de bonne nature, après avoir passé l'acide, et essuyé, avec le tampon, les traits doivent rester très visibles, et l'on peut même recommencer deux fois sans que la touche ait disparu. Le troisième passage à l'acide donne quelquefois une indication nette qui a été douteuse aux premiers acides, pour les titres de 730 à 750.

Avec certaines pierres un peu tendres, on arrive a de bonnes touches en les frottant très légèrement avec des traces d'huile grasse avant de s'en servir pour l'essai.

Pour nettoyer les pierres on les frotte, soit avec de la pierre ponce en fragments si la pierre est bonne et dure; soit avec de la poudre d'émeri fine quand la pierre est tendre. Lorsqu'il y a un grand nombre de pierres dans un bureau très occupé, ces corps frottants sont montés sur une meule; quelques essayeurs se servent même d'une meule ordinaire à grain très fin.

Il faut, en tout cas, agir avec beaucoup de précautions, car les pierres s'usent assez fortement, surtout celles qui sont de qualité inférieure ou seulement un peu molles ; en outre les pierres deviennent rugueuses.

On emploie en Autriche, une pâte de charbon de bois, tamisé très finement, et d'huile, qu'on applique sur les pierres au moyen d'un feutre fort, tendu sur un bois. Il est difficile de ne pas laisser, malgré tous les soins, quelques débris très minimes de charbon sur la pierre, débris qui gênent surtout dans les essais d'argent.

La pierre de touche est frottée contre le corps dur, en présence de l'eau.

Lorsque les traces d'or ont disparu, on enlève les souillures avec une éponge, ou à grande eau, on sèche la pierre dans un linge, on met une goutte de bonne huile sur le centre et, après avoir étalé cette huile avec le plat de la main, on la frotte avec un linge doux et propre. La pierre devient mate ; on la conserve à l'abri des poussières, et on l'essuie avec beaucoup de soin avant de s'en servir.

La couleur des bijoux est variable avec la mode. L'or rouge est formé d'or et de cuivre, ou ajoute généralement à ce dernier métal 1 ou 2 pour 100 d'argent. L'or vert est de l'or allié à de l'argent sans cuivre. L'or jaune de teintes différentes est obtenu avec du cuivre et de l'argent en proportions variables. L'adjonction de l'argent facilite l'union du cuivre à l'or. Il permet aussi de faire varier la teinte suivant le goût du moment.

On entend par *touchaux* des disques ou des lames, de forte épaisseur, obtenus avec des alliages de titre connu, exactement dosés. Le mieux est que l'essayeur les prépare

lui-même, et les essaie par l'inquartation avant de les
monter.

Les touchaux qu'on trouve dans le commerce sont généralement sous forme de petits disques, placés à l'extrémité d'une étoile en métal, à cinq rayons (fig. 39). Sur
chacun des rayons est insculpé le titre de l'alliage :

583 m. m. ou 14 karats,   708 m. m. ou 17 karats,
625 m. m. ou 15 karats,   750 m. m. ou 18 karats (titre légal).
667 m. m. ou 16 karats,

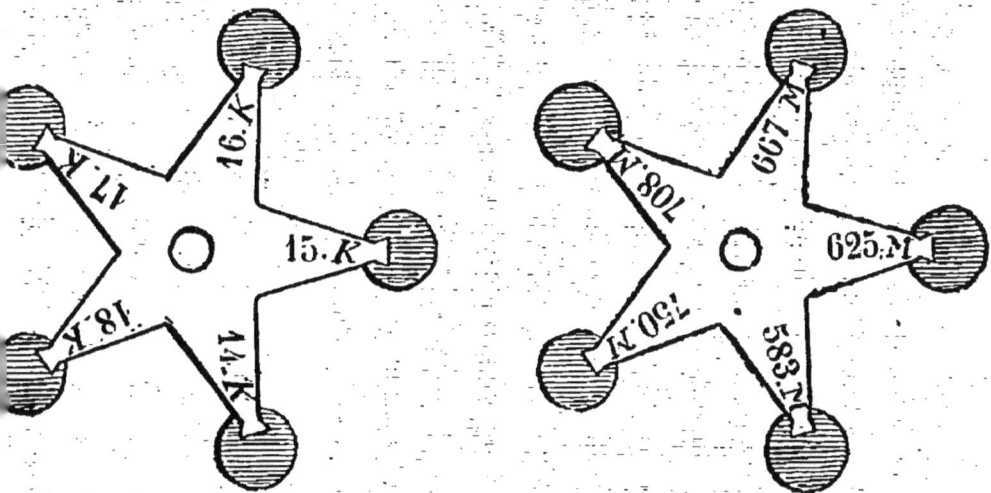

FIG. 39. — Étoile de touchaux.

Le touchau de 730 qui ne figure pas dans ces étoiles
est le plus indispensable de tous soit pour l'essai de la liqueur, soit pour l'essai des bijoux creux.

Il est beaucoup plus commode de souder les touchaux
à l'extrémité d'une tige de laiton droite et solide (fig. 40)
que de se servir de ces étoiles fragiles, trop courtes, qu'on
ne peut pas serrer à la main. Il est de la plus haute importance, pour un essayeur de garantie, d'avoir des touchaux de comparaison, de la même couleur que les
bijoux qu'il essaie, par ce que deux objets, exactement

au même titre, ne s'attaquent pas également vite suivant
que l'or est allié à l'argent ou au cuivre ; le plus riche
en argent paraîtra de titre moins élevé que celui dans
lequel domine le cuivre.

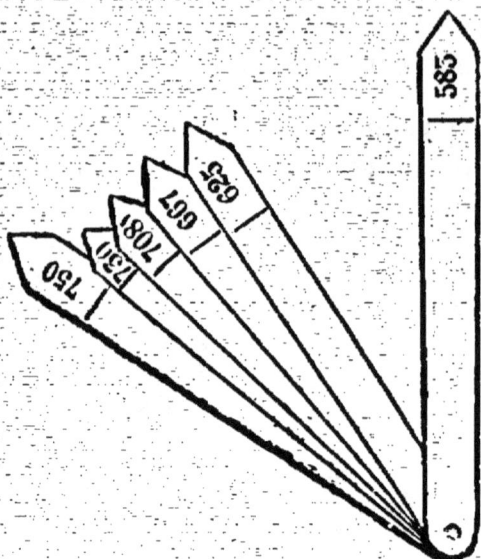

FIG. 40. — Touchau

Dans les autres pays où l'on fabrique beaucoup de bijoux
à bas titre — à 500 ou à 583 millièmes — on emploie une
eau régale de composition différente de celle qui a été
donnée ci-dessus ; ainsi, en Autriche, on essaie les bijoux
de titre faible, avec un liquide formé par parties égales
d'eau et de l'acide dont on a donné plus haut la composition.

Les marchands d'or se servent, pour avoir une idée du
titre des pièces qu'on leur présente, d'un acide à touchau,
peu sensible d'ailleurs, dont voici les compositions :

Eau à toucher l'or à 900 millièmes.

		c. c
Acide nitrique pur à 40°.	800
Acide chlorhydrique pur.	100
Eau distillée.	300

Eau pour l'or à 500 millièmes.

	c. c.
Acide nitrique pur à 40°.	800
Acide chlorhydrique pur.	10
Eau distillée.	400

Pour toucher les dorés jusqu'à 150 ou 200 millièmes, on se sert simplement d'acide nitrique pur à 32°.

Lorsque le bijou paraît douteux, parce qu'il y a lieu de penser qu'il y a été coulé de la soudure ou qu'on a employé de la soudure dans les points où il n'y eu avait pas besoin, on gratte sur diverses parties et l'on fait tomber sur ces points une goutte d'acide.

Il est important d'agir ainsi, notamment pour s'assurer qu'il n'a pas été fait un emploi exagéré de la soudure, parce qu'il est clair que, lorsqu'on touche un bijou pour établir que l'or est au titre, on ne peut et ne doit toucher que les parties où il n'y a pas de soudure. Il est donc nécessaire de se convaincre qu'on n'a mis de la soudure qu'aux points où elle est nécesssaire et dans la proportion utile.

Il y a d'autant plus lieu de recommander cette opération que, dans un but d'économie non justifiée, les fabricants, au lieu d'employer de l'or à 15 karats comme autrefois, font leurs soudures avec du cuivre et de l'argent ou avec des alliages comme ceux-ci :

Or.	228	382
Argent.	404	346
Cuivre.	308	272

Dans la loi russe et dans la loi autrichienne, le cas a été prévu; la soudure d'or doit contenir, au moins, moitié de son poids d'or.

Les touchaux qu'on prépare sur peu de matière sont aigres, et se gercent quand on veut les aplatir. On évitera cet inconvénient en alliant d'abord l'or à 5 ou 10 millièmes de cuivre, puis en ajoutant le cuivre à ce premier alliage. Le cuivre doit être très pur.

Essai d'argent. — La bijouterie d'argent est essayée au touchau, ainsi que certaines pièces de joaillerie dont on ne peut pas enlever par le grattage assez de matière pour en faire un essai par voie humide ou par voie sèche.

Il ne faut pas oublier que l'essai de titre est la règle et que, s'il y a de l'incertitude, on doit briser l'objet pour exécuter l'essai réglementaire soit par voie humide, soit par coupellation, ou en gratter pour faire cet essai.

On trouve dans le commerce des touchaux de 950-930 pour le premier titre; de 800, 780, 740, 700 pour le deuxième titre; il est nécessaire de les vérifier. Le mieux est de les préparer soi-même.

On n'emploie pas d'acide, car il attaque l'argent comme le cuivre.

On enlève par une première touche la couche superficielle et on n'essaie que la seconde. Il est nécessaire de comparer le trait à des traits, aussi semblables que possible, obtenus avec les touchaux de comparaison.

S'il y a doute on enlève la couche superficielle avec le grattoir en un ou plusieurs points et l'on fait tomber sur ces places une goutte de solution de sulfate d'argent : l'alliage à 800 devient brun-marron au bout de quelques instants, tandis que les alliages inférieurs brunissent d'autant plus vite et d'une manière d'autant plus accusée qu'ils sont plus faibles en titre.

Le même réactif n'attaque pas l'argent au premier titre.

Il *noircit aussitôt* en présence du maillechort, alliage avec lequel on a souvent cherché à frauder les bijoux.

On reconnaîtra le maillechort d'une façon plus sûre en grattant un point du bijou et en y mettant une goutte d'acide nitrique, puis une goutte de sel marin : s'il y a de l'argent, le liquide se trouble par la formation de caillots blancs de chlorure d'argent, tandis que la liqueur ne se trouble pas en présence du maillechort.

Remarques. — I. Pour préparer la solution de sulfate d'argent, il faut commencer par obtenir ce sel, en versant, goutte à goutte, du nitrate d'argent dans une solution de sulfate de soude, tant qu'il se forme un précipité. L'expérience se fait convenablement dans un verre à expérience ; on agite avec une baguette en verre pendant qu'on verse le nitrate. Le dépôt blanc est lavé quatre ou cinq fois à l'eau distillée, puis versé dans un flacon bouchant à l'émeri, qu'on remplit ensuite avec de l'eau distillée.

Quand on a besoin de réactif, on décante la liqueur dans un petit flacon à l'émeri où l'on prend la liqueur avec un agitateur en verre.

Le sulfate d'argent étant très peu soluble, on rajoute de l'eau dans le flacon tant qu'il reste du sulfate dans le fond.

II. M. Gineston a donné, pour distinguer le premier et le second titre d'argent, un autre procédé qui consiste dans l'emploi de l'acide chromique, lequel donne en présence de l'argent un précipité cramoisi de chromate d'argent d'autant plus rapidement et d'une couleur d'autant plus foncée que l'argent est à un titre plus élevé. On dissout 1 gramme d'acide chromique dans 20 grammes d'eau.

La liqueur est bonne quand elle attaque immédiatement une touche d'argent à 950 et ne réagit qu'avec lenteur sur une touche à 800.

On peut distinguer nettement l'alliage à 800 d'une pièce divisionnaire de monnaie qui est à 835 en étudiant convenablement la préparation de cet acide.

Pour les alliages inférieurs à 800 qui ne seraient pas attaqués, on sensibilise la réaction en ajoutant sur la touche, après la liqueur, une goutte d'acide nitrique.

Un alliage d'argent et de nickel avec lequel on fabrique, en Angleterre, des couverts qui ont la blancheur du premier titre d'argent est aussitôt distingué de ce dernier par l'acide chromique.

III. M. Roubertie, essayeur de garantie à Bordeaux, remplace l'acide chromique par un mélange de cet acide et de bichromate de potasse qu'il obtient en ajoutant un excès d'acide sulfurique à une solution concentrée et chaude de bichromate de potasse, et en évaporant à sec. Il dissout 5 grammes de ce mélange dans 100 grammes d'eau.

Il dépose une goutte de ce produit sur la pièce et sur les touchaux de comparaison et il fait tomber ce liquide après 10 secondes.

On a deux touches très différentes sur l'alliage à 900 et sur l'alliage à 950.

On peut opérer aussi sur des touches faites à la pierre.

En Autriche, on emploie, pour le même usage, dans les bureaux d'essai un mélange de :

3 parties bichromate de potasse.
4 — acide sulfurique concentré.
32 — eau distillée.

IV. M. Lecavalier a proposé, en 1850, d'exécuter les essais avec une solution de 2 parties de foie de soufre dans 100 parties d'eau, par comparaison avec des touchaux connus. Les résultats obtenus au Laboratoire des essais ont été satisfaisants pour les titres compris entre 700 et 850 millièmes, car ils ont permis à des personnes n'ayant pas l'habitude de ce travail d'accuser le titre vrai à 15 ou 20 millièmes. Je ne crois pas qu'on obtienne aussi nettement ce résultat avec la touche simple. Cette liqueur ne se conserve pas longtemps, elle exhale l'odeur d'hydrogène sulfuré.

Au dessus de 850, et par conséquent pour les ouvrages au 1er titre, l'action est trop lente pour être pratique. Il en est de même pour le maillechort, ce qui est un danger sérieux, et il faut, dans ce cas, faire un autre essai à l'acide nitrique et au sel.

MANUTENTION DES POINÇONS

La manutention des poinçons appartient au contrôleur du bureau de garantie. Les prescriptions de la loi de brumaire et les considérations que j'ai développées[1] pour l'entretien, la conservation des poinçons et leur renvoi à l'Administration des monnaies dès qu'ils ont subi la plus *légère* altération, ne doivent jamais être perdues de vue par ce fonctionnaire et par l'essayeur aussi, parce que ce dernier est appelé, dans les cas de vacance, de maladie, etc., à remplacer le contrôleur.

La marque exige deux personnes : l'une qui tient le bijou (*présenteur*) sur la bigorne, l'autre qui insculpe le

[1] P. 251.

poinçon *(marqueur)*. Quelquefois, dans des cas pressants, l'essayeur remplit l'un de ces rôles; il est donc nécessaire qu'il connaisse la manutention des poinçons.

Je ne reviendrai pas sur les bigornes et les poinçons courants qui ont été décrits, sur les formalités à accomplir pour prendre ces poinçons dans le coffre à trois serrures (art. 55 de la loi).

Quant au receveur, il doit peser lui-même, ou faire peser par un aide, les pièces essayées, et inscrire sur le bulletin le poids et le droit de marque. Il possède un registre paraphé spécial contenant ces indications.

L'assujetti doit être tenu tout à fait à l'écart durant les opérations, et il ne faut pas surtout qu'il aide à la marque, car il y a eu plusieurs fois des détournements et des fraudes par suite de l'omission de ces prescriptions.

Le poinçon retiré du coffre sera frotté avec le gratte-bosse et placé sur le bijou posé sur la bigorne. Le marqueur tiendra le poinçon de façon que les numéros et les signes du bureau inscrits sur le poinçon soient en face de lui. Il donnera un coup sec avec un marteau qui sera *lourd*, s'il s'agit d'insculper un poinçon de titre, c'est-à-dire un gros poinçon, ou les poinçons de charançon, et qui sera *léger* pour les poinçons de petite garantie et les poinçons E T.

Je n'insisterai pas sur le poinçon à employer qui varie avec la nature du bijou, le mode d'essai, le résultat de cet essai et la destination de l'ouvrage[1].

Je répéterai que le poinçon de titre n'est apposé que si l'ouvrage a reçu l'essai de *titre*; que lorsqu'il n'a pu

[1] P. 215 à 233.

être essayé qu'au touchau, on doit y insculper le poinçon de *petite garantie*. Il y a même certains objets, ayant subi l'essai de titre, sur lesquels on ne peut appliquer que ce dernier poinçon, parce qu'ils sont trop minces ou trop petits pour que les poinçons de titre y soient placés à cause de leur masse ou de leur volume.

La contremarque sera insculpée toutes les fois que les ouvrages sont de nature à en supporter l'empreinte.

Si le poinçon doit être apposé en deux places, comme sur les couvercles, plats, cuvettes, etc., on mettra sur le bord ou sur la moulure le poinçon avec la contremarque, et, au fond, en dehors, le poinçon sans contremarque.

Le poinçon ET ne s'appose que sur les bijoux des pays non contractants quand ils sont au titre français, et sur les bijoux d'or et d'argent vendus par les monts-de-piété et dans les ventes publiques. Tout ouvrage, à un titre inférieur au titre légal le plus bas, doit être brisé ; tout ouvrage *fourré*, c'est-à-dire contenant un métal commun *dissimulé*, ou un alliage en dessous des tolérances *dissimulé*, doit être brisé et le fabricant poursuivi.

Le poinçon sera appliqué sur les accessoires comme sur le corps principal du bijou. Ainsi, les boucles d'oreilles avec pendeloques libres et attachées doivent être contrôlées sur le talon de la boucle et sur la pendeloque.

Certains objets très petits ou très délicats, spécifiés dans le catalogue dont il est question ci-dessus (page 260), sont dispensés de la marque.

Les montres françaises pourront être marquées du poinçon de titre avec contremarque, ou du poinçon de petite garantie, au choix du fabricant, mais elles seront essayées à la coupelle.

Les montres étrangères importées doivent être marquées, à la fois, sur le bouton et sur la cuvette, du poinçon spécial, *la chimère*.

Cependant on a autorisé l'emploi, dans certains cas exceptionnels, du poinçon de petite garantie pour la marque du fond et de la cuvette des montres très délicates ; le service doit apprécier si c'est nécessaire. On a dit plus haut, dans l'article *Contrôleurs*, que la fabrication des boîtes de montres composées d'or, d'argent et de platine, a été autorisée. Les parties d'or et d'argent seront, après essai, marquées des poinçons destinés à garantir le titre de chaque métal. Le droit sera perçu d'après le poids de chaque métal ou estimé.

La fabrication des bijoux composés d'or, argent et platine, a été autorisée dans les mêmes conditions ; ce n'est que par suite d'une tolérance qu'expliquent le prix et l'inaltérabilité du platine qu'on est arrivé à contrôler des ouvrages où le platine atteint jusqu'à 50 pour 100. La matière formant le corps principal sera essayée et marquée dans la forme ordinaire. Les autres métaux ne pourront être employés que comme ornements et leur poids sera confondu avec celui de la matière principale en ce qui concerne le droit.

Il doit être prohibé d'employer un métal ou un alliage commun ressemblant au métal précieux, tel que le similor ou le maillechort. S'il y a besoin pour les mécanismes, etc., de faire usage d'un métal commun, ce métal sera choisi de façon qu'on ne puisse pas le confondre avec le métal précieux : exemple l'acier, et il sera toujours visible *(barrettes, ressorts, mouvements)*.

La fraude s'exerce fréquemment sur les bijoux en enlevant le point où est la marque d'un bijou contrôlé et en plaçant cette marque sur un autre bijou qui échappe alors aux droits. Cette opération, nommée *enture*, est très gravement punie *(crime d'enture)*; aussi les juges l'écartent-ils à l'ordinaire. Le mieux pour l'éviter est la précaution, *rarement suivie*, que devrait avoir toujours le contrôleur d'appliquer la marque aussi près que possible d'une soudure, pour que l'empreinte soit détériorée lorsque le fraudeur désoudera le bijou pour enlever le point marqué.

On a, à diverses époques, fait des tentatives pour déjouer ces fraudes; malheureusement, ces procédés, n'ayant pas été reconnus officiellement, n'ont pas été appliqués dans tous les bureaux. C'est à Paris surtout, sous la direction de M. Moreau, et grâce à l'esprit d'initiative et à l'énergie de M. l'inspecteur Garnier, que les principales modifications, celle de la *marque au poids* notamment, ont été réalisées.

On détachait, sur un bouton de chemise contrôlé, le patin du reste du bijou, et on y substituait la partie correspondante d'un bouton de manchette qui est plus lourd, pour bénéficier du droit sur la différence de poids. On a résolu la difficulté en n'insculpant pas la tête d'aigle (petite garantie d'or de Paris) dans la même position sur les deux sortes de bijoux.

On a vu que les chaînes pleines sont marquées avec le poinçon de *remarque* de 10 en 10 centimètres. Si elles sont trop fines pour que ce moyen soit pratique, on les marque en *garniture*, c'est-à-dire qu'on ne marque qu'en une seule place, mais avec deux coups du poinçon de *petite garantie*; on opère de même avec les chaînes en argent. En faisant varier sur une chaîne la disposition de deux têtes d'aigle, on a un aperçu de la longueur de cette chaîne; ainsi, la chaîne qui est moins longue que 20 centimètres est marquée de deux têtes d'aigle, disposées *bec contre nuque ;* deux têtes, placées *bec contre bec*, indiquent une chaîne ayant de 20 à 40 centimètres; les chaînes ayant plus de 40 centimètres sont poinçonnées avec deux têtes d'aigle *nuque contre nuque.*

La marque en garniture s'appliquait aussi sur les médaillons, les bracelets, les pendants d'oreille, et, en général, sur les bijoux formés de plusieurs parties dont une seule est assez forte pour recevoir le coup de poinçon; alors on enlevait ces accessoires, une fois le bijou contrôlé et on les remplaçait par d'autres à bas titre. Cette fraude est prévenue de la façon suivante sur les médaillons :

Application *d'un seul coup de poinçon* quand les médaillons sont présentés à la marque sans ornements ni appliques ; de *deux coups de poinçon en suivant,* quand ils sont présentés avec ornements et sans appliques ; de *deux coups bec à bec* de la tête d'aigle quand les médaillons sont présentés avec appliques sans ornements ; enfin de *deux coups nuque à nuque* quand les médaillons sont revêtus d'appliques et d'ornements.

Ce mode d'opérer est applicable sur tous les ouvrages usuels formés de plusieurs parties. Il est insuffisant pour déjouer la fraude et il a été complété par une réglementation dans la disposition relative des marques.

La *marque au poids*, adoptée depuis longtemps, dans un certain nombre de bureaux de garantie à l'égard des ouvrages d'or de fabrication nationale, est devenue obligatoire depuis 1884[1] et elle s'applique également aux ouvrages étrangers, et aux ouvrages nationaux réimportés.

Considérons une chaîne d'or *creuse*, un bracelet, un collier, ou un bijou analogue ; s'il s'agit d'une chaîne, la marque à lieu sur l'anneau plein ; pour un bracelet ou un autre ouvrage se fermant par un cliquet, elle est opérée sur ce cliquet. Ce mode de marquer très ingénieux repose, s'il s'agit des bijoux à l'intérieur, sur la combinaison de deux poinçons, qui sont, pour Paris, la tête d'aigle et la *remarque ;* pour les départements la tête de *cheval* et la *remarque*.

La tête d'aigle ou la tête de cheval représente les unités et la *remarque* indique les dizaines.

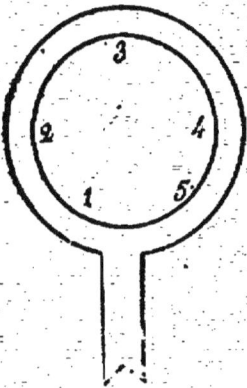

FIG. 41. — Marque au poids sur l'anneau plein d'une chaîne.

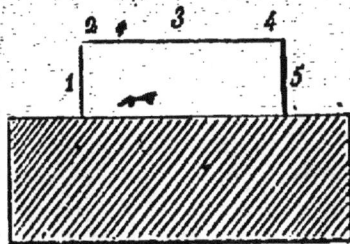

FIG. 42. — Marque au poids sur le cliquet d'un bracelet, d'un collier.

Les deux figures ci-contre indiquent les diverses places d'insculpation sur un anneau (fig. 41), sur un cliquet (fig. 42). Une unité ou une dizaine se marque au point 1; deux unités, deux dizaines au point 2 et de même jusqu'à 5.

[1] *Circulaire 401 des Contrib. indir.*, 22 juillet 1884.

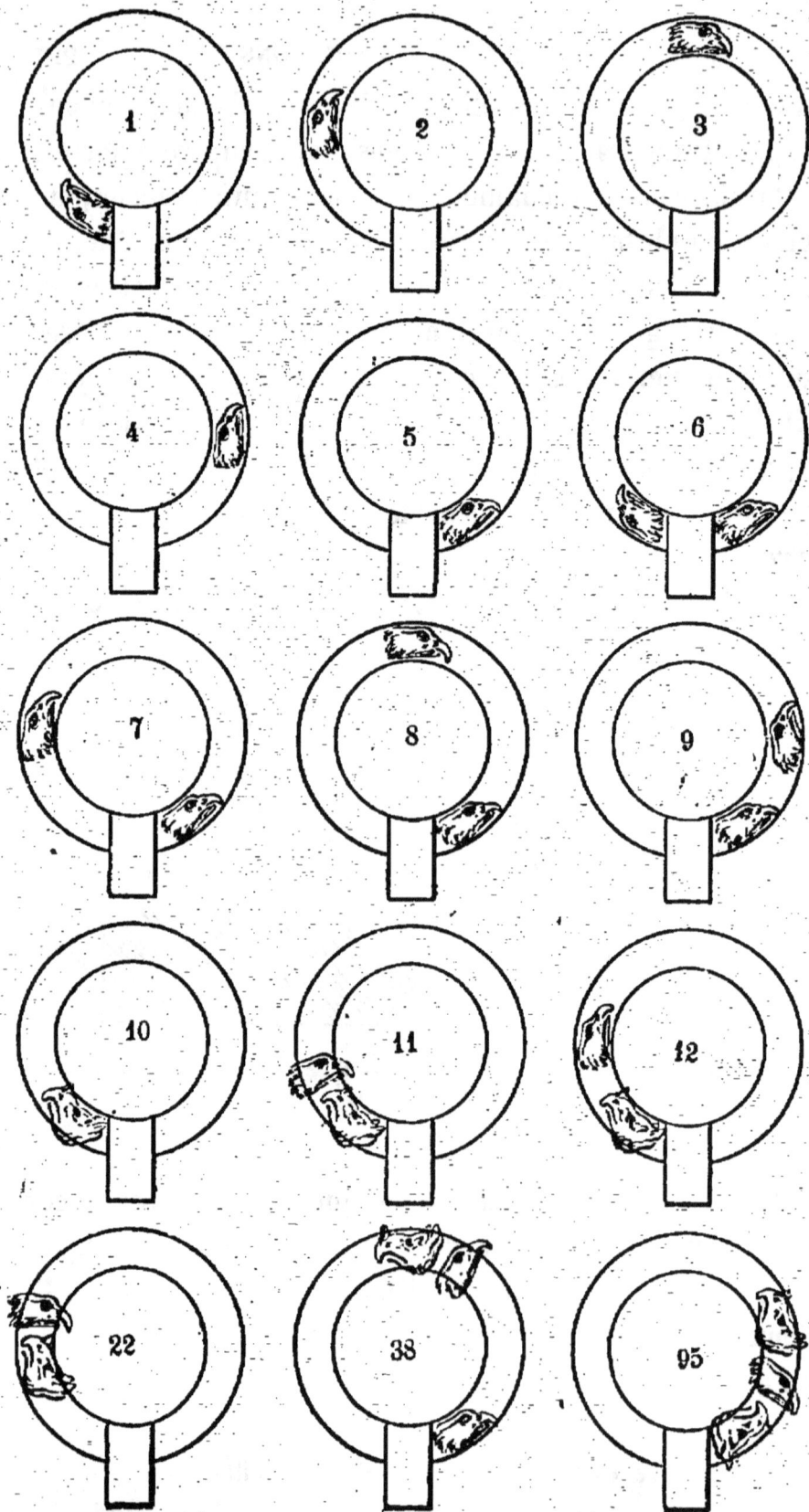

FIG. 43. — Figures schématiques faisant comprendre la marque au poids.

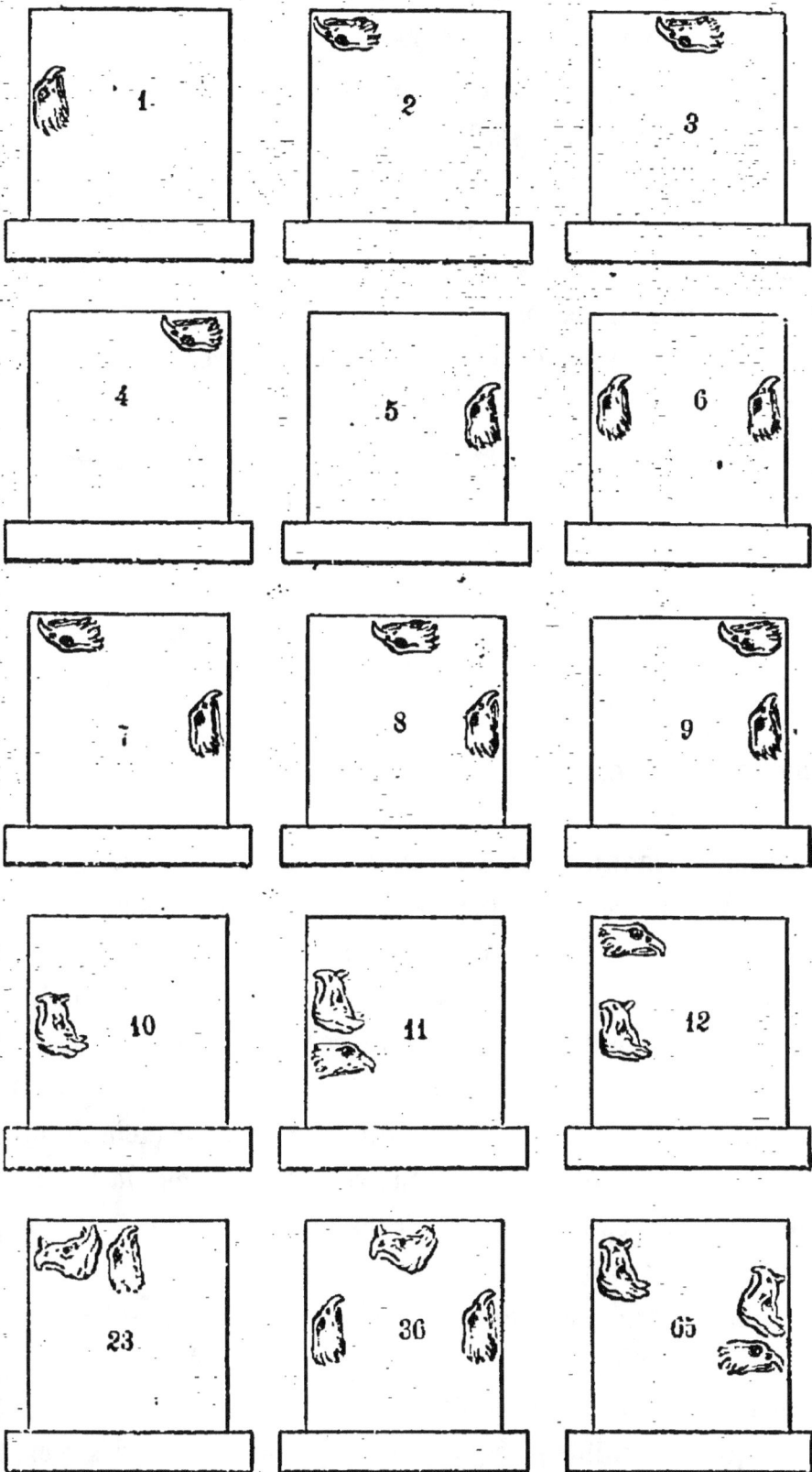

FIG. 44. — Figures schématiques faisant comprendre la marque au poids.

Soit un objet pesant 10 grammes, on mettra au point 1 la tête du rhinocéros seule.

S'agit-il d'un objet pesant 11 grammes, on placera au point 1, l'une à côté de l'autre, la tête d'aigle (pour Paris), ou la tête de cheval (pour les départements), et la tête de rhinocéros.

Quand il y a les deux poinçons l'un auprès de l'autre, comme dans le dernier exemple, le poinçon indiquant les dizaines est placé dans le sens du fil et le poinçon des unités est disposé en travers. Si le nombre n'exige qu'un poinçon, la tête de l'animal est placée dans le sens du fil.

On marque de gramme en gramme jusqu'à 20 grammes; de 2 en 2 grammes jusqu'à 50 grammes; de 5 grammes en 5 grammes au-dessus de 50 grammes; lorsqu'on arrive à 100 grammes, on met deux têtes de rhinocéros au point 1.

Indépendamment de ces empreintes sur l'anneau plein d'un bijou creux, et pour éviter qu'on ne désoude cet anneau, on applique, tout près de l'attache de cet anneau et transversalement, un coup du poinçon de petite garantie qui sert de point de repère pour les vérifications et qui est appelé le *coup de soudure.*

Il a pour but d'empêcher que le point d'attache d'un anneau puisse être déplacé en vue de changer la valeur des empreintes indicatives du poids et de rendre possible la substitution d'un autre ouvrage plus lourd.

Les ouvrages à l'importation doivent être marqués au poids par le même système, à l'aide du poinçon le *charançon* qu'on insculpe dans deux positions inverses. Il indique des unités lorsque les pattes sont tournées vers l'intérieur de l'anneau ou du cliquet; il signifie des dizaines lorsqu'elles sont dirigées vers l'extérieur.

Ces indications sont nettes et faciles à vérifier avec une loupe très ordinaire, et j'ai cru bon de les faire connaître, non seulement pour les fonctionnaires des bureaux de garantie, mais aussi pour l'acheteur ordinaire en vue de lui permettre de se rendre compte de la valeur de l'ouvrage qu'il veut acheter ou qu'il possède.

Le délégué de la Suisse à la Conférence monétaire internationale de 1881 ayant demandé que les délégués des divers pays prissent des renseignements, près de leurs gouvernements respectifs, pour établir la quantité de métaux précieux employés aux usages industriels, on a obtenu des indications d'une certaine exactitude sur ce sujet dans diverses contrées.

Voici celles qui ont été communiquées pour la France.

L'administration française ne possède des renseignements que sur les emplois dans l'orfévrerie, la bijouterie et la joaillerie, qui sont, d'ailleurs les plus importants.

La quantité d'or employée à ces usages est évaluée annuellement à 14.000 kil.

On peut considérer l'ensemble comme étant à 740 millièmes, soit en valeur (chiffres ronds) . . . . . . 35.600.000 fr.

Une assez forte proportion échappe par la fraude soit 1/4, 1/5, 2.800 kil. 7.100.000

La fabrication des médailles emploie 100 kil. au titre de 916. . . . . 314.000
_____
43.014.000

Cela représente au moins 12.500 kil. d'or fin.

La dorure à la pile ou au mercure, l'emploi de l'or par les photographes représentent environ 700 kil. d'or fin.

Les quantités d'argent consommées sont :

Orfèvrerie 80.000 kil. à 940 millièmes. . . . 16.585.600 fr.

Médailles 2.379 kil. à 950 millièmes. 442.120

17.027.720

Il faut y joindre environ 26.091 kil. d'argent employé pour l'argenture et 9.200 kil. consommés pour la tréfilerie, la passementerie, la photographie, soit 35.291 kil. d'argent.

En résumé, la consommation de l'or serait environ de. . . . . 45.000.000 fr.

Et celle de l'argent. 24.000.000

Soit à peu près 70 millions de francs. 69.000.000

POIDS DES OUVRAGES PRÉSENTÉS AU CONTROLE

	OR	ARGENT
1861–1870.	11.099 kil.	66.225 kil.
1871–1875.	10.706	64.478
1876.	11.635	72.054
1877.	11.191	70.393
1878.	12.722	76.385
1879.	12.407	73.795
1880.	12.845	75.508
1881.	14.534	82.091
1882.	14.264	82.201
1883.	12.771	82.239

Le produit est assurément très faible si on le compare à celui de la plupart des autres impôts, mais ce serait une idée fausse que d'envisager le droit de garantie au point de vue exclusif de son revenu. Il représente un intérêt plus élevé, un intérêt moral, qui est celui de sauvegarder la sûreté des transactions sur les ouvrages en métaux précieux et de constituer, comme son nom l'indique, une *garantie* pour le public qui est certain d'avoir une matière loyale lorsqu'elle a reçu les poinçons de l'État; c'est pour cela que les bijoux français ont conservé une réputation méritée dans tous les pays civilisés, et il est de notre devoir de la maintenir dans l'avenir.

CHAPITRE III

Il n'existe pas, à ma connaissance, d'ouvrage sur ce sujet.

Il m'a été très difficile de me procurer les renseignements suivants, et je désire remercier ici les personnes qui ont bien voulu me les adresser.

Cette extrême difficulté me fera pardonner, j'espère, les erreurs de détail qui ont pu se glisser dans ce travail, malgré toutes les précautions que j'ai prises.

Je donnerai, autant que possible, les textes principaux des lois et des règlements, au moins pour les pays voisins de la France, comme la Suisse, l'Allemagne, etc., avec lesquels la France a des rapports incessants pour les ouvrages en métaux précieux.

Suisse

LOI FÉDÉRALE DU 23 DÉCEMBRE 1880

ARTICLE PREMIER. — La fabrication et la vente des ouvrages d'or et d'argent à tous les titres sont soumises aux dispositions suivantes.

A. Pour les boîtes de montre portant, dans une langue quelconque ou en chiffres, en entier ou en abrégé, l'une des indications suivantes ou tout autre correspondante, savoir :

pour l'or. . . . 18 karats ou 750 millièmes et au-dessus,
14 karats ou 583 millièmes,
pour l'argent. 875 millièmes et au-dessus,
800 millièmes,

le contrôle est obligatoire : elles doivent être munies, suivant les prescriptions du règlement fédéral d'exécution, du poinçon fédéral de contrôle, à moins qu'elles ne portent le poinçon officiel, reconnu équivalent, d'un autre état.

B. Pour les autres ouvrages d'or et d'argent (orfèvrerie et bijouterie), le contrôle est facultatif. Ceux de ces ouvrages aux titres supérieurs, savoir : or : 18 karats ou 750 millièmes et au-dessus ; argent : 875 millièmes et au-dessus, peuvent être poinçonnés officiellement lors même qu'ils ne contiennent pas d'indication de titre.

ART. 2. — Les ouvrages quelconques d'or et d'argent (boîtes de montres, orfèvrerie, bijouterie) non contrôlés officiellement ne peuvent porter d'autre indication, quant à leur composition ou alliage, que celle de leur titre réel. S'ils portent cette indication ils doivent en outre être munis de la marque ou du signe de producteur, conformément aux dispositions du règlement d'exécution.

Il est accordé, pour les essais, une tolérance de 3 millièmes pour l'or et de 5 millièmes pour l'argent, quel qu'en soit le titre.

Aucune partie des ouvrages quelconques d'or et d'argent ne peut être à un titre inférieur à celui poinçonné ou indiqué. Le règlement d'exécution édictera les dispositions de détail en statuant les exceptions nécessaires.

Il est interdit d'insculper, sur des ouvrages d'un autre métal ou sur des objets plaqués, des indications tendant à tromper l'acheteur.

ART. 3 — La création de bureaux de contrôle est l'affaire des cantons, sous réserve des dispositions suivantes concernant leur organisation.

Les essayeurs-jurés doivent avoir un diplôme fédéral. Ils sont soumis pour la partie technique de leur art, aux directions et à la surveillance de l'autorité fédérale.

Les bureaux doivent être pourvus d'un nombre suffisant d'essayeurs et d'autres employés, ainsi que des installations et du matériel nécessaires pour les essais, suivant les prescriptions fédérales.

Ils ont l'obligation d'essayer et de poinçonner, dans l'ordre de réception, les objets qui leur sont envoyés, de quelque partie de la Suisse qu'ils proviennent, ainsi que de les retourner sans frais d'emballage. Le règlement fédéral pourra prescrire des mesures en vue d'obvier à l'encombrement des bureaux.

Les taxes à percevoir pour les essais et poinçonnements sont fixées par le règlement fédéral. Elles ne peuvent avoir un caractère fiscal.

Les recettes appartiennent aux cantons ou communes qui ont à subvenir à l'entretien et aux charges des bureaux.

Les bureaux de contrôle sont responsables de leurs essais et poinçonnements ; ils le sont pour ce qui concerne les objets qui leur ont été confiés, conjointement avec les communes et les cantons auxquels ils sont subordonnés.

ART. 4. — Il sera institué à l'École polytechnique suisse un bureau fédéral de contrôle, spécialement destiné à former des essayeurs possédant les connaissances nécessaires, ainsi qu'à reviser, en cas de contestation, les essais d'autres bureaux.

Les recettes et les dépenses de ce bureau figureront au budget du département fédéral du commerce.

ART. 5. — Le département fédéral du commerce et de l'agriculture exerce la surveillance réservée à l'autorité fédérale par l'article 3. Il fournit aux bureaux de contrôle les poinçons fédéraux, contre remboursement des frais.

ART. 6. — Ceux qui auront fabriqué, vendu ou mis en vente des boîtes de montre portant l'indication de titres légaux sans poinçon officiel auront à payer cinq fois la valeur de la taxe de poinçonnement, si l'essai officiel démontre que l'indication n'est pas frauduleuse. Dans ce cas, l'apposition du poinçon sera faite d'office et sans autres frais.

Ceux qui auront fabriqué, vendu ou mis en vente des boîtes de montres à d'autres titres que les titres légaux ou d'autres ouvrages d'or ou d'argent non contrôlés officiellement avec des indications de titres, mais sans la marque ou le signe du producteur, auront à payer une amende représentant quatre fois la valeur de la taxe de poinçonnement des titres légaux, si l'essai officiel démontre que l'intention n'est pas frauduleuse.

Dans les deux cas ci-dessus, le total de l'amende ne pourra cependant excéder la somme de 500 francs.

Ceux qui, dans un but frauduleux, auront fabriqué, vendu ou mis en vente des objets, en contravention aux dispositions de la présente loi, seront punis d'une amende de fr. 30 à 2000 ou d'un emprisonnement de trois jours à une année, ou des deux peines réunies, dans les limites indiquées.

Sont réputées frauduleuses.

a. En ce qui concerne les ouvrages quelconques d'or ou d'argent :

1º Toute indication autre, quant à leur composition ou alliage que celle de leur titre réel, faite soit sur les ouvrages, soit à l'occasion de leur vente ou mise en vente ;

2º La présence, dans un ouvrage, de parties à un titre inférieur à celui poinçonné ou indiqué, sous réserve des dispositions et exceptions prévues par le règlement (art. 2, 3e alinéa de la loi);

b. En ce qui concerne les ouvrages d'un autre métal ou les objets plaqués, toute indication tendant à tromper l'acheteur, faite soit sur les ouvrages, soit à l'occasion de leur vente ou mise en vente.

Art. 7. — Toute personne qui aura contrefait, entièrement ou en partie, les marques officielles, ou qui aura appliqué sciemment les marques contrefaites, ou qui aura dénaturé ou fait dénaturer dans un but frauduleux, les marques officielles, sera condamnée à un emprisonnement d'un mois à une année et à une amende de 100 à 1000 francs.

Toute personne qui, en connaissance de cause, aura fait un usage illicite des poinçons officiels sera condamnée à un emprisonnement de 14 jours à une année et à une amende de 50 à 1000 francs. Si c'est un employé du contrôle, il s'ensuivra en outre la destitution et le retrait du diplôme fédéral.

Toute personne attachée à l'administration d'un bureau de contrôle qui copierait ou laisserait copier les ouvrages déposés au contrôle sera punie d'une amende de 20 à 200 francs ; s'il y a eu de sa part dol ou négligence grave, il s'ensuivra en outre la destitution et, le cas échéant, le retrait du diplôme fédéral.

Art. 8. — Le conseil fédéral pourra toujours prononcer l'interdiction de marques ou signes particuliers qui donneraient lieu à une confusion avec les poinçons officiels.

Art. 9. — En cas de récidive, ces peines peuvent être portées au double de celles prononcées la fois précédente.

Le produit des amendes et confiscations entre dans la caisse désignée par le canton.

En prononçant une amende, le juge doit fixer un emprisonnement équivalent à l'amende pour le cas où celle-ci ne serait pas payée.

L'indemnité civile demeure réservée pour tous les cas prévus aux articles 6 et 7.

ART. 10. — Les poursuites sont intentées à la demande de l'autorité de surveillance locale, cantonale ou fédérale, ou de la partie lésée.

Les tribunaux ordonneront, conformément aux lois de procédure, les perquisitions et mesures conservatoires nécessaires. Ils pourront prononcer la confiscation des objets saisis, jusqu'à concurrence des dommages-intérêts à payer à la partie lésée et des amendes dues. Ils pourront aussi ordonner, aux frais du condamné, l'insertion du jugement dans les feuilles publiques.

Dans tous les cas, les faux poinçons seront confisqués et détruits, et les objets portant des insculpations frauduleuses seront coupés.

ART. 11. — La présente loi entrera en vigueur le 1er janvier 1882.

FIG. 45. — Abeille (poinçon retiré le 30 avril 1882).

Dans les quatre mois qui ont précédé cette date, tous les ouvrages qui, sans porter d'indications de nature à tromper, ne répondaient pas aux conditions de la présente loi et des règlements d'exécution, ont pu être marqués d'un poinçon *ad hoc* ou plombés, par les bureaux de contrôle.

RÈGLEMENT D'EXÉCUTION (DU 17 MAI 1881.)

ARTICLE PREMIER. — Les poinçons pour le contrôle des différents titres sont les suivants :

ART. 2. — Les ouvrages envoyés au bureau de contrôle pour être essayés et contrôlés doivent être classés et séparés par titre.

Chaque partie doit être accompagnée d'une déclaration signée du producteur, indiquant le nombre et la nature des objets, le titre et les numéros.

La bijouterie, l'orfèvrerie, les boîtes de montres et toutes pièces sans numéros, devront pour être contrôlées, porter la marque du fabricant ou un signe distinctif connu du bureau.

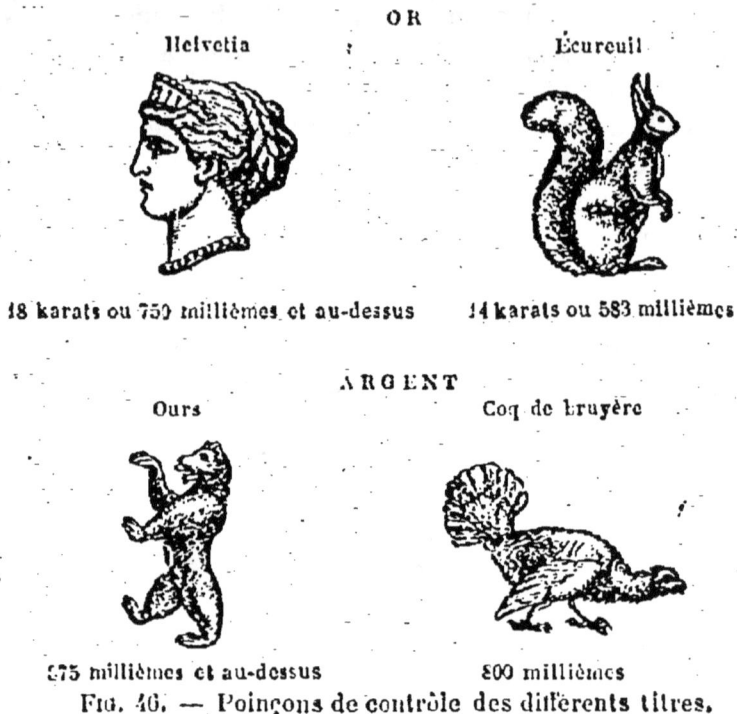

OR

Helvetia   Écureuil

18 karats ou 750 millièmes et au-dessus   14 karats ou 583 millièmes

ARGENT

Ours   Coq de bruyère

875 millièmes et au-dessus   800 millièmes

Fig. 46. — Poinçons de contrôle des différents titres.

Art. 3. — Les ouvrages d'or ou d'argent présentés pour être contrôlés seront essayés dans toutes leurs parties. Pour éviter qu'ils soient détériorés par la prise d'essai, ils seront apportés entièrement montés, non achevés, mais assez avancés dans leur fabrication pour qu'au finissage les marques insculpées, ainsi que les ouvrages, ne puissent subir aucun changement ni altération.

Art. 4. — Aucune des parties qui composent un ouvrage d'or ou d'argent ne peut être d'un titre inférieur à celui de l'ensemble de l'ouvrage, quelle que soit la couleur des alliages employés à sa fabrication ou à sa décoration. Sont exceptés : les appliques et ornements en platine ou en argent, placés extérieurement, ainsi que les charnières aux boîtes d'argent, sous réserve toutefois des dispositions de l'article 8.

Art. 5. — Le poinçon sera appliqué sur toutes les parties essentielles de l'ouvrage, savoir :

1° Pour les boîtes de montre :
   a. sur les fonds;
   b. sur la cuvette ;
   c. sur la carrure ;
   d. sur le pendant.

Des poinçons avec la même empreinte que ceux ci-haut, mais plus petits, serviront à poinçonner la bijouterie, l'orfèvrerie, les carrures, pendants, etc.

Si la cuvette est d'un autre métal que celui poinçonné, elle devra porter en toutes lettres l'indication exacte de ce métal.

2° Pour l'orfèvrerie et la bijouterie, le poinçon sera appliqué sur le corps de l'ouvrage. Cette application sera faite à l'endroit le plus convenable et le plus solide pour supporter l'empeinte du poinçon.

Art. 6. — Si des ouvrages d'or ou d'argent contiennent extérieurement ou intérieurement des parties d'un titre inférieur à celui énoncé dans la déclaration ou l'insculpation, ces parties seront coupées par l'essayeur-juré en présence d'un membre de l'administration, sans préjudice des pénalités prévues par la loi.

Art. 7. — Sont déclarés fourrés les ouvrages d'or ou d'argent contenant à l'intérieur des parties à des titres inférieurs, un excès de soudure, des métaux, alliages ou substances étrangères à ceux qui composent le corps de l'ouvrage.

Les objets reconnus fourrés seront coupés par l'essayeur-juré en présence d'un membre de l'administration, sans préjudice des pénalités prévues par la loi.

Art. 8. — Lorsque des ouvrages soumis au poinçonnement sont destinés à un pays qui exige des titres pleins ou légèrement supérieurs à ceux fixés par la loi fédérale ou qui n'admet pas les exceptions prévues à l'article 4, c'est au producteur à prendre à cet égard les précautions nécessaires. Le bureau de contrôle suisse n'encourt aucune responsabilité si, ayant apposé le poinçon fédéral, en tenant compte de la tolérance légale ou des exceptions prévues à l'article 4, les ouvrages en question étaient ensuite coupés ou refusés par un bureau de contrôle étranger.

Art. 9. — Le tarif pour le poinçonnement est fixé comme suit :

a. pour une boîte or à verre.	fr. 0,15.
b. — — — savonnette.	— 0,20.
c. — — argent à verre. . . .	— 0,05.
d. — — — savonnette. . .	— 0,10.

pour la bijouterie :

e.	par pièce jusqu'à 10 grammes. . . .	— 0,05.
f.	— de 10 grammes et au dessus.	— 0,15.

pour l'orfèvrerie :

g.	par pièce jusqu'à 150 grammes. .	— 0,05.
h.	— de 150 à 300 grammes. .	— 0,15.
i.	de 300 grammes et au dessus. . .	— 0,50.

Art. 10. — Chaque poinçon aura une marque particulière, qui fera reconnaître dans quel bureau de contrôle les objets auront été poinçonnés.

RÉGLEMENT DU 26 AOUT 1881

Il est créé un bureau fédéral (art. 4 de la loi).

Il a pour but :

De former des essayeurs,

De leur faire subir un examen pour l'obtention du brevet fédéral,

De vérifier les essais des bureaux cantonaux, en cas de contestation.

Ce bureau est constitué par l'inspecteur des fabriques du IIᵉ arrondissement président, d'un professeur et d'un essayeur.

Il y a 12 bureaux de contrôle en Suisse qui sont établis à Zurich, Bienne, Saint-Imier, Tramelan, Madretsch, Noirmont, Schaffhouse, Locle, Chaux-de-Fonds, Fleurier, Neuchâtel, Genève.

Des instructions du 8 et du 26 octobre 1881 ont décidé ce qui suit :

Le plombage n'est employé que pour affirmer l'exactitude des insculpations, lorsqu'il en existe, ou la conformité du titre, lorsqu'il répond aux exigences des lois cantonales qui sont actuellement en vigueur.

Le poinçon transitoire, *l'abeille* est réservé pour les ouvrages dont le titre répond aux prescriptions de la loi fédérale.

La bijouterie finie pourra être essayée au touchau et plombée si elle est dans les conditions indiquées ci-dessus.

Le titre sera exprimé en millièmes sur les bordereaux d'essais signés des essayeurs.

Les objets ne contenant pas un sixième de leur poids de métaux précieux seront considérés comme objets d'art, quincaillerie et coutellerie de fantaisie, et ne seront pas contrôlés, tels que les clefs de montres, porte-crayons, cure-dents et cure-oreilles, etc., garnis d'acier ou de laiton, et comme aussi, les manches de couteaux, service de table, à découper et à salade qui ne sont formés que de minces coquilles d'argent remplies de ciment.

Essais au touchau. — On essayera au touchau les ouvrages dont la fragilité des ornements, la joaillerie, les émaux ou la décoration ne permettraient pas une prise d'essai suffisante pour pratiquer l'opération de la coupellation.

Essais à la coupelle. — 1. Les prises d'essais pour les ouvrages d'or, boîtes de montres ou bijouterie, ne seront pas inférieures à 125 millièmes, soit 1/8 de gramme.

Les prises d'essais pour les boîtes de montres en argent ou la petite orfèvrerie seront de 500/1000 ou un demi-gramme.

Elles seront de 250/1000 soit 1/4 de gramme pour les objets de menue bijouterie argent.

2. Les prises d'essais seront pratiquées sur les boîtes de montres en raclant de petites quantités sur les différentes parties qui composent la boîte et, s'il y a lieu, sur les différentes boîtes, composant une partie présentée, pour être essayée et contrôlée. Avant de procéder à la prise d'essai sur les ouvrages dérochés ou mis en couleur, ils seront raclés pour enlever toutes les parties affinées par l'une de ces opérations, et la prise d'essai ne sera faite qu'après avoir mis l'alliage entièrement à découvert afin d'éviter toute cause de surcharge, à l'essai.

Cette opération devra donc précéder toute prise d'essai quelconque et être pratiquée avec beaucoup de soin, surtout sur les alliages au-dessous de 18 carats qui s'affinent plus facilement par le déroché ou la mise en couleur.

Les porte-charnières, charnières, plots d'emboîtages, etc., devront être essayés afin de s'assurer que leur titre est conforme à celui de l'ouvrage.

Pour la bijouterie, on procédera, autant que les ouvrages le permettront, par prise d'essai à la raclure, ou en coupant de petites parties, telles que les angles des cliquets, les bouts de crochets de brisures, de broches, queues d'épingles, etc., ou enfin en coupant une pièce qui puisse être facilement remplacée, soit un ou plusieurs maillons à une chaîne.

3. En pratiquant la prise d'essai on devra éviter autant que possible de couper ou de racler sur des parties soudées, ou tenir compte, d'une manière équitable, de la quantité de soudure com-

prise dans l'essai et particulièrement lorsque les ouvrages sont composés de parties creuses ou formés de beaucoup de pièces soudées, qui rendent impossible une prise d'essai sans attaquer les assemblages réunis par la soudure; mais dans aucun cas, cette compensation ne pourra excéder 15/1000 sur tout ou partie de l'ouvrage essayé et fondu.

Cette disposition ne s'applique qu'aux ouvrages dont les pièces de rapport sont si nombreuses, qu'il est impossible de prendre l'essai sans soudure — chaînes, jaseron, etc.

Avant de procéder à la prise des essais sur les ouvrages de bijouterie, les parties seront recuites, les maillons ou les anneaux vides ouverts et soigneusement grattés pour enlever les substances grasses (huile, tripoli, rouge), qui auraient pu s'introduire dans les parties creuses en polissant.

Il est donné ensuite des indications sur le poinçonnement et les prises d'essai.

Le poinçon du contrôle ne sera apposé sur les ouvrages de bijouterie, chaînes, etc., qu'autant qu'ils ne contiendront pas un excès de soudure, de métaux ou substances étrangères, et que le cuivre employé pendant la fabrication aura été complètement dissous.

On perforera ou on sciera la partie de l'objet soupçonné fourré et on introduira dans l'intérieur de l'acide nitrique ou une petite sonde d'acier; enfin dans les cas douteux, on coupera sans hésitation une partie d'un ouvrage ou d'une pièce prise au hasard, tant pour l'examiner au point de vue de la fabrication, que pour en faire l'essai.

ARRÊTÉ DU 30 DÉCEMBRE 1884

Les désignations de titres marquées sur les ouvrages d'or et d'argent doivent indiquer le degré de fin du métal en fractions décimales.

Sont toutefois admises, pour l'or, les désignations suivantes, savoir :

18 k, 18 karats ou $\dfrac{72}{18}$ k, pour le titre 0,750,

14 k, 14 karats ou $\dfrac{56}{14}$ k, pour le titre 0,583.

Les chiffres indiquant le titre doivent être encadrés, à moins que l'encadrement ne résulte de la disposition, autour des chiffres des mots qui les accompagnent.

Les indications « *garanti* » et « *warranted* » peuvent être ajoutées à toutes les désignations officielles de titre.

On y trouve aussi les mots : argent, or, silver, gold ; et, suivant le cas, les expressions : argent fin, first gold, fine gold, first silver, sterling silver, coin silver.

Le contrôle fédéral est obligatoire pour les boîtes de montre qui portent l'insculpation de leur titre à côté des poinçons anglais, français ou autrichiens. Les boîtes frappées des poinçons anglais, français ou autrichiens, sans autre indication spéciale de leur titre, ne sont pas admises au poinçon fédéral [1].

Toute boîte portant l'indication 18 K (18 karats), ou 14 K (14 karats), 583, 585, est soumise au contrôle obligatoire.

L'essai se fait généralement au touchau ; l'essai à la coupelle s'opère cependant au moyen de prélèvements sur les carrures et les lunettes.

Les pièces doivent être présentées non achevées, en général.

Quand des montres d'or, présentées au contrôle, sont déclarées être à 750 millièmes, et que, par l'essai à la coupelle, on reconnaît que le titre est inférieur, on les brise et on applique à l'importateur une amende qui varie de 30 francs à 2.000 francs.

En France, on se contente de briser les montres qui ne sont pas au titre et on les rend au commissionnaire.

Il n'y a donc pas parité dans le traitement des ouvrages des deux pays, et cette différence est absolument injustifiable.

L'excès de soudure est une cause de contravention.

[1] Instruction du 4 mars 1882.

Il y a un autre désavantage pour nos nationaux : c'est l'obligation ou l'habitude prise chez nous, de n'essayer qu'au touchau les ouvrages étrangers lorsqu'ils sont à l'état achevé.

Les boîtes de montres d'or et d'argent destinées à l'Allemagne et portant l'une des indications légales de titre :

Pour l'or.	0,585
—	0,750
Pour l'argent.	0,800
—	0,875 et au-dessus

ne peuvent recevoir le poinçon officiel que lorsque l'essai pratiqué sur chacune d'elles a fait constater que, tant dans leur ensemble que dans leurs parties séparées, elles sont réellement au titre plein indiqué. Une tolérance de 5 millièmes pour l'or et de 8 pour l'argent est accordée sur l'objet fondu en entier avec la soudure.

Le poinçonnement des ouvrages mentionnés au titre 2 de cet arrêté doit s'effectuer de la manière suivante :

Pour le titre or 585 millièmes : par deux empreintes symétriquement placées, l'une, le *grand écureuil*, au-dessus ; l'autre, le *petit écureuil*, au-dessous de l'indication de titre ;

Pour le titre or 750 millièmes et au-dessus : par deux empreintes symétriquement placées, l'une, la *grande Helvétia*, au-dessus ; l'autre, la *petite Helvétia*, au-dessous de l'indication de titre ;

Pour le titre argent 800 millièmes : par deux empreintes symétriquement placées, l'une, le *grand coq*, au-dessus l'autre, le *petit coq*, au-dessous de l'indication de titre ;

Pour le titre argent 0,875 et au-dessus : par deux

empreintes symétriquement placées, l'une, le *grand ours*, au-dessus; l'autre, le *petit ours*, au-dessous de l'indication de titre.

Ces empreintes doivent être frappées dans les fonds et dans les cuvettes. Il est aussi loisible de les frapper à droite et à gauche de l'indication du titre, suivant la place dont on dispose.

Le poinçonnement est obligatoire[1], lors même que les boîtes sont déjà revêtues du poinçon allemand.

Il n'est pas permis d'insculper la couronne du poinçon allemand sans indication de titre, et, par suite, toute boîte portant seulement le poinçon allemand, *sans indication de titre*, sera traitée comme étant en contravention à la loi fédérale sur le contrôle.

Le gouvernement fédéral a cherché dans maintes circonstances à réagir contre l'abaissement des titres, notamment dans la circulaire suivante :

« Les monteurs de boîtes font leurs alliages de manière à profiter de la tolérance. Mais il ne s'ensuit pas que les titres légaux aient cessé d'être 750 et 583 millièmes pour l'or, 875 et 800 millièmes pour l'argent. En réalité, c'est avec des métaux possédant ces degrés de fin que les ouvrages d'or et d'argent présentés au poinçonnement doivent être confectionnés.

« Si une tolérance a été admise, c'est pour tenir compte des légers écarts que les essais les plus consciencieux peuvent donner, surtout lorsqu'ils sont faits au touchau, le procédé de la coupellation étant trop long pour être pratiqué sur la totalité des ouvrages présentés aux

---

[1] Circulaire du 12 mai 1887.

bureaux de contrôle. La considération que, dans le travail, le titre peut être altéré par la soudure, etc., n'est, en tout cas, venue qu'en seconde ligne.

« Les lois de plusieurs pays avec lesquels nous sommes en relations d'affaires et auxquels nous envoyons des quantités considérables de montres et de bijouterie, n'admettent aucune tolérance et exigent que l'objet fondu soit au titre légal plein.

« Il est de la plus grande importance pour notre industrie horlogère et bijoutière que le contrôle suisse possède partout une bonne renommée ; nous devons non seulement chercher à en faire reconnaître la valeur dans les pays où la concurrence, — comme on l'a vu récemment, — déploie les plus grands efforts pour le déprécier, mais encore veiller d'une manière vigilante à ce qu'aucun fait anormal quelconque ne puisse lui porter atteinte dans les pays où il est considéré comme une garantie parfaite du titre des objets qui en sont munis. »

Les délégués des administrations des bureaux de contrôle, réunis le 17 avril 1882, ont fixé, comme il suit, le tarif des essais de commerce :

1º Essai d'argent par coupellation 75 centimes la prise d'essai ; le nombre des prises d'essai est limité à quatre et laissé à l'appréciation des essayeurs.

2º Essai d'or jusqu'à 500 grammes.	1 »
— — de 501 grammes et plus.	1 50
3º Essai d'analyse ou mélangé jusqu'à 150 grammes.	1 50
— — de 151 à 500 grammes.	2 »
— — de 501 et au-dessus.	3 »
4º Pour une pesée.	0 15
5º Pour le calcul d'un lingot.	0 15
— — d'une analyse (mélange). . . .	0 20

Les bureaux sont astreints à posséder le matériel pour les essais d'argent par voie humide. Ils sont tenus de procéder de cette manière chaque fois qu'on le demande, et ils sont autorisés à faire payer une taxe de 2 fr. 50 lorsqu'ils devront déterminer le titre approximatif par la voie sèche.

La Suisse n'ayant pas eu de loi uniforme sur le contrôle des matières d'or et d'argent avant 1881, les informations sont difficiles et d'une exactitude très douteuse sur la consommation des métaux précieux pour les usages industriels.

A Genève, la consommation de l'or est voisine de 27 millions de francs, et celle de Neuchâtel, Locle, Chaux-de-Fonds, Fleurier, est estimée à 16 millions, dont il y a lieu de déduire 3 à 4 millions pour double emploi avec Genève. On arrive ainsi à un total de 39 millions pour ces deux villes, et on peut évaluer sans exagération à 40 millions de francs la consommation industrielle de la Suisse, soit 11.600 kilogrammes d'or fin.

Une des principales maisons de banque de Genève estime à 2 millions de francs la destruction des pièces de 20 francs françaises, et à la même somme celle des souverains, des livres turques, etc.

A Neuchâtel, l'industrie horlogère prépare ses matières avec des pièces monnayées; c'est pourquoi la Suisse avait réduit à 800 millièmes, en 1860, le titre des pièces d'argent.

M. Comtesse, chef du département de l'Intérieur, déclarait, en 1881, que la moitié, au moins, des montres d'or et d'argent échappait au contrôle.

Allemagne

Il a été promulgué, le 16 juillet 1884, une loi sur le titre des ouvrages d'or et d'argent qui a été appliquée à partir du 1er janvier 1888.

Dans ses grandes lignes elle peut être résumée ainsi : liberté de fabrication à tous titres ; distinction des ouvrages, en articles d'or et d'argent représentant surtout l'orfèvrerie, et en bijoux ; emploi d'un poinçon unique, garantissant un titre minimum *pour les articles d'or et d'argent ;* interdiction du poinçonnage pour tout article à un article inférieur ; déclaration autorisée mais non obligatoire du titre des bijoux d'or et d'argent ; insculpation du *poinçon* par le fabricant ou par le vendeur ; responsabilité formelle du fabricant ou du marchand insculpant le poinçon, sur l'exactitude du titre annoncé, et, comme conséquences, pénalités formelles et rigoureuses pour les délinquants.

Le préambule de cette loi fait ressortir le double avantage de la suppression d'un contrôle gênant et vexatoire qui augmentera la consommation des bijoux allemands et moralisera cette industrie et ce commerce. Cette loi a été votée par le Conseil royal de Prusse et des pays de l'Union allemande, ainsi que par le Conseil fédéral de l'empire d'Allemagne.

Cette loi renferme dix paragraphes :

1o La fabrication et la vente d'ouvrages à tous titres est autorisée, et on n'est pas astreint à déclarer le titre ; le poinçon fédéral ne s'applique que si le titre est supérieur à un minimum. La loi ne s'applique qu'aux objets mis en vente dans le commerce national.

2° Le titre minimum pour que le poinçon officiel soit insculpé est de 585 millièmes pour l'or et de 800 millièmes pour l'argent. Le titre doit être exprimé en millièmes et non en karats et en onces. Il peut être indiqué sur les articles lorsqu'il est supérieur au minimum. Il n'est pas déclaré sur ceux où le titre est inférieur à ce minimum.

Il y a une tolérance de 5 millièmes pour l'or; de 8 millièmes pour l'argent.

Les articles doivent ressortir au titre déclaré, dans les limites de cette tolérance, qu'ils soient pleins ou soudés.

On comprend sous ce nom, *articles*, l'orfévrerie de table, telle que cuillers, fourchettes, couteaux, assiettes, plats, service de table; les objets de ménage tels que flambeaux et produits similaires; l'orfévrerie d'église et les pièces d'ornementation.

Les *bijoux* forment une catégorie à part.

Les articles d'or et d'argent ne seront pas poinçonnés si les métaux précieux sont remplis par d'autres métaux ou alliés à ces métaux employés comme monture et soutien.

3° Un décret du 9 janvier 1886 a déterminé la forme de la marque en exécution de la prescription générale du paragraphe 3 de la loi.

La marque comprend :

a) La couronne.

b) L'emblème du *soleil* pour l'or, l'emblème de la *lune* pour l'argent;

c) La déclaration en millièmes du titre;

d) Le nom, ou une marque déposée de garantie du fabricant ou de la société.

La couronne est placée :

Pour les articles d'or, au milieu de l'emblème du soleil.

Pour les articles d'argent, tout auprès de l'emblème de la lune.

Poinçon pour l'or.   Poinçon pour l'argent

Fig. 47.

Le poinçon n'est pas délivré par l'administration. Il est exécuté par l'intéressé qui doit veiller à ce que le poinçon, dont il fait usage, soit rigoureusement semblable à la forme prescrite par le Conseil fédéral, et le poinçonnage est opéré sous sa responsabilité.

La marque des fabricants doit différer complètement du poinçon fédéral de façon qu'il n'y ait pas confusion possible si cette marque était insculpée sur un article qui, d'après la loi, n'est pas admis au poinçonnage.

Les fabriques peuvent choisir des experts pour contrôler le poinçonnage, et cette vérification peut être exécutée par des experts assermentés, nommés pour la constatation du titre des métaux précieux en vertu d'un règlement industriel (paragraphe 36).

4° Les boîtes de montre en or et en argent sont soumises aux mêmes prescriptions que les articles d'or et d'argent proprement dits.

5° Les bijoux ne sont pas revêtus du poinçon fédéral.

Ils sont exécutés à tout titre. Ils portent ou ne portent pas la marque de fabrique et l'indication de leur titre. Mais si un titre est exprimé, il doit représenter le titre réel avec une tolérance de 10 millièmes, et être indiqué en millièmes.

Le titre ne doit pas être exprimé quand les bijoux sont remplis avec des métaux communs employés pour les soutenir ou les ornementer.

6° Les articles d'or et d'argent introduits de l'étranger, dont le titre est exprimé par des désignations ne concordant pas avec ces prescriptions ne peuvent pas être mis en vente. Ils seront susceptibles d'entrer en circulation si on les revêt d'un poinçon ou d'une marque d'après les données précédentes.

Cette disposition vise principalement la marque en karats et l'indication d'un titre supérieur au titre réel.

Les articles pour l'exportation ne sont pas soumis à l'obligation du poinçonnage. Les articles d'exportation à un titre inférieur au titre légal minimum (paragraphe 2) ne doivent pas recevoir le poinçon officiel. Il en est de même pour tous les bijoux.

Lorsqu'ils ont reçu une marque de titre, ils sont soumis à toutes les prescriptions appliquées aux objets nationaux. Si des articles d'exportation, dont le titre est exprimé par des désignations non conformes à la loi, sont réimportés en Allemagne, ils doivent être soumis au régime des articles étrangers.

7° Le vendeur est rigoureusement responsable à l'égard de l'acheteur soit qu'il s'agisse d'un objet national, ou d'un objet étranger.

La même responsabilité incombe au fabricant dont la

marque est sur l'ouvrage vendu, parce que cette marque
le rend garant de l'exactitude du titre indiqué.

8° La loi revient sur la défense de marquer les ouvrages
d'or et d'argent auxquels sont soudés ou contre lesquels
sont appliqués des métaux ou des alliages communs. Elle
excepte les mécanismes nécessaires à la confection de
l'ouvrage.

Elle précise qu'on ne doit pas poinçonner:

Les pièces creuses, légères dont l'intérieur est rempli
de ciment ;

Celles dont le corps est formé d'un métal non précieux
revêtu seulement d'or et d'argent.

L'argent doré ne peut être revêtu que du poinçon
d'argent ;

Les charnières, vis, rivets, mécanismes divers sont
autorisés à la condition qu'ils soient d'un autre aspect que
le métal précieux, visibles, et qu'ils ne fassent pas corps
avec l'ouvrage lui-même.

9° Ce paragraphe contient les pénalités appliquées aux
délinquants. Sont punis d'une amende maximum de
1000 marcs, et d'une détention maximum de six mois :

Ceux qui déclarent un titre supérieur au titre réél ;

Ceux qui insculpent le titre sur des ouvrages qui ne
doivent pas en être revêtus ;

Ceux qui appliquent les poinçons officiels à des articles
qui ne doivent pas le recevoir;

Ceux qui inscrivent des désignations non conformes à
la loi.

La désignation contraire à la loi est détruite ou le
bijou est brisé.

En résumé le système allemand est des plus simples :

pas d'essai ni de contrôle officiels ; pas de droits de garantie ; un seul poinçon de l'État, qui est préparé et insculpé par le fabricant dans certaines conditions prescrites et sous sa responsabilité.

Comme la loi n'est applicable que de l'année dernière, il est impossible de juger les résultats qu'elle produit au point de vue de la sûreté des transactions et de la sauvegarde des intérêts de l'acheteur.

En Allemagne, comme dans tous les pays, il y a des fabricants et des négociants fort honorables, mais partout existent aussi une fabrique et un commerce interlopes.

En l'absence d'un contrôle régulier, il y aura certainement beaucoup de bijoux vendus avec des marques fausses ou simulées, soit à l'intérieur, soit surtout à l'étranger.

Le public est, d'ordinaire, très mal éclairé et facile à tromper quand on lui fait miroiter le bon marché.

Restent les pénalités. Les négociants malhonnêtes ont une très remarquable habileté pour les esquiver. Une première ne leur fait pas une peur extrême, et elle a pour effet fréquent de les rendre plus habiles encore, mais non meilleurs.

Il y a lieu de compter principalement sur la surveillance que les fabricants exercent les uns sur les autres. Les acheteurs les tiennent au courant de la valeur des objets similaires ; mis en éveil par l'abaissement des prix d'un concurrent, ils prendront des mesures pour faire réprimer ces fraudes parce qu'elles nuisent à leurs intérêts.

Les pays dont le groupement forme l'empire allemand, sont libres, d'ailleurs, de réglementer le contrôle et l'essai à la condition de respecter les bases de la loi impériale.

Le grand duché de Bade, qui possède des fabriques importantes, à Pforzheim, en a reconnu la nécessité, et voici les statuts de la Commission d'essai grand-ducale à Pforzheim.

STATUTS DE LA COMMISSION D'ESSAI GRAND-DUCALE A PFORZHEIM

I. Il est créé une Commission officielle d'essai à Pforzheim pour la fixation du titre des métaux précieux et de leurs alliages. Sa compétence peut aussi s'étendre aux vérifications chimiques des substances auxiliaires employées dans les industries d'or et d'argent.

II. La Commission sera composée d'un président et du personnel auxiliaire nécessaire.

La direction supérieure de cette Commission a son siège au ministère de l'intérieur.

La surveillance directe, qui a pour objet spécial de faire de temps en temps des prises de contre-essais des métaux précieux essayés, appartient à la Commission d'essais et épreuves chimico-technique grand-ducale.

III. Il doit être payé, au profit de la Commission, une somme qui revient au Trésor à titre de contribution.

La rétribution pour la détermination du titre est fixée, jusqu'à nouvel ordre, pour les épreuves d'argent, à 50 pfennigs; pour les épreuves des autres métaux précieux, à 2 marcs pour chaque épreuve. Pour l'argent, dont l'essai doit comporter 5 grammes, cette quantité reste aux mains de la Commission; pour les autres métaux précieux, la prise d'essai reste, quatre semaines après l'essai entrepris, à la garde du bureau, et sera rendue ensuite aux commettants contre un reçu.

IV. Si les commettants soulevaient des objections contre la fixation du titre donné par la Commission, ils seraient autorisés à demander un contre-essai à la Commission d'essais et de recherches. Si le résultat du dernier essai entrepris concorde exactement avec celui du bureau d'essai, il y a une nouvelle taxe de 2 marcs à acquitter.

V. La Commission est en relations directes avec les tribunaux locaux et les tribunaux grands-ducaux qui devront mettre en réquisition leur intervention.

Il y a en Allemagne des centres florissants pour l'industrie des métaux précieux, à Pforzheim *(grand-duché de Bade)*, Heilbron, Hanau *(Cassel)*, Zmund, Schorndorf *(Wurtemberg)*.

L'emploi de l'or y diminue parce que, d'année en année, on y fabrique moins d'ouvrages à des titres élevés, qui sont remplacés par d'autres à bas titres.

Celui de l'argent s'élève, au contraire, par l'extension qu'ont prise la fabrication du doublé et l'argenture électro-chimique.

En 1880, on a employé environ 3.500 kilogrammes d'or fin et d'argent fin à Pforzheim. M. Soëtbeer donne les évaluations suivantes pour les années 1881, 1882, 1883, 1884.

	kilogrammes	valeurs en francs
1881 Or.	4.000	13.818.000
— Argent.	5.000	950.000
1882 Or.	4.000	13.818.000
— Argent.	6.000	1.140.000
1883 Or.	4.000	13.818.000
— Argent.	7.000	1.330.000
1884 Or.	3.000	10.327.000
— Argent.	7.000	1.286.000

Le poids d'or, mis en œuvre à Hanau, a diminué de 3.200 à 2.900 kilogrammes ; celui de l'argent s'est élevé de 1.400 à 1.800 kilogrammes.

A Gmünd et Schorndorf, la fabrique consomme environ 1.100 kilogrammes d'or et 6.500 kilogrammes d'argent.

A Heilbron, la fabrication des bijoux emploie 15 à 20 kilogrammes d'or et 12.300 kilogrammes d'argent pour l'année 1884 (M. Broch).

A Berlin, l'or et l'argent employés dans le travail des métaux précieux est de 500 kilogrammes d'or et de 12.500 kilogrammes d'argent.

A Brême et à Hambourg, on traite environ 100 kilogrammes d'or. La quantité d'argent, qui n'était que de 4 à 5.000 kilogrammes, s'est accrue considérablement, et atteignait pour deux fabriques de Brême près de 12.000 kilogrammes en 1883 et 1884.

Nuremberg (Franconie) est le siège d'un travail actif de fils et de feuilles de métaux précieux. De 1881 à 1884, il y a été employé, chaque année, 1.100 à 1.300 kilogrammes d'or fin et 10 à 12.000 kilogrammes d'argent.

A Dresde, on a consommé pour les mêmes usages, en 1882 et en 1883, 280 à 300 kilogrammes d'or annuellement.

M. Soëtbeer, auquel nous empruntons la plupart des nombres précédents, considère que l'Allemagne emploie environ 15.000 kilogrammes d'or et 100.000 kilogrammes d'argent pour les usages industriels, et que 30.000 personnes sont occupées à ce travail.

Une proportion très considérable de ces ouvrages est absorbée par l'exportation, par suite du bon marché de

la main d'œuvre dans ce pays. La fabrication, de beaucoup la plus considérable, est celle des ouvrages à bas
titre ; c'est pourquoi la France n'a pas grand intérêt à
baisser le titre de sa bijouterie : on recherche surtout
dans les bijoux français le bon goût et la sûreté du titre,
par suite de l'efficacité du contrôle exercé sous la surveillance de l'administration.

Il existe, en Allemagne, d'importants ateliers d'affinage
des métaux précieux, à Hambourg, à Berlin, à Francfort-
sur-le-Mein, et dans les Hôtels de monnaies de Stuttgard
et de Munich. Ils expédient des quantités importantes de
métaux précieux en Russie, en Italie et en Suisse.

La statistique de la douane allemande donne, pour
1883, les renseignements suivants sur l'importation et
l'exportation des métaux précieux non monnayés et d'objets fabriqués avec ces métaux.

	IMPORTATION mille marcks	EXPORTATION mille marcks	PLUS-VALUE DES EXPORTATIONS mille marcks
Or en barres et débris. .	3.828	15.077	11.249
Argent.	5.161	19.425	14.264
Objets formés en totalité ou en partie de métaux précieux.	8.225	48.694	40.469

Empire d'Autriche-Hongrie

ORDONNANCE IMPÉRIALE DU 26 MAI 1866

Dispositions générales. — Les objets d'or et d'argent
fabriqués à l'intérieur et ceux qui sont importés de
l'étranger sont soumis à un contrôle pour leur titre.

Une taxe est perçue pour ce contrôle.

Le titre des objets d'or et d'argent s'exprime en millièmes de leur poids $\frac{n}{1000}$

L'unité de poids pour les objets d'or et d'argent est la livre de 500 grammes, subdivisée en 10.000 grains, prise pour base du système monétaire, etc.

Une livre représente 1 mark, 6 onces, 2 gros et 0,0933824 deniers.

Un grain correspond à 0,0456093824 deniers du poids viennois.

Pour le contrôle et le poinçonnage, on distingue les objets d'or et d'argent en :

a) En lingots.

b) En objets travaillés d'or et d'argent (vaisselle, bijoux).

c) En fils, ou objets travaillés avec du fil d'or et d'argent.

Lingots d'or et d'argent. — Les lingots d'or et d'argent fabriqués, à l'intérieur de l'empire, pour le commerce seront munis du nom du fabricant, et présentés au bureau d'essai pour contrôler le titre.

Pour déterminer le titre des lingots d'or et d'argent, on emploie le mode d'essai prescrit pour les monnaies; en particulier l'essai d'argent se fait par voie humide.

Si la partie intéressée n'est pas d'accord sur le titre donné par le bureau d'essai, il sera prélevé un morceau du lingot en présence des deux parties, et celui-ci, après avoir été cacheté, sera envoyé au bureau central des essais à Vienne pour la vérification de l'essai. Le résultat de l'analyse du bureau central est décisif. Alors l'intéressé payera la taxe d'essai suivant le tarif, plus les frais de l'expédition, si sa réclamation n'est pas reconnue fondée.

On insculpe sur le lingot le poinçon du bureau d'essai le numéro d'ordre et l'indication du titre en millièmes

La taxe est d'un florin par livre pour les lingots d'or, 50 kreutzers pour ceux d'argent.

Si le lingot pèse plus de 5 livres, on paye la moitié de la taxe en plus.

Les lingots provenant d'un établissement monétaire seront munis du poinçon de la Monnaie, du numéro d'ordre et de l'indication exprimée en millièmes.

Les lingots provenant de l'étranger et portant la marque d'essai d'une autorité publique étrangère ne seront soumis ni au contrôle ni à la taxe.

Au contraire, les lingots provenant de l'étranger, et ne portant pas de marque d'essai devront être soumis au contrôle, à moins que le porteur ne préfère les renvoyer à l'étranger.

Objets fabriqués d'or et d'argent. — Il ne peut pas être fabriqué d'objets d'or et d'argent inférieurs aux titres indiqués plus loin.

Tout article neuf d'or et d'argent sera soumis à l'essai de son titre par le bureau de garantie, et à la marque.

Les ouvrages présentés seront munis du poinçon du fabricant, c'est-à-dire de sa marque de fabrique approuvée par l'autorité; son état d'achèvement doit être tel que ce poinçon ne puisse être modifié et que le poinçon de l'État ne soit pas détérioré.

Toutes les parties de l'objet d'or et d'argent, qui peuvent être enlevées (vissées, clouées, à charnières soudées) seront soumises à un essai séparé, et le titre sera indiqué, si c'est possible, sans endommager l'objet.

Ne seront pas soumis au contrôle :

a) Les instruments de physique, chimie, mathématiques, chirurgie.

b) Les médailles frappées dans les établissements monétaires.

c) Les objets recouverts totalement d'émail.

d) Les simples montures de pierres précieuses (mosaïques, perles, etc.) dans lesquelles le poids de l'or ou de l'argent est insignifiant.

e) Les objets d'or, qui ne pèsent pas plus de 40 grains, ou 0,004 de la livre monétaire, et les objets d'argent qui ne pèsent pas plus de 60 grains ou 0,006 de la livre.

Les objets d'or et d'argent destinés à l'exportation peuvent être affranchis du poinçonnage officiel et du payement de la taxe, à la condition que les objets aient été déclarés en nature, nombre et poids, qu'ils soient présentés au bureau après achèvement, qu'ils soient reconnus sans poinçon officiel, munis du nom du fabricant; ils sont exportés sous la surveillance de l'administration.

Titres. — Les titres légaux sont :

POUR LES OBJETS D'OR

1° 920 millièmes	(22 karats et	0,96 grains)
2° 840 —	(20 —	et 1,92 —
3° 750 —	(18 —	et 1,92 —
4° 580 —	(13 —	et 11,04 —

POUR LES OBJETS D'ARGENT

1° 950 millièmes	(15 lotti et	3,6 grains)
2° 900 —	(14 —	et 7,2 —
3° 800 —	(12 —	et 14,4 —
4° 700 —	(12 —	— —

Ces titres seuls sont indiqués sur les ouvrages.

Les objets d'argent doré ou revêtus d'or seront poinçonnés comme objets d'argent.

On ne considère pas comme ouvrages d'or et d'argent

ceux qui sont formés par d'autres métaux et alliages, qui sont seulement dorés, argentés, ou revêtus d'or ou d'argent, lorsque le métal précieux ne constitue pas plus d'un quart (250 millièmes) du poids de l'objet.

Ces objets ne peuvent être mis en vente comme objets d'or et d'argent.

Les objets d'or et d'argent, qui sont constitués par des parties soudées, ne doivent pas avoir un titre inférieur à celui indiqué par le poinçon, ni dans leur ensemble, ni dans aucune de leurs parties

La soudure employée pour les objets d'or et d'argent contiendra au moins la moitié de métal précieux. Elle ne dépassera jamais la quantité absolument nécessaire pour souder.

Le titre des objets fabriqués d'or et d'argent se détermine généralement au moyen de la pierre de touche. Pourtant, si une plus grande exactitude est nécessaire, on applique le mode d'essai prescrit pour les monnaies, c'est-à-dire l'inquartation, la coupellation ou la voie humide.

Si l'objet n'a pas même le dernier titre légal et si le particulier ne proteste pas contre cette décision, l'objet après avoir été brisé lui sera rendu.

Le particulier qui ne veut pas se soumettre à l'opinion du bureau d'essai peut demander un nouvel essai, et si, même après ce second essai, il proteste, l'objet sera envoyé sous double cachet à Vienne, au bureau central; le résultat de cet essai sera sans appel. Si les résultats de ce dernier essai sont contraires aux prétentions de l'intéressé, celui-ci payera, outre les frais pour le second essai, les frais de l'expédition.

Les objets d'or et d'argent importés de l'étranger sont soumis au contrôle du titre.

Sont exempts de cette règle :

a) Les articles indiqués plus haut;

b) Les ouvrages d'or et d'argent, qui sont exempts de taxe douanière, par exemple les effets de voyageur, etc.

Le bureau de douane, quel que soit le traité douanier, enverra les marchandises sujettes au contrôle, avec le bulletin douanier, au bureau d'essai le plus rapproché, ou à celui qui est indiqué par le déclarant.

Le contrôle des objets fabriqués d'or et d'argent importés de l'étranger se bornera à vérifier si le titre est supérieur au titre le plus bas établi par l'État.

Dans le cas contraire, l'ouvrage sera brisé si le propriétaire consent; sinon il sera envoyé hors de la frontière, à ses frais, par l'intermédiaire de la douane.

La marchandise importée au titre sera munie du poinçon étranger et admise au commerce de l'intérieur.

Chaque objet neuf d'or et d'argent fabriqué à l'intérieur sera présenté au bureau de garantie, muni du poinçon portant le nom du fabricant, ou une marque de fabrique approuvée par l'autorité.

Les objets d'or et d'argent trouvés au titre légal sont marqués au bureau de la façon suivante :

a) Du poinçon du titre ;

b) Du poinçon distinctif du bureau.

Le poinçon du titre pour les objets d'or et d'argent portera le titre indiqué en millièmes et un signe particulier.

Le poinçon pour les objets étrangers portera les lettres A/ (étranger) avec le poinçon de garantie.

Le poinçon que les fabricants doivent appliquer aux objets de métal étrangers dorés, argentés, etc., exprimera très clairement la marque de fabrique et l'espèce de métal dont sont formés les objets (par exemple, bronze, cuivre, aluminium, nickel, etc.). Cette marque ne doit, en aucune façon, ressembler aux marques légales des objets d'or et d'argent.

Les lingots portent le poinçon de l'aigle impérial, celui du bureau et le titre exprimé en millièmes.

Les ouvrages sont apportés au bureau en lots ne comprenant que des articles du même titre ; le poids, la nature sont indiqués sur des imprimés spéciaux.

Les objets d'une surface suffisante reçoivent un poinçon de titre qui est, pour l'or, la tête d'Apollon-Phœbus dardant ses rayons ; pour l'argent, la tête de Diane avec le croissant ; un numéro indique le titre.

Les contours du périmètre, comprenant les figures, indiquent le titre par suite de la convention suivante :

$$\text{Une ligne droite représente } \frac{150}{1000} \text{ de fin}$$

$$\text{Une ligne concave représente } \frac{140}{1000} \quad -$$

$$\text{Une ligne convexe représente } \frac{160}{1000} \quad -$$

Les petits ouvrages, aux titres inférieurs, qui sont les plus ordinaires, sont insculpés aux poinçons suivants :

Or, 3e titre.	Une tête	de chamois.
— 4e —	—	de loup.
Argent 3e titre.	—	de levrier
— 4e —	—	de lion.

Un numéro indique le titre ; le soleil rappelle qu'il s'agit d'or, la lune qu'il s'agit d'argent.

Les bureaux d'essais sont dans les villes suivantes : Vienne, Linz, Prague, Brünn, Troppau, Teschen, Cracovie, Leopoli, Graz, Hall, Klagenfurt, Lubiana, Trieste, Pesth, Cassovia, Temesvar, Carlsburg, Agram.

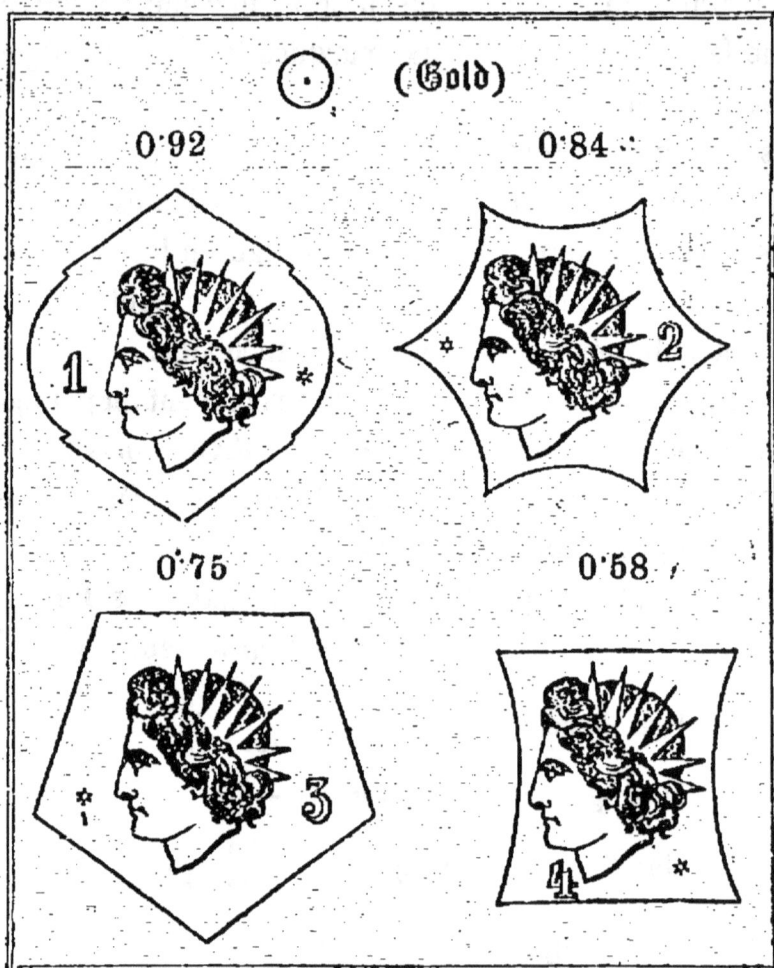

Fig. 48. — Poinçons pour l'or, Phœbus.

Droit du contrôle. — La taxe pour le contrôle des objets d'or est de 12 florins (2,25 le florin), et pour les objets d'argent, 1 florin et 50 kreuzers par livre. Les objets qui pèsent moins de 100 grains (10/1000 de la livre) payeront toujours la taxe minima.

L'or et l'argent réduits en fils, sont soumis au contrôle.

Le titre est de 997 millièmes pour l'or et de 985 pour l'argent. On tolère pour l'exportation des titres inférieurs, le poinçon officiel n'est pas insculpé.

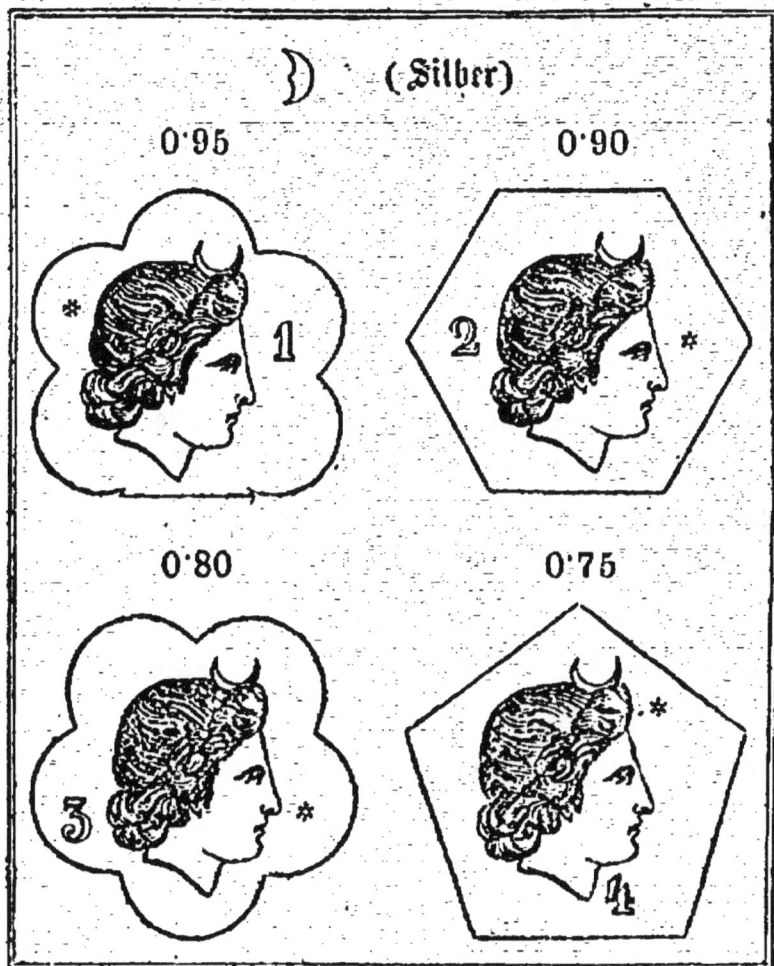

Fig. 49. — Poinçons pour l'argent. Diane.

La loi contient ensuite de longs détails sur la fabrication des fils, les taxes, et la vente des ouvrages d'or et d'argent.

Le dernier chapitre comprend les pénalités. La mise

en vente d'articles non contrôlés entraîne une amende représentant la valeur réelle de ces articles et la taxe du contrôle. S'ils n'étaient pas au titre, l'amende représenterait cinq fois la valeur du métal précieux manquant, et l'amende précédente.

La peine est plus forte pour les bijoux fourrés.

Les produits de ces amendes, une fois les frais payés, sont affectés à la caisse des pauvres de la localité.

En résumé, il existe un bureau central à Vienne, des bureaux de provinces et même des postes de poinçonnage subordonnés à ces bureaux : ce qui s'explique par ce fait que le contrôle s'étend aux lingots, aux fils et aux feuilles des métaux précieux.

Le contrôle est obligatoire. La marque est moins compliquée que dans beaucoup de contrées ; néanmoins elle est moins simple qu'en France, puisqu'il y a deux poinçons à insculper.

En France, l'unique poinçon employé, qui est le poinçon de titre, donne aussi le bureau dans lequel il a été insculpé.

La contremarque n'existe pas en Autriche; je ne l'ai trouvée usitée dans aucun des systèmes des pays dont il est question dans ce livre.

L'emploi industriel des métaux précieux en Autriche-Hongrie a été évalué, aux conférences monétaires de 1881, pour la moyenne des années 1867 à 1880, à environ 1.455 kilogrammes d'or fin et à 25.346 kilogrammes d'argent fin par an.

L'emploi réel est certainement beaucoup plus élevé, d'après les déclarations à l'exportation.

Grande-Bretagne

Le contrôle des ouvrages en métaux précieux s'exécute encore par des corporations, sous la surveillance de l'État, comme en France avant 1791. Les règlements d'après lesquels ces compagnies fonctionnent sont nombreux, très compliqués, et même quelque peu variables, comme on en jugera.

Le poinçonnage officiel n'est obligatoire que pour certains articles de titre élevé, qui constituent, en définitive, l'orfèvrerie, et il est facultatif pour la plupart des ouvrages de bijouterie.

Voici les titres :

Or.	22 karats.	. . .	917 millièmes
—	20 —	. . .	(Dublin seulement).
—	18 —	. . .	750 millièmes
—	15 —	. . .	625 —
—	12 —	. . .	500 —
—	9 —	. . .	375 —

Argent. Le titre appelé *ancien*, ou *sterling*, est de 11 onces 2 deniers d'argent fin par livre troy (o kil. 373) = 925 millièmes.

Le titre appelé *nouveau, nouveau sterling, argent anglais*, est de 11 onces 240 grains par livre troy = 959 millièmes. Il est fort peu usité parce que les ouvrages fabriqués à ce titre élevé s'usent très rapidement. Il a été obligatoire de 1697 à juin 1720.

La corporation des orfèvres de Londres est une des plus anciennes de cette ville et une des plus importantes. C'est la plus ancienne et la plus célèbre des compagnies d'orfèvres de la Grande-Bretagne, et c'est elle seule qui, depuis l'origine de la marque et de l'essai, a eu pendant de longues années la direction de ce service pour toute l'Angleterre.

Lorsque l'industrie fut devenue très étendue, l'office de Londres ne pouvant suffire au travail, on établit des contrôles dans d'autres villes, mais plusieurs ne fonctionnèrent pour ainsi dire jamais, et d'autres ont, depuis longtemps, renoncé à ce privilège : Bristol, York, Salisbury, Coventry, Norwich, Lincoln. Ces diverses villes adressent les ouvrages aux offices restants, outre Londres, qui sont, Chester, Exeter, Newcastle, Birmingham, Sheffield, Edimbourg, Glascow et Dublin.

D'après la tradition, l'essai de l'or et de l'argent remonterait à 1100 environ, époque où l'évêque de Salisbury était le trésorier de Henri Ier, et le moyen usité était la pierre de touche, avec l'aide d'alliages connus (touchaux).

Le privilège exclusif de l'essai des métaux précieux fut conféré à la compagnie des orfèvres de Londres, par Édouard Ier, en 1300, et celle-ci obtint d'Édouard III une charte qui lui donnait, à perpétuité, une existence légale sous le nom de *Wardens and Company of the mystery of Goldsmiths of the city of London*, et lui accordait le droit d'avoir un sceau particulier.

Dès 1336, la corporation émettait des règlements; elle défendait à toute personne de vendre dans les marchés et les foires des objets d'or qui n'avaient pas été soumis à l'essai chez les *wardens*, gardes du métier. En 1360, les gardes reçurent de la compagnie la mission de contrôler les ouvrages qui étaient dans les magasins, et les fabricants durent apporter tous leurs produits à la maison commune *(Hall)*.

L'institution des gardes fut réglementée par Richard III qui autorisa la corporation à s'administrer elle-même, par quatre gardes nommés, chaque année, à l'élection.

En 1504, les gardes reçurent d'Henri VII le pouvoir de punir, d'emprisonner même les contrefacteurs, et de briser tout objet inférieur de titre; et, en 1545, la corporation fut condamnée par le Conseil royal à une forte amende pour n'avoir pas maintenu par des essais l'exactitude des titres, et elle fut même menacée de perdre son privilège.

En 1675, la corporation fit paraître une ordonnance très précise sur le titre, dont plusieurs dispositions sont suivies encore aujourd'hui.

En 1700, un acte de Guillaume III lui enleva une partie de sa juridiction par la création des autres bureaux, avec détermination de la région attribuée à chacun.

C'est Georges Iᵉʳ qui paraît avoir appliqué, en 1719, la première taxe qui était de 6 pence (2 francs par hectogramme), par once d'argenterie importée ou fabriquée dans le Royaume-Uni, contrôlée par les offices. Georges II, en 1758, abolit ce droit et le remplaça par une patente de 40 shillings (50 francs), qui fut portée, en 1759, à 5 livres sterling (125 francs), pour les fabricants d'articles en or pesant 2 onces, ou en argent pesant 30 onces.

Georges III supprima cette patente en 1784; il rétablit le droit qui s'applique à l'or comme à l'argent, et qui est porté à 8 shillings l'once (32.816 francs l'hectogramme), et à 6 pence (2 francs); il créa un poinçon *(duty mark)* indiquant le paiement du droit.

Ce droit est élevé, pour l'argent, à 1 shilling, en 1797.

En 1803, il rétablit les patentes, concurremment avec le droit qu'en 1804 il porte, par once, à 16 shillings pour l'or, et à 1 shilling 3 pence pour l'argent.

En 1815, Georges III élève le droit sur l'or à 17 shillings, et sur l'argent à 1 sh. 6 d. par once ; mais il ne porte que sur les 5/6 du poids brut ; ces droits sont encore en vigueur, ainsi que la patente dont le prix est 12 livres 6 shillings, ou 5 livres 15 shillings, suivant la nature des ouvrages fabriqués.

En résumé, le droit est aujourd'hui :

Or. — 17 shillings par once troy (21 fr. 25 par 31^{gr},103), soit 68 francs par hectogramme, mais le droit ne portant que sur les 5/6 du poids total (on accorde 1/6 pour déchets de fabrication), il n'est donc que de 56 fr. 95 par hectogramme.

Argent. — 1 sh. 6 d. par once, soit 6 fr. 03 par hectogramme, chiffre qui descend à 5 fr. 026 par suite de la tolérance de 1/6 pour déchets de fabrication.

Le droit de l'État est payable dans l'office d'essai au moment du dépôt, entre les mains d'un agent commissionné à cet effet.

Les articles, brisés lorsqu'ils sont au-dessous du titre, sont rendus et le droit est remboursé, mais les frais d'essai sont conservés.

Le droit de 1 sh. 6 d. par once sur l'argent a été récemment aboli sur tous les articles de bijouterie, à l'exception de la vaisselle et des bagues unies.

Le droit de 17 shillings par once d'or n'est obligatoire que pour les articles de vaisselle, les anneaux de mariage et de deuil, et les bagues demi-rondes unies ; sur les articles à 22 et 20 carats, et sur quelques-uns à 18 carats.

Les droits et le coût des patentes sont les mêmes qu'en

Angleterre pour l'Écosse, depuis 1784, et pour l'Irlande, depuis 1804.

Ce droit a rapporté à l'État 2.215.000 francs en 1879.

Il tend à décroître, il était de 1.727.000 francs en 1882.

M. Gee, orfèvre de Londres, auteur d'un ouvrage sur ces questions[1], demande la suppression des patentes et du droit qu'il considère comme nuisibles à l'industrie.

D'après lui, ce droit n'a été établi que pour subvenir aux frais de guerre et n'a plus de raison d'être. Il n'est défendu que par les argentiers faisant des articles lourds qui font payer au public le droit entier de 1 sh. 6 d., tandis qu'ils ne s'acquittent que sur les 5/6 du poids, ce qui leur constitue un bénéfice de 2 à 3 pences par once (6 fr. 70 à 10 francs par kilogramme). Cet avantage n'existe pas pour les fabricants d'articles légers soumis au poinçon obligatoire pour lesquels ce poinçon constitue une différence de prix qui varie de 20 à 40 pour 100, les articles étant les mêmes.

Jusqu'à Georges II (1758), la corporation ne faisait payer aucun droit pour l'essai et la marque ; la seule rémunération accordée était celle de 4 grains prélevés par chaque douzaine d'onces d'ouvrages marqués. A cette époque, la compagnie demanda l'établissement d'une taxe, en raison de l'accroissement des petits objets, ce qui produisait une dépense considérable.

Actuellement, l'office ne perçoit qu'une légère redevance pour l'essai et la marque ; elle sert seulement à couvrir les frais et elle est réglée soit par onces, soit par douzaines, suivant la nature des ouvrages.

[1] *Hall-marking of Jewellery.* London, 1882.

Les essayeurs sont nommés par les warders (gardes, conservateurs) de la corporation et rétribués par eux.

Les essais sont, d'après M. Geo, toujours exécutés par inquartation pour l'or, par coupellation pour l'argent.

Pour le contrôle, on gratte ou on coupe un poids de matière qui ne peut excéder 8 grains troy par livre, c'est à dire 0,^{gr} 5 par 373,^{gr} 2. Une moitié sert à l'essai. Les résidus sont restitués avec les ouvrages. L'autre moitié est déposée dans le compartiment, afférent à ce titre, d'une boîte spéciale dans le cas où le titre est bon. Une fois par an ces prises d'essai sont vérifiées à la Monnaie de Londres, en présence du lord de la Trésorerie assisté par des gardes d'une ou plusieurs corporations, excepté à Birmingham et à Scheffield, dont les pièces d'essai sont vérifiées à la Monnaie.

Si un titre est trouvé inférieur au titre légal, la corporation peut être condamnée à une amende de 50 livres, et l'essayeur est passible d'une amende double de la valeur des objets marqués.

Diverses décisions prises par Georges III, en 1784 et en 1790, et une dernière édictée par la reine Victoria, en 1844, déterminent les articles qui sont exempts du contrôle des offices d'essai : toute la bijouterie de fantaisie par exemple la joaillerie avec pierres, les objets qui, en raison de leur petitesse et de leur fragilité, ne peuvent recevoir les marques.

Néanmoins, quand c'est possible, on insculpe, sur la demande du marchand ou de l'acheteur, les poinçons de l'office, sauf le duty mark.

Duty mark. — Le paiement du droit est constaté par

l'application d'un poinçon, *duty mark*, lequel permet
d'accorder un drawback à l'exportation. Ce poinçon représente la tête du souverain vue de profil ; actuellement,
c'est la figure de la reine Victoria. Il ne s'applique que
sur les ouvrages soumis au droit, indiquée plus haut ; on
ne le trouve donc pas sur les objets à 15, 12 et 9 carats
ainsi que sur certains à 18 carats.

Il est insculpé sur les articles d'argent, dits au nouveau titre et à l'ancien titre.

Standard mark. — Il existe un autre poinçon, *standard
mark*, insculpé seulement sur les ouvrages d'or à 22,
20, 15 carats et sur les ouvrages d'argent à 959 et à
925 millièmes. Il représente une *couronne* pour les offices
anglais ; un *chardon* pour Edimbourg ; un *lion rampant*
pour Glascow ; une *harpe couronnée* pour Dublin, si le
titre est de 22 carats, un *cimier de plumes* si le titre
est de 20 carats, et la tête de *licorne* pour 18 carats.

Il ne s'applique pas sur les ouvrages d'or à 15, 12 et
9 carats.

La marque standard représente la *Grande-Bretagne*
assise, pour l'argent au nouveau titre (959 millièmes) ;
elle est figurée pour l'argent au titre ancien (925 millièmes), par un *lion passant* à Londres, Chester, Exeter,
Newcastle, Birmingham, Scheffield ; le *chardon* pour
Edimbourg ; le *lion rampant* pour Glascow ; la *harpe
couronnée* pour Dublin.

La marque du lion passant apparaît pour la première
fois en mai 1597 sur les registres de la compagnie de
Londres, où il est appelé le « *lion de Sa Majesté* ».

Ces poinçons ont, d'ailleurs, subi anciennement certaines modifications.

Poinçon de titre. — Il s'exprime en karats sur les ouvrages en or de 22, 20, 18 karats ; en karats et en millièmes sur ceux à 15, 12 et 9 karats qui n'ont pas la marque standard.

Le poinçon de standard remplace pour l'or à 22, 20 et 18 karats la marque en millièmes.

Il n'existe pas de poinçons de titre pour l'argent. L'ouvrage portant le contrôle a donc cinq marques au lieu de six comme pour l'or.

Poinçon de l'Office Hall-mark. — On a vu que la corporation de Londres avait obtenu le droit d'avoir un sceau particulier. Chaque corporation reconnue a un poinçon qu'elle insculpe sur tous les ouvrages essayés. Ce sont pour l'or, à :

Londres, la *tête de léopard* ;

Chester, *trois gerbes de blé et un glaive en cœur*.

Exeter, un *château avec trois tours*.

Newcastle, *trois châteaux*.

Birmingham, *une ancre*.

Edimbourg, *un château*.

Glascow, un *arbre*, un *poisson* et une *cloche*.

Dublin, l'*Irlande assise*.

Pour l'argent nouveau titre, ce poinçon est à Londres une tête de *lion arrachée*, à Sheffield une *couronne* et dans les autres comme pour l'or.

Pour l'argent ancien titre, ce sont les poinçons de l'or, sauf la tête du *léopard couronné* pour Newcastle, la *couronne* pour Sheffield.

Ces poinçons ont subi quelques modifications à diverses époques.

Le poinçon de l'office, pas plus que ceux du droit et du

titre, n'est marqué, dans les offices, sur les ouvrages d'argent à un titre inférieur à 925 millièmes.

Le fabricant insculpe sur ces ouvrages une marque spéciale.

Poinçon de date. — La marque de la date par l'emploi d'une lettre commence à être mise en usage vers 1437 par la corporation de Londres. Depuis 1561, cette lettre est encadrée dans un écusson de forme réglée, variable.

La lettre change chaque année au premier juin. On a donc épuisé 22 alphabets, et pour permettre de s'y reconnaître, on change la nature de l'écriture dans les alphabets successifs; on n'emploie pas les lettres J. V. W. V. X. Z. Actuellement, l'alphabet est en capitales romaines et l'année 1888-89 est représentée par la lettre N.

Le même système est employé dans les autres offices.

1437-8 à 1457-8.	. . . . .	Capital lombardes.
1458-9 1477-8.	. . . . .	Type inconnu.
1478-9 1497-8.	. . . . .	Capitales lombardes.
1498-9 1517-8.	. . . . .	Petites lettres noires.
1518-9 1537-8.	. . . . .	Capitales lombardes.
1538-9 1557-8.	. . . . .	Capitales romaines.
1558-9 1577-8.	. . . . .	Petites lettres noires.
1578-9 1597-8.	. . . . .	Capitales romaines.
1598-9 1617-8.	. . . . .	Capitales lombardes.
1618-9 1637-8.	. . . . .	Petites italiques.
1638-9 1657-8.	. . . . .	Lettres courantes.
1658-9 1677-8.	. . . . .	Petites capitales.
1678-9 1696-7.	. . . . .	Petites lettres noires.
1697-8 1715-6.	. . . . .	Lettres courantes.
1716-7 1735-6.	. . . . .	Capitales romaines.
1736-7 1755-6.	. . . . .	Petites romaines.
1756-7 1775-6.	. . . . .	Petites lettres noires.
1776-7 1795-6.	. . . . .	Petites romaines.
1796-7 1815-6.	. . . . .	Capitales romaines.
1816-7 1835-6.	. . . . .	Petites romaines.
1836-7 1855-6.	. . . . .	Capitales noires.
1856-7 1875-6.	. . . . .	Petites lettres noires.
1876-7 1895-6.	. . . . .	Capitales romaines.

Poinçon de maître. — C'était, à l'origine, un emblème, comme une fleur, une couronne. En 1697, il était indiqué par les deux premières lettres du nom du fabricant. En 1739, l'ordre fut donné de détruire ces deux lettres et de les remplacer par les initiales de leur nom patronymique et de leur nom de baptême.

Dans certaines grandes manufactures on insculpe aussi une petite marque composée d'un écusson de forme déterminée.

Offices d'essai. — Tous les offices n'ont pas les mêmes pouvoirs :

Exeter ne marque que les alliances à 22 karats, l'argent à l'ancien titre (925 millièmes), ne marque pas l'or à 18 karats et au-dessous, ni aucun boîtier de montre.

Sheffield ne marque pas l'or mais seulement l'argent à l'ancien titre et au nouveau (959 millièmes). Dublin ne marque pas l'argent au nouveau titre; mais c'est le seul bureau qui m'ait paru avoir le droit de marquer l'or à 20 karats.

Les autres bureaux, Londres, Birmingham, Chester, Newcastle-upon-Tyne, Edimbourg et Glascow jouissent de droits égaux tant pour l'essai que pour le poinçonnage de l'or et de l'argent aux titres *(standard)* légaux.

Les exemples suivants font comprendre la marque dans la Grande-Bretagne.

Il y a six, cinq ou quatre marques insculpées sur les ouvrages en or.

OR

ALLIANCES, 22 KARATS

Londres

1. J B. . . . . Poinçon de maître.
2. 22. . . . . Marque en karats.
3. Couronne. . . . . Poinçon de ce titre.
4. Tête de léopard. . . . . . Poinçon de l'office de Londres.
5. E *(en capitales romaines)*. Lettre de l'année 1880-1881.
6. Tête de la reine . . . . . Poinçon de paiement du droit.

Le même mode de poinçonnage a lieu pour les offices de Chester, Exeter, Newcastle, Birmingham, Edimbourg, Glascow, Dublin.

La lettre de l'année, ainsi que le poinçon de l'office sont seuls changés; celui-ci est représenté ainsi :

A Chester. . . . . . Un glaive au milieu de trois gerbes.
Exeter. . . . . . Un château à trois tours.
Newcastle. . . . . Trois châteaux.
Birmingham. . . Une ancre.
Edimbourg.. . . . Un château.
Glascow.. . . . . Un arbre, un poisson et une cloche.
Dublin. . . . . . L'Hibernia (Irlande).

En outre, la *couronne* est remplacée à Edimbourg par un *chardon*, à Glascow par un *lion rampant*, à Dublin par une *harpe couronnée*.

Une ancre

Poinçon de l'office
de Birmingham

FIG. 50.

Un arbre, un poisson, une cloche

Poinçon de l'office
de Glascow

FIG. 51.

L'Hibernia

Poinçon de l'office
de Dublin

FIG. 52.

L'office de Dubin contrôle des alliances à 20 karats. La marque est la même que la précédente, sauf que la *harpe couronnée* fait place à un poinçon formé d'un *cimier de plumes*.

L'objet est ainsi marqué :

1. J B. . . . . Poinçon de maître.
2. 20. . . . . Marque en karats.
3. Cimier de plumes. . . . . . Poinçon de ce titre.
4. Hibernia (Irlande). . . . . Poinçon de l'office de Dublin.
5. K. . . . . Lettre de l'année 1880-1881.
6. Tête de la reine. . . . . . Poinçon de paiement du droit.

Les ouvrages à 18 karats, assujettis au droit, se différencient des ouvrages à 22 karats en ce que le chiffre 18 remplace le chiffre 22. Cependant, à Dublin, la harpe *couronnée* est remplacée par une tête de *licorne*.

Couronne
Poinçon de maître — Titre en karats — Poinçon de titre
Tête de léopar
Poinçon de l'office de Londres — Lettre de l'année — Poinçon du droit (Duty-mark)

Fig. 53. — Marques de Londres sur un ouvrage d'or à 18 karats soumis au droit.

Chardon

Poinçon de maître — Titre en karats — Poinçon de titre à Edimbourg

Château

Poinçon de l'office d'Edimbourg — Lettre de l'année — Poinçon du droit

Fig. 54. — Marques d'Edimbourg sur un ouvrage d'or à 18 karats soumis au droit.

OUVRAGES A 18 KARATS NON ASSUJETTIS AU DUTY-MARK

Londres

1. A. R. . . . . — Poinçon de maître.
2. 18. . . . . Marque en karats.
3. Couronne.. . . . . . . Poinçon de titre.
4. Tête de léopard. . . . . Poinçon de l'office de Londres.
5. E (en capitales romaines). Lettre de l'année 1880-1881.

Poinçon de maître — Titre en karats — Poinçon de titre

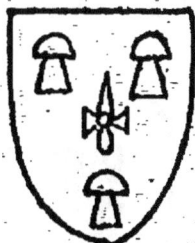

Poinçon de l'office de Chester — Lettre de l'année

Fig. 55. — Marques de Chester sur un ouvrage d'or à 18 karats non soumis au droit.

Mêmes modifications que ci-dessus pour les autres offices. A Dublin, le poinçon de titre est la licorne.

OUVRAGES A 15 KARATS

Londres

1. A R.
2. 15. 625.
3. Tête de léopard.
4. E. Lettre de l'année.

A Glascow seul, il y a cinq poinçons pour ce titre; à côté de 15 ne figure pas l'indication 625, mais on y trouve le poinçon, le *lion rampant*.

OUVRAGES A 12 KARATS

Londres

1. A. R.
2. 12. 500.
3. Tête de léopard.
4. E. Lettre de l'année.

A Glascow, la mention (500) après le nombre 12 est remplacée par le *lion rampant*.

OUVRAGES A 9 KARATS

Londres

1. A R. . . . . Poinçon de maître.
2. 9. 375. . . . . Poinçon de ce titre.
3. Tête de léopard. . . . . Poinçon de l'office de Londres.
4. E *(en capitale romaine).* . Lettre de l'année 1880-1881.

A Glascow, la mention 375 est remplacée par le poinçon, le *lion rampant*.

Poinçon de Glascow   Poinçon de Dublin

FIG. 56. — Poinçons de titre.

ARGENT

Il y a cinq ou six marques pour l'argent.

OUVRAGES AU NOUVEAU TITRE ASSUJETTIS
AU DUTY-MARK

Londres

1. A. R. . . . . Poinçon de maître.
2. Britannia.. . . . . . . Poinçon de titre.
3. Tête de lion arrachée. . . Poinçon de l'office de Londres.
4. E *(en capitale romaine)*. . Lettre de l'année 1830-1831.
5. Tête de la reine. . . . . Poinçon de paiement du droit.

Le poinçon de ce titre est la *Britannia* (Grande-Bretagne).

La marque est analogue à Chester, Birmingham, Sheffield ; la lettre de l'année est changée, ainsi que le poinçon de l'office qui est le *glaive avec les gerbes de blé* à Chester, l'*ancre* à Birmingham, la *couronne* à Sheffield.

A Newcastle, il y a, outre ces cinq marques, une sixième qui est la *tête de léopard couronnée*.

A Edimbourg et à Glascow, la marque pour ces ouvrages d'argent est la même que celle de l'or à 22 karats, sauf que la *Britannia* remplace le titre exprimé en karats.

OUVRAGES A L'ANCIEN TITRE ASSUJETTIS AU DUTY-MARK

Londres

1. A. R. . . . . Poinçon de maître.
2. Lion passant. . . . . . Poinçon de ce titre.
3. Tête de léopard. . . . . Poinçon de l'office de Londres.
4. E *(en capitale romaine)*. . Lettre de l'année.
5. Tête de la reine. . . . . Poinçon de paiement du droit.

Le poinçon de ce titre est le *lion passant* (fig. 57).

La marque est analogue pour Chester, Exeter, Newcastle, Birmingham, Sheffield, sauf que la tête de léopard est remplacée par le poinçon spécial à ces offices, et que la lettre de l'année est différente.

Il en est de même sur ces deux points pour Edimbourg, Glascow et Dublin. En outre, le *lion passant* est remplacé à Edimbourg par le *chardon*, à Glascow par le *lion rampant*, à Dublin, par la *harpe couronnée*.

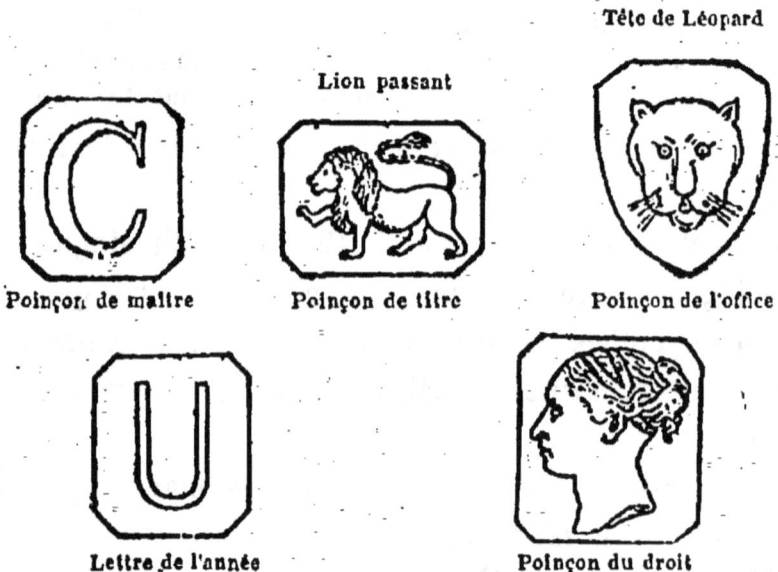

Fig. 57. — Marques de Londres sur un ouvrage d'argent au vieux titre.

En résumé, les objets d'or, assujettis au droit, portent six poinçons, et les objets d'argent cinq au moins. C'est là une extrême complication.

Je ne vois pas l'utilité du *standard mark* pour les titres élevées, et je trouve beaucoup plus rationnelle l'insculpation faite, sur les ouvrages d'or inférieurs, du titre exprimé en karats et en millièmes. Ce dernier point est une des rares concessions qu'a faites l'Angleterre aux idées françaises pour le système métrique.

La marque de l'année, qu'on trouve aussi dans divers

autres pays, présente peu d'intérêt pour les objets courants et, d'ailleurs, le plus souvent elle est impossible à reconnaître sur la bijouterie proprement dite, par suite de la ressemblance des alphabets et du retour fréquent des mêmes lettres. Elle n'offre d'importance que pour les ouvrages artistiques et elle peut se reconnaître sur ceux d'un certain volume depuis que la lettre est enfermée dans un écusson.

A l'exportation, le droit intégral est remboursé sauf pour certaines pièces déterminées, de petit volume généralement.

Dans les dernières années, le poids des ouvrages soumis au contrôle a été environ de 24.000 onces pour l'or et de 800.000 onces pour l'argent. Il ne faut pas oublier que la bijouterie proprement dite n'est pas soumise à la marque, non plus que l'or et l'argent en feuilles, en fils et employés à la dorure et à l'argenture.

Une commission parlementaire a évalué, en 1876, à 600.000 livres sterling l'argent industriel et l'or à 250 à 500.000.

M. Soëtbeer, s'appuyant sur divers documents, et notamment sur la consommation à Birmingham, porte à 17.000 kilogrammes d'or et à 72.000 kilogrammes d'argent le poids des métaux précieux employés annuellement en Grande-Bretagne.

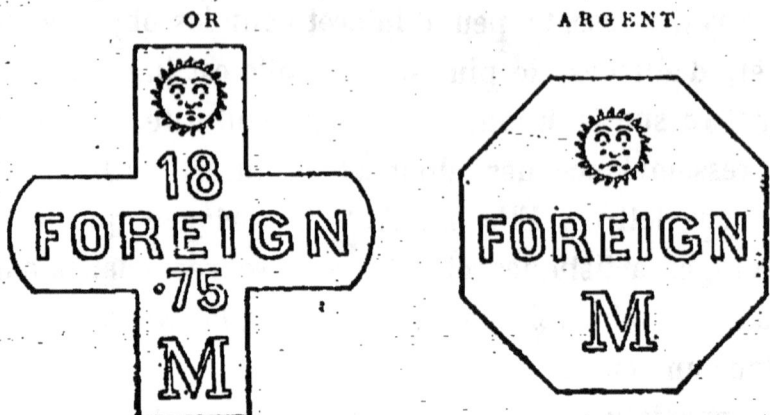

Marque à l'office de Londres

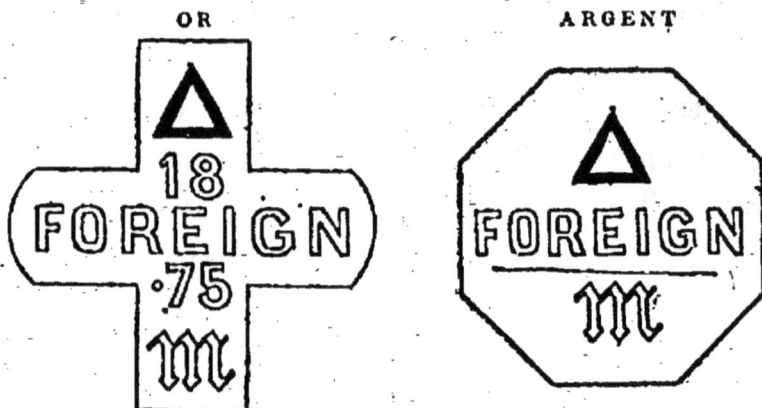

Marque à l'office de Birmingham

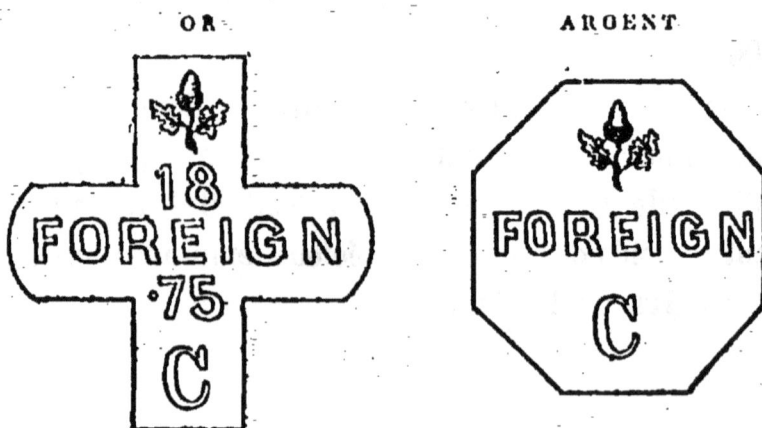

Marque à l'office de Chester

Fig. 53. — Marque des objets étrangers reconnus au titre
dans les offices d'essai de la Grande-Bretagne.

Le nombre 18 indique le titre en karats.
Le nombre 75 indique 750 millièmes.
La lettre indique l'année.
Le mot *foreign* signifie *étranger*.

OR   ARGENT

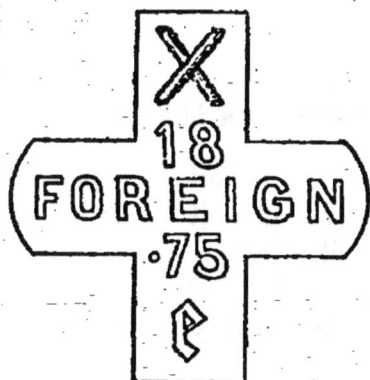

Marque à l'office d'Édimbourg

OR   ARGENT

Marque à l'office de Glascow

OR   ARGENT

Marque à l'office de Dublin

Fig. 59. — Marque des objets étrangers reconnus au titre dans les offices d'essai de la Grande-Bretagne.

Lorsque des ouvrages d'or et d'argent, tels que la vaisselle, soumis au contrôle sont importés, on les entrepose dans le bureau de douane, et on les transporte sous surveillance d'un employé des douanes dans un office d'essai. Si l'essai démontre que ces ouvrages sont au titre anglais, le droit est acquitté et le poinçonnage a eu. Sinon ils sont réexpédiés avec le concours de la douane

Russie

STATUTS D'ESSAI, 9 FÉVRIER 1882

Tout objet en or ou argent, mis en vente doit être poinçonné dans un des établissements d'essais, soit qu'il ait été fabriqué en Russie, soit qu'il ait été importé de l'étranger.

Sont affranchis de poinçonnage :

Les pièces d'un poids inférieur à la moitié d'un zolotnik (un zolotnik = 44gr,26559);

Les instruments de physique et de chirurgie, les montres en or et en argent;

Les objets en fils, les articles des voyageurs, affranchis de droit d'entrée par le règlement de la douane;

Les objets antiques ayant une valeur au point de vue historique, archéologique, etc.;

Les lingots, les feuilles, les baguettes d'or et d'argent.

Les lingots mis en vente doivent porter le timbre de la Cour des monnaies.

La gestion des essais appartient à des bureaux spéciaux.

Ces bureaux sont sous la dépendance directe du département de la Trésorerie de l'État.

Ils sont établis dans les gouvernements de : Saint-Pétersbourg, Moscou, Varsovie, Kiew, Kherson, Kostroma, Wilna, Livonie.

Le bureau d'essai de Saint-Pétersbourg possède un laboratoire au ministère des finances.

Les directeurs des bureaux d'essai sont responsables du matériel des bureaux.

Les obligations des établissements d'essai sont :

L'essai et le poinçonnage des objets en or et en argent;

La perception des taxes et autres contributions concernant les essais;

La participation à la surveillance sur l'application des lois relatives au commerce des objets en or et en argent, en argent plaqué et en différents alliages ayant l'aspect de ces métaux;

L'essai des minerais, des substances inflammables et des fossiles en général ainsi que les analyses chimiques diverses.

Les ouvrages d'or et d'argent sont à des titres déterminés et obligatoires. Ils sont poinçonnés en chiffres donnant le nombre de *zolotniques* contenus dans une livre d'alliage.

La livre russe (unité des objets en métal précieux) pèse 409gr. 96.

Il y a 96 zolotniques dans une livre.

Les titres sont les suivants :

Pour les ouvrages en or, 56, 72, 82, 92, 94 zolotniques par livre;

Pour les feuilles et articles en or, frappés, 87, 96;

Pour les ouvrages en argent, 84, 88 et 91.

Les titres les plus usités sont :

> 56 pour l'or,
> 84 pour l'argent.

Les broderies d'or et d'argent sont à 94 ou 96.

On comprend, d'après ce qui vient d'être dit, qu'un ouvrage à 56 d'or et un ouvrage à 84 d'argent sont ceux dont 96 parties ren-ferment 56 d'or pur et 84 d'argent pur.

Toutes les parties d'un ouvrage doivent avoir le titre fixé par la loi; en outre, il est défendu de remplir le creux des objets en or ou en argent par d'autres substances, pour en augmenter le poids.

La tolérance du titre, par rapport au titre indiqué, est, pour les objets composés de grosses pièces, de 1/3 de zolotnik par livre d'alliage; pour les objets, composés de petites pièces soudées entre elles, de 1/2 de zolotnick par livre d'alliage.

Dans la composition de l'alliage et de la soudure on ne peut faire entrer d'autres métaux que l'or, l'argent et le cuivre, sauf autorisation préalable du ministre des finances.

Le titre de la soudure ne peut être inférieur à 36 pour les objets en or et à 50 pour ceux en argent; dans ce cas, le poids de la soudure doit être tel que le titre moyen de l'objet entier, la soudure y comprise, se trouve dans les limites de tolérance.

Les poinçons sont fabriqués à la Cour des monnaies de Saint-Pétersbourg, aux frais du département de la Trésorerie de l'État.

Les ouvrages en or et en argent, fabriqués en Russie ou importés de l'étranger, doivent être présentés, à l'établissement d'essai pour être contrôlés, dans le premier cas par le fabricant ou le commer-çant, et dans le second par l'Administration de la douane.

Le commerce des lingots en or n'ayant pas le poinçon de la Cour des monnaies et leur conservation à domicile sont interdits.

Les ouvrages fabriqués en Russie, ainsi que ceux importés de l'étranger, peuvent être présentés aux établissements d'essai sous forme d'objets achevés ou non achevés; ceux qui sont fabriqués en Russie doivent porter le poinçon du fabricant qui les a travaillés.

Les objets, présentés par le fabricant, à l'établissement d'essai, reconnus à l'essai comme ne satisfaisant pas au titre fixé par la loi, sont brisés et le métal est remis au porteur. Les objets de provenance étrangère, qui ne satisfont au titre, sont renvoyés à l'expéditeur.

Si le porteur des objets a des doutes sur la précision du titre donné par l'établissement d'essai, il a le droit, dans le courant de trois jours, de demander par écrit une contre-expertise; celle-ci sera définitive.

Les objets en or et en argent, ainsi que les lingots présentés à l'établissement d'essai, pour être poinçonnés, sont soumis aux taxes, par zolotnik d'alliage, dans les proportions suivantes :

    Les objets en or.. . . . . . .   15 kopecks (60 centimes).
    Les objets en argent.   1   —   (4   »   ).
    Les feuilles d'or 1 kopeck, celles d'argent 1/8 de kopeck.

Les alliages d'or et d'argent payent la taxe de l'or s'ils contiennent 6 pour 100 du premier métal; ils payent celle de l'argent s'ils contiennent moins de 6 pour 100 d'or.

Les personnes, désirant faire le commerce de l'or et de l'argent en lingots ou en différents genres d'objets, réparer ces métaux, extraire l'or et l'argent des cendres, les fabricants d'argent plaqué et d'alliages ayant l'aspect de l'or ou de l'argent, soumis aux règlements généraux relatifs au commerce et à la fabrication, sont obligés de faire une déclaration à l'établissement d'essai, afin de faciliter la surveillance.

Tout fabricant travaillant les objets en or ou en argent, en argent plaqué ou en divers alliages ayant l'aspect d'or ou d'argent, est tenu à y apposer son poinçon, lequel ne peut avoir qu'une forme absolument différente de la forme de ceux des établissements d'essai. Les modèles des poinçons privés doivent être présentés par ces fabricants aux établissements d'essai sous la surveillance duquel ils se trouvent.

Essais. — L'essayeur prélève de la matière par grattage ou en coupant des parcelles, suivant que cela convient mieux pour se rendre un compte exact du titre.

Si les ouvrages sont très petits on en détruira quelques-uns, au besoin, pour vérifier l'essai de l'ensemble, fait au touchau, par un essai rigoureux de titre.

Si ces ouvrages ont une valeur assez grande, la prise d'essai sera faite par le maître ou par son représentant, suivant les indications de l'essayeur. Le fabricant peut laisser aussi des languettes de métal sur les parties principales de l'objet afin qu'on ne touche pas à celui-ci pour l'essai.

L'essayeur a le droit de chauffer les ouvrages, de les perforer, etc., pour s'assurer s'ils contiennent de la résine ou toute autre substance étrangère. Des règlements précis déterminent le nombre des échantillons à prélever, suivant les poids des articles.

Les poids supérieurs au gramme sont en laiton doré ou naturel. Les poids inférieurs au gramme et les poids faibles de la livre russe sont en platine, en argent ou en aluminium.

Les balances chargées doivent trébucher au quart de milligramme.

Les essais des bijoux d'or s'exécutent avec les poids russes; ceux des lingots, fils avec les poids décimaux par le procédé de l'inquartation pour l'or, par la coupellation pour l'argent. On opère au demi-gramme.

Le plomb doit être assez pur pour qu'un zolotnik ne fournisse pas un bouton d'argent visible.

Les essais des lingots, baguettes, feuilles d'argent sont faits, par voie humide, par le procédé de Gay-Lussac (sel marin) ou par le procédé au sulfocyanure.

La méthode à la pierre de touche avec l'aide de touchaux est employée pour :

Les ouvrages de petite dimension, très légers, surtout à l'état achevé;

Les ouvrages creux ; s'il y a doute on exécute l'essai de titre, rigoureux;

Les ouvrages de grand prix, avec émaux, ou pierres

précieuses, et ceux qui ont surtout un mérite artistique ;

Les ouvrages aux titres inférieurs 56 et 72 pour l'or ; 84 pour l'argent.

Des visites fréquentes sont exécutées par les fonctionnaires des bureaux chez les fabricants, commerçants, affineurs, etc.

Poinçons — On distingue les suivants :

1° Le poinçon de titre, formé de deux chiffres représentant le nombre de zolotniques par livre d'alliage.

2° Le poinçon du bureau formé par l'écusson armorial de la ville où est ce bureau.

3° Les initiales du nom et du prénom du maître.

4° Le poinçon, dit de composition, indiquant le numéro de l'alliage et le titre en millièmes.

5° Le poinçon donnant l'année du poinçonnage.

6° Une lettre : c'est la lettre russe commençant le mot *or* et le mot *argent*.

Il y a aussi des poinçons : pour les ouvrages étrangers importés en Russie ; pour ceux qui ont été exportés avec remboursement de la moitié de la taxe perçue ; pour les ouvrages exportés qu'on fait rentrer en Russie.

Si l'objet est formé de plusieurs parties, on insculpe tous les poinçons sur la partie principale.

On n'appose que l'écusson et le poinçon de titre sur les autres parties ; il en est de même pour les articles de petit volume, ou d'une grande délicatesse.

Quand l'objet est petit et formé de deux pièces, on met sur l'une le titre, sur l'autre l'écusson.

A un bout des chaînes on insculpe le titre, à l'autre l'écusson ; on place dans l'intervalle plusieurs fois l'écusson.

Lorsqu'un ouvrage est formé de parties à plusieurs
res, on n'appose que le poinçon du plus bas titre.

S'il y a des parties d'or et d'argent, on insculpe sur
acune le poinçon correspondant.

Quand une des parties seulement d'un lot n'est pas au
re, le tout est considéré comme ne répondant pas au
re légal.

Dans le cas où un ouvrage ne répond pas au titre in-
qué, le maître en est informé, et s'il ne réclame pas
e contre-expertise l'ouvrage est brisé et les fragments
sont restitués.

On marque sur les lingots leur titre d'or et d'argent,
millièmes.

Italie

Le contrôle des matières d'or et d'argent a cessé d'être
ligatoire depuis l'application de la loi du 2 mai 1872.
fabrication et le commerce des bijoux nationaux et
angers est absolument libre. L'essai et le contrôle sont
ultatifs. L'organisation est la suivante :

Le service d'essai et de contrôle a aussi dans ses attri-
tions la vérification des poids et mesures, l'essai des
onnaies et même la surveillance du gaz de l'éclairage.

Le ministre de l'agriculture et du commerce est se-
ndé dans cette direction par une Commission scienti-
ue et administrative supérieure. Il existe un bureau
ntral où se détermine le titre des monnaies; où se
gent les contestations entre les bureaux d'essai et les
ssesseurs de lingots ou de matières d'or et d'argent;
i surveille la fabrication et la conservation des poin-

çons et matrices pour la marque des objets ou métaux précieux.

Au bureau central est attaché un laboratoire où s'exécutent les essais, les vérifications, les recherches. Le service des essais des monnaies et des matières d'or et d'argent forme une partie distincte de ce laboratoire.

Les bureaux métriques et des essais de métaux précieux sont chargés de la vérification des titres des ouvrages d'or et d'argent; de l'essai de lingots d'or, d'argent et de doré; de la marque des ouvrages et des lingots. Au cas de contestation entre les bureaux et un intéressé, il est fait un deuxième essai; si la difficulté subsiste, l'ouvrage entier ou une de ses parties est envoyé au laboratoire central : l'essai se fait sous la direction de la Commission supérieure. L'intéressé paie tous les frais si la commission supérieure reconnaît que l'intéressé a eu tort. Dans le cas contraire, l'essayeur indemnisera le porteur, et il pourra même être puni administrativement et disciplinairement.

Les bureaux d'essai sont situés dans les villes suivantes :

Gênes, Milan, Naples, Rome, Florence, Palerme, Turin, Alexandrie, Bari, Bologne, Catane, Messine, Plaisance, Trapani, Venise, Brescia, Campobasso, Jesi, Pérouse, Novare, Padoue, Teramo, Udine, Vérone, Cagliari.

Les essayeurs et les autres fonctionnaires sont rétribués par l'État.

Les bureaux doivent, à moins que le porteur ne s'y oppose, insculper le poinçon officiel sur les ouvrages aux titres suivants :

Or.	1er titre.	900 millièmes
— . . .	2e titre. . . .	750 —
— . . .	3e titre. . . .	500 —
Argent. .	1er titre.	950 —
— . .	2e titre	900 —
— . .	3e titre.	800 —

L'ouvrage n'est marqué que s'il est reconnu homogène, que s'il est à un titre supérieur au plus bas titre égal. Dans le cas où le titre est intermédiaire, il est poinçonné du titre immédiatement inférieur.

Il y a six poinçons, trois pour l'or et trois pour l'argent.

1er titre or. 900 mm.   2e titre or. 750 mm.   3e titre or. 500 mm.

FIG. 60.

Celui de l'or, 1er titre, est la tête de Jupiter, en profil, avec périmètre octogonal. L'or, 2e titre, est représenté par le profil de la tête de Minerve, avec périmètre hexagonal. L'or, 3e titre, est poinçonné avec une tête de cheval.

1er titre argent. 950 mm.   2e titre argent. 900 mm.   3e titre argent. 800 mm.

FIG. 61

Les trois poinçons pour l'argent ont comme emblème la figure *Italie couronnée*, vue de profil. Les titres sont d'un périmètre différent, ovale, quadrangulaire, découpé. Chaque poinçon porte, en outre, le numéro correspondant, 1, 2 ou 3 (fig. 61).

Un signe intérieur est caractéristique de chaque bureau.

Le titre des lingots est insculpé en millièmes; ce nombre est précédé de la lettre M, et suivi des initiales de l'essayeur et de l'écusson italien couronné portant un numéro.

FIG. 62.

Le poinçon est insculpé sur le corps principal de l'ouvrage, aussi près que possible des soudures ou des jonctions. Lorsqu'il existe plusieurs parties pouvant être séparées, chacune est marquée.

Il y a deux dimensions de chaque poinçon, l'une pour les gros, l'autre pour les petits ouvrages.

Les personnes qui donnent de fausses déclarations, emploient ou fabriquent de faux poinçons, font de l'enture, sont punies de peines sévères, de la prison, et lorsqu'une assimilation est possible, ils sont passibles des peines établies par le code pénal pour l'altération des monnaies, diminuées d'un degré.

Les droits à payer pour l'essai des objets d'or et d'argent sont établis dans la proportion de 50 francs pour chaque kilogramme d'or et de 5 francs pour chaque kilogramme d'argent ou d'argent doré.

Le droit du simple essai pour lequel le porteur ne

demande pas le poinçonnage, celui des objets dont le titre est inférieur au plus faible titre légal sont établis dans la proportion de 40 francs pour chaque kilogramme d'objets d'or et de 4 francs pour chaque kilogramme d'objets d'argent.

Cependant le droit ne peut pas être inférieur à 20 centimes, dans aucun cas.

Les droits sont perçus au profit du Trésor.

Les frais sont à la charge de l'État; une indemnité de 2 pour 100 sur le produit des essais et de la marque des ouvrages, et une indemnité de 20 pour 100 sur le montant de l'essai des lingots sont réservées pour acquitter les dépenses des bureaux d'essai.

Le règlement annexé à la loi contient des prescriptions sur les points de détails : nécessité de n'essayer que des objets presque finis et d'essayer séparément ceux de nature différente; de veiller à ce que les ouvrages soient homogènes, qu'ils ne contiennent pas de métaux étrangers, du mastic, du ciment, de la soudure en proportion exagérée; de s'assurer, par la fusion, de la bonne confection de l'alliage.

La tolérance de titre est de 5 millièmes pour les articles pleins, de 10 millièmes pour ceux qui ont une simple soudure, de 20 millièmes pour les filés, les filigranes et les ouvrages où se trouvent de nombreuses soudures.

Les essais de titre sont exécutés toutes les fois que la nature des articles le permet en opérant sur les diverses parties de l'objet : l'or par inquartation, l'argent par la voie humide. On s'assure par la pierre de touche, antérieurement, que l'ouvrage est uniforme et au titre dans ses diverses parties; on le fond au besoin.

Les essayeurs et les employés sont recrutés parmi les élèves restés six mois au moins dans un bureau d'essai et ayant suivi, six autres mois, les leçons théoriques et pratiques données au bureau central ; ils sont soumis à un examen. Les élèves d'une université ou d'un institut technique ne sont pas tenus d'avoir été élevés au bureau central.

La liberté des titres existant en Italie, les ouvrages français peuvent y pénétrer sous toutes les marques et même sans marque quoique nos bijoux contrôlés y soient fort estimés et recherchés.

Les objets d'or et d'argent ne sont donc pas soumis à un nouvel essai, à moins que l'importateur ne le demande. Ils n'ont à acquitter qu'un droit de 70 francs par kilogramme à la douane.

D'après des renseignements que je crois dignes de foi, cette branche d'industrie souffre du régime de la liberté, et les fabricants, ainsi que les négociants honnêtes, réclament le retour à l'ancien système, le contrôle obligatoire. Il y a près de deux ans qu'une commission a été nommée à Milan pour étudier un projet de loi nouveau à soumettre au Parlement. La Chambre de commerce de cette ville l'a fait imprimer et l'a envoyé aux 72 Chambres du royaume.

Belgique

Sous le régime des maîtrises et des jurandes, le titre, le poids, les procédés de fabrication des matières d'or et d'argent étaient réglementés et les ouvrages marqués obligatoirement.

La loi française du 19 brumaire an VI, modifiée par un arrêté du 14 septembre 1814, a été appliquée jusqu'au 1er juillet 1869, où une loi du 5 juin 1868, inaugurant la liberté du travail des matières d'or et d'argent, fut mise en vigueur, voici cette loi :

ARTICLE PREMIER. — Est déclarée libre la fabrication à tous les titres des objets d'or et d'argent. En conséquence, le contrôle obligatoire de l'État est supprimé.

ART. 2. — Toutefois les ouvrages d'or et d'argent fabriqués à l'un des titres indiqués ci-après peuvent être soumis, par le vendeur ou par l'acheteur, à la vérification et à la marque de l'essayeur nommé par le gouvernement.

Pour l'or. . . . . . . 1er titre, 800 millièmes
— . . . . . . 2e — 750 —
Pour l'argent. . . . . 1er — 900 —
— . . . . . 2e — 800 —

ART. 3. — Les ouvrages d'or et d'argent qui, sans être au-dessous du plus bas des titres fixés par la loi, ne sont pas précisément à l'un d'eux, sont marqués au titre légal immédiatement inférieur à celui qui est constaté par l'essai.

ART. 4. — Dans toute vente ayant pour objet des ouvrages d'or ou d'argent, le vendeur est tenu de délivrer à l'acheteur qui en fait la demande, une facture indiquant l'espèce, le poids, le titre et le prix des objets vendus.

ART. 5. — Le gouvernement détermine la forme des poinçons de l'État; il fixe les conditions dans lesquelles les ouvrages d'or et d'argent devront se trouver pour être admis à la vérification du titre, ainsi que la tolérance des titres indiqués à l'article 2. Il fixe également les frais d'essai à percevoir au profit de l'État et arrête les autres mesures d'exécution.

ART. 6. — Les dispositions des articles précédents deviendront obligatoires le 1er juillet 1869.

Un arrêté royal du 1er juillet 1808 détermina la forme des poinçons.

ARTICLE PREMIER. — Les matrices des poinçons porteront soit l'initiale du mot *or*, soit l'initiale mot *argent*, comme indication

de la nature du métal et le chiffre 1 ou 2 comme indication d
titre de l'alliage.

Toutefois la caractéristique du titre sera supprimée sur les type
de dimension réduite.

ART. 2. — La matrice du poinçon pour les matières d'or du pre
mier titre portera un O gothique minuscule, au centre duquel s
trouvera le chiffre 1. La forme extérieure du poinçon sera celle d'u
rectangle à angles coupés.

La matrice du poinçon pour les matières d'or du second titr
aura un O gothique majuscule contenant au centre le chiffre 2. L
forme extérieure du poinçon sera ronde.

ART. 3. — La matrice du poinçon pour les matières d'argent d
premier titre portera un A gothique majuscule renfermant à l'in
térieur le chiffre 1.

La forme extérieure du poinçon sera celle d'un triangle à angle
coupés.

La matrice du poinçon pour les matières d'argent du second titr
aura également un A gothique majuscule portant en haut et à droit
le chiffre 2. La forme extérieure de ce poinçon sera celle d'u
carré à angles coupés.

ART. 5. — Les poinçons qui seront prélevés sur ces matrice
seront employés pour la marque du titre des matières d'or e
d'argent.

La tolérance des ouvrages pleins est de 3 millièmes pou
l'or et de 5 millièmes pour l'argent : si l'objet est soud
cette tolérance peut atteindre 20 millièmes.

Les frais d'essai sont fixés : à 10 francs par hecto
gramme d'or, à 50 centimes par hectogramme d'argent

Les ouvrages d'or, pesant moins de 10 grammes, son
taxés pour 10 grammes, et ceux d'argent, pesant moin
de 100 grammes, sont taxés pour 100 grammes.

Le poids est établi par décigramme pour l'or, pa
gramme pour l'argent.

Douze bureaux furent établis et un essayeur, rétribu
par l'État, nommé dans chacun d'eux. Aujourd'hui, il n'y
plus que deux bureaux de garantie, à Bruxelles et

Malines qui sont desservis par les deux essayeurs de Bruxelles. Les essayeurs sont responsables.

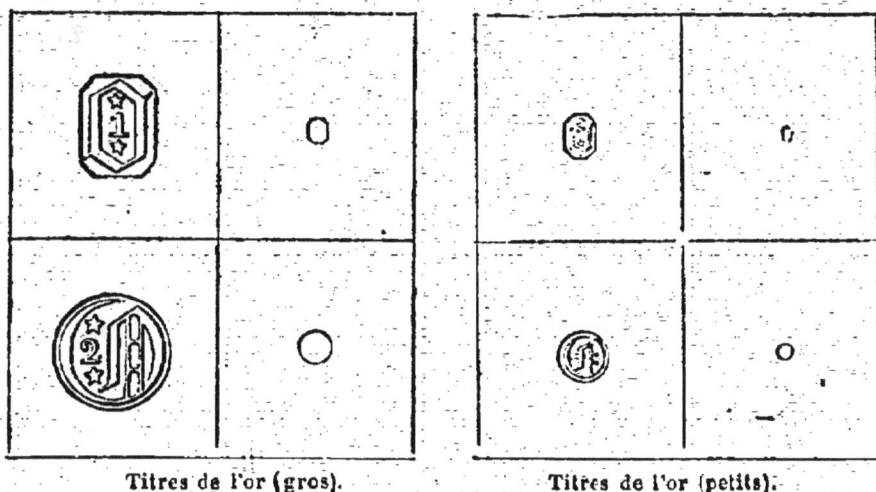

Titres de l'or (gros).   Titres de l'or (petits).

FIG. 63.

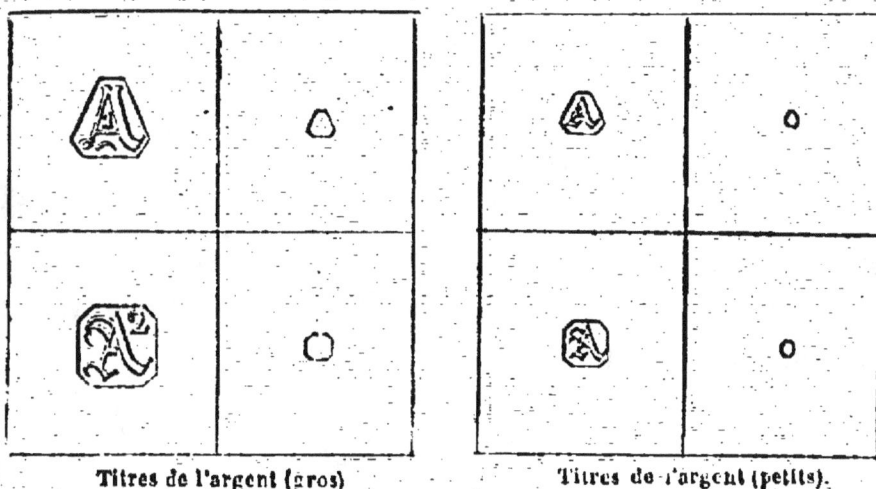

Titres de l'argent (gros)   Titres de l'argent (petits).

FIG. 63.

L'essayeur est rétribué par l'État, le matériel et les agents chimiques sont à la charge du Trésor. Le service n'a plus à surveiller et à inspecter les ateliers et les magasins, à briser les ouvrages présentés ou rencontrés délictueux. Son rôle se borne à vérifier et à constater si les objets qu'on apporte sont ou ne sont pas dans les

conditions de fabrication ou de titre voulues, et dans l'affir-
mative, de marquer ces objets de l'empreinte du poinçon
de titre si cette insculpation est demandée, et, dans la
négative, de refuser la vérification du titre ou l'apposition
de la marque.

L'essayeur doit s'assurer que la vérification du titre
est possible sans détériorer l'ouvrage, et voir s'il y a
probabilité que le résultat de l'essai ne laissera pas d'incertitude. Si ces deux conditions ne sont pas remplies,
le devoir de l'essayeur est de refuser d'admettre l'ouvrage à la vérification, à moins que l'intéressé ne consente
à la détérioration. En cas de contestation sur ce refus, la
question est soumise au commissaire des monnaies.

La valeur des matières enlevées est restituée au
porteur.

L'essai au touchau ne doit être employé que pour les
objets d'une valeur relativement faible.

L'essayeur peut apposer son poinçon personnel à côté
du poinçon de l'État à moins que l'intéressé ne s'y
oppose, mais il a l'obligation de l'insculper sur un ouvrage
rendu comme n'étant pas au titre.

L'essayeur continue, comme sous le régime de la loi de
brumaire, à essayer les lingots d'or et d'argent qui lui
sont apportés ; mais il le fait dans l'intérêt du travail des
fabricants sur leur demande seulement. Il marque les
lingots avec son poinçon, et une rétribution lui est due.

Lorsqu'il y a tromperie sur la nature ou le titre des
matières d'or ou d'argent contrairement aux conventions
des parties, s'il y a contrefaçon des poinçons ou usage de
poinçons contrefaits, vente ou exposition frauduleuse en
vente d'objets marqués de poinçons contrefaits ou falsifiés,

ou bien application frauduleuse de vrais poinçons, le code pénal est appliqué.

On regrette que dans cette abrogation générale de la loi du 19 brumaire an VI se trouve nécessairement comprise celle des articles 74 à 76 de cette loi, et par conséquent aussi l'article 14 de la déclaration du 26 janvier 1749, publiée en Belgique par l'arrêtée du 16 prairial an VII; dispositions salutaires qui avaient pour but d'assurer la garantie des ouvrages d'or et d'argent, et de faciliter les recherches en cas de vol ou de détournements d'objets de cette nature.

La demande de constatation du titre n'est guère faite que pour les objets de grosse orfèvrerie d'argent, notamment les couverts, et alors l'essai est fait par la voie humide. Quant aux ouvrages en or, il en est très rarement présenté au bureau.

Les ouvrages en or et en argent de fabrication française et portant les marques de la garantie ne sont à peu près jamais présentés au bureau de garantie belge pour recevoir les marques du contrôle.

Dans les magasins belges on trouve deux sortes d'ouvrages. Les uns, titrés, sont exposés en vente avec l'indication de leur titre en karats; d'autres, de fabrication belge ou étrangère, ne portent pas l'indication d'un titre quelconque, et sont souvent à des titres très bas. Beaucoup portent l'étiquette or, *garantie*. Il en résulte pour les acheteurs une confusion qu'une grande partie des fabricants et marchands bijoutiers belges désirerait faire cesser en demandant le retour au contrôle obligatoire du titre.

Deux réunions de fabricants et marchands ont déjà eu

lieu à l'Hôtel de ville de Bruxelles sous la présidence du bourgmestre pour s'entendre et faire les démarches auprès du gouvernement à ce sujet.

Le tableau suivant donne une idée de la perte que le trésor a subie par l'application de la nouvelle loi.

ANNÉES	QUANTITÉS SOUMISES A L'IMPOT		DROITS PERÇUS
	OR	ARGENT	
	hectogr.	hectogr.	fr.
1861.	7.028	60.405	247.192
1865.	8.544	66.574	292.069
1869.	3.619	29.529	50.957

Ces deux derniers faits semblent montrer que le bénéfice ne profite pas surtout au commerce loyal, et il est rationnel de penser que le public est fréquemment trompé.

Les orfèvres et bijoutiers (arrêté du 6 juin 1868) qui veulent fabriquer des ouvrages d'or ou d'argent destinés à l'exportation à un titre inférieur à 750 millièmes pour l'or et à 800 millièmes pour l'argent, sont tenus, avant que les ouvrages soient achevés, de remettre au bureau de la garantie une déclaration préalable du nombre, de l'espèce et du poids de ces ouvrages et de souscrire l'engagement de les apporter dans un délai à fixer de commun accord entre le contrôleur de la garantie et les fabricants sauf recours au commissaire des monnaies en cas de contestion.

Les ouvrages mentionnés à l'article précédent, après que l'identité en a été réconnue, sont emballés en présence du déclarant et de deux agents de la garantie Les colis sont plombés par la douane pour être livrés à l'exportation dans les formes ordinaires.

Pays-Bas

Le contrôle des ouvrages d'or et d'argent est régi par une loi du 18 septembre 1852 modifiée par une loi du 7 mai 1859.

La fabrication et le commerce sont libres en ce sens qu'on peut fabriquer et vendre des ouvrages à tous titres; mais il y a obligation de faire contrôler les articles au-dessus d'une certaine richesse en métal précieux :

Les titres sont de 916-833-750 et 583 millièmes pour l'or
—   —   934 et 833 millièmes pour l'argent

avec une tolérance de 3 millièmes pour l'or et de 5 millièmes pour l'argent.

Les ouvrages creux et tous ceux dont le titre ne peut être déterminé que par la fonte bénéficient d'une tolérance de 20 millièmes.

Les ouvrages de titres inférieurs sont exclus de la garantie de l'État; on les marque seulement pour constater le paiement de la taxe et s'ils sont à 250 millièmes au moins. En dessous de cette limite ils ne sont plus considérés comme des ouvrages en métaux précieux.

Le droit est de 15 florins, soit 30 francs, par once d'or et de 75 centimes, soit 1 fr. 50, par once d'argent.

Les ouvrages formés de métaux précieux et de métaux vulgaires ne sont imposés qu'en raison de la quantité d'or et d'argent qu'ils contiennent.

Les poinçons officiels des ouvrages en métaux précieux sont les suivants :

1° La marque indiquant le titre.

2° La marque indiquant le bureau de contrôle qui a poinçonné l'ouvrage.

3° La lettre désignant l'année.

4° La marque des petits objets d'or d'une pièce, ou composés de plusieurs pièces pouvant être séparément marquées.

5° La marque des petits ouvrages d'or, pourvus d'appendices qui ne sont pas susceptibles d'être marqués séparément.

OR

I  II  III  IV

1ᵉʳ titre. — 916.   2ᵉ titre. — 833.   3ᵉ titre. — 750.   4ᵉ titre. — 583.

VII  IX  X  XI

Marque de garantie (au-dessus de 250)   Petits objets, sans appendices. 1ᵉʳ, 2ᵉ, 3ᵉ titre.   Petits objets sans appendices. 4ᵉ titre.   Petits objets avec appendices; on ajoute ce poinçon aux nᵒˢ IX et X, suivant le titre des objets.

ARGENT

V  V  VIII  XII

1ᵉʳ titre. — 931.   2ᵉ titre — 833.   Garantie (au-dessus de 250).   Petits objets.

OR OU ARGENT

XIII

XIV

XV

Titre non garanti
(au-dessus de 250).

Objets anciens
remis en circulation.

Grosses pièces étrangères.

XVI

XVII

Petites pièces étrangères.

Pour l'exportation.

Le chiffre de la marque n° XI comprend 20 poinçons, de 1 à 20.
Pour les ouvrages avec appendices, on ajoute aussi le poinçon XI aux poinçons XII,
XIII, XIV, XV et XVI.
L'année est indiquée par une lettre qui change tous les ans.
Les grosses pièces indigènes sont pourvues, en plus du timbre indiquant le titre,
des poinçons VII et VIII et de la marque de l'année.

FIG. 64.

6° La marque des petits ouvrages d'argent.

7° La marque des objets dont le titre est inférieur à
ceux fixés par la loi.

8° La marque des pièces anciennes, pourvues de poinçons anciens, et remises dans le commerce.

9° La marque des ouvrages étrangers.

10° La marque des objets exportés, contre remboursement des droits perçus.

Les ouvrages qui ne pourraient être marqués sans être
endommagés pourront être exemptés du poinçon ; en ce
cas il est attaché à ces ouvrages, avec le sceau du bureau
de contrôle, un certificat contenant une description minu-

tieuse de l'objet, ainsi que le nom de l'auteur. Avant la délivrance de ce certificat l'impôt devra être payé, et il devra en être fait mention dans le certificat.

En dehors des poinçons de l'État, chaque patron est obligé de marquer d'un poinçon de maître, les ouvrages d'or et d'argent fabriqués chez lui (à moins d'impossibilité).

Le poinçon de maître devra contenir ses initiales et un signe distinctif pour lequel il devra s'entendre avec les fonctionnaires du contrôle.

Un patron ne pourra pas adopter un poinçon de maître semblable à celui d'un confrère. Les peines édictées par les articles 142 et 143 du Code pénal sont applicables à la contrefaçon ou à l'emploi frauduleux des poinçons de maître.

Les ouvrages anciens d'or ou d'argent, pourvus de marques autrefois reconnues, mais qui n'ont pas été soumis au nouveau poinçonnage de garantie, sont marqués, quand ils rentrent dans la circulation, du poinçon n° 8. A la demande des propriétaires, ils pourront être marqués du poinçon indiquant le titre, pourvu que celui-ci réponde à ceux qui sont exigés par la loi.

Quand l'origine étrangère est évidente ils sont marqués du poinçon n° 9. Le propriétaire d'un objet d'or ou d'argent qui suppose que le poinçon qu'on y a apposé indique un titre erroné, peut invoquer l'analyse de l'Hôtel des monnaies; s'il a raison, l'essayeur qui a commis l'erreur est puni d'une amende de 100 florins ; si le fait se reproduit, il est puni d'une amende double, et à la troisième fois il est destitué de son emploi, sans préjudice des dommages et intérêts auxquels il pourrait être tenu.

Le fait de transporter, d'ajouter ou d'incorporer des marques sur des ouvrages où elles n'ont pas été apposées par les fonctionnaires compétents, équivaut, au point de vue pénal, à l'emploi illicite des poinçons, bigornes, etc., de l'État.

Les ouvrages, dont le titre est garanti, ne pourront pas être exposés dans les magasins, en même temps que des objets à bas titre ou faux ; ils devront être dans des vitrines séparées, porter une inscription indicatrice. Tout manquement à cette prescription sera puni d'une amende de 25 florins.

On a présenté, à la marque au Pays-Bas, les quantités suivantes d'objets fabriqués dans le pays.

ANNÉES	OBJETS D'OR k	OBJETS D'ARGENT k
1881.	1.289 2	9.255 8
1882.	1.226 1	8.896 9
1883.	1.149 0	8.364 6
1884.	1.114 7	8.187 2

Suède

Tous les objets mis en vente doivent être contrôlés par l'État et porter son poinçon.

Les articles en or doivent, pour être marqués par l'État, être au titre de 760 millièmes *au moins*, et ceux d'argent à 825 millièmes.

Il n'y a que ce titre pour l'argent, mais on en trouve trois pour l'or :

L'or de ducat. . .	au titre de 23 karats 5 grains, ou 976 millièmes
— pistole.. .	— 20 — 4 — 847 —
— couronne..	— 18 — 4 — 764 —

La tolérance pour ces ouvrages est de 2 grains — soit 969, 840, 757 millièmes — ; cependant si le titre de ces derniers dépasse 833 et 750 millièmes, ils peuvent être poinçonnés moyennant un double droit de contrôle. Ce double droit se paye aussi pour le premier titre lorsqu'il est au-dessous de 23 karats 5 grains.

Les ouvrages en argent doivent être à 13 1/4 lod (l'argent pur contenant 16 lod); il y a une tolérance de 1/8 de lod, de sorte qu'ils sont poinçonnés ordinairement s'ils renferment au moins 13 1/8 lod, soit 820 millièmes d'argent fin. On les poinçonne cependant jusqu'à 13 lod ou 812 millièmes, mais en doublant le taxe.

Tout objet à un titre trop bas est brisé et rendu au porteur.

Si les bijoux sont d'une très faible surface on ne les poinçonne pas, mais on les essaie et ils doivent être au titre.

Les articles sont essayés à l'état inachevé, mais à un degré tel que le finissage n'altère pas les marques. Lorsqu'ils sont apportés au contrôle ils doivent être revêtus du nom des initiales ou de la marque du fabricant et d'un timbre indiquant la ville et l'année de la fabrication.

Le timbre de l'année date de 1759, époque de la création du système actuel. Il se compose d'une lettre de l'alphabet qui change chaque année. On a épuisé cinq séries d'alphabets et l'on en est, en 1888, à la lettre K de la sixième série dont le poinçon porte K 6 pour 1888; l'année 1889 est représentée par L 6.

Les pièces contrôlées portent les marques suivantes :

1° Le poinçon de l'État, consistant en trois couronnes.

2° Un poinçon représentant les armes de la ville où la fabrication a été opérée. Pour les objets étrangers, ce poinçon porte les armes suédoises.

3° Le poinçon de date.

4° Les initiales, le nom ou la marque du fabricant ou du marchand.

Le droit de contrôle est de 66 francs pour l'or, et de 4 fr. 50 pour l'argent.

Fig. 65. — Poinçon d'État.

Les bijoux étrangers acquittent un droit de douane qui est : pour l'or, avec ou sans pierres, de 16 fr. 50 par kilo-gramme ; pour l'argent, doré ou non, avec ou sans pierres, de 10 francs par kilogramme.

Les bijoux étrangers doivent être contrôlés par l'État. Ils ne peuvent entrer que par la douane de Stockholm, et ils sont envoyés à la Monnaie de cette ville qui est la seule du royaume. Si le titre atteint le plus bas titre poinçonné en Suède, il est marqué ; sinon il est réexpédié.

Les poinçons sont insculpés par un fonctionnaire désigné à cet effet dans toutes les villes principales, mais l'essai n'est exécuté qu'à Stockholm.

Dans les villes de province l'objet est remis à un fonc-tionnaire chargé du contrôle ; il y a des préposés même dans certains bourgs.

S'il y avait doute, le fragment ou les copeaux détachés seraient envoyés de suite à la Monnaie, et les articles conservés au contrôle provincial jusqu'à ce que le résultat de l'essai soit envoyé.

Le contrôle prélève, quand il le juge convenable, un échantillon de la matière présentée au contrôle et on dépose cet échantillon dans une boîte affectée à chaque

assujetti. À la fin du trimestre, on envoie les prises d'essai
à la Monnaie de Stockholm ; on en essaie quelques-unes
et on les fond en bloc : le titre doit être, au moins, de
760 millièmes pour l'or et 825 millièmes pour l'argent. Si
le titre n'est pas atteint, le déposant paie une amende qui
est de 25 couronnes pour la première fois, de 50 couronnes pour la deuxième, de 100 couronnes pour la troisième. La quatrième fois, la peine consiste dans l'emprisonnement et l'interdiction d'exercer l'industrie dans tout
le royaume.

Les ouvrages non au titre, s'ils sont retrouvés, sont
brisés et confisqués, puis rendus au propriétaire, lorsqu'il
aura payé l'indemnité.

Des inspecteurs *secrets* visitent, à époques indéter-
minées, les magasins des bijoutiers : ils achètent des
pièces mises en vente, et les soumettent à l'essayeur
officiel : si elles ne sont pas au titre le marchand est
déféré aux tribunaux.

L'essai se fait à la pierre de touche pour approximer le
titre. Lorsqu'il y a le moindre doute, l'or est essayé par
inquartation, l'argent par le procédé de voie humide de
Gay-Lussac.

Les ouvrages plaqués, dorés ou argentés sont marqués
seulement du poinçon de maître, de date et de ville. Une
amende de 2 à 20 couronnes est infligée au fabricant qui
apposera tout autre poinçon, et il peut être poursuivi
comme coupable d'acte frauduleux s'il y a eu intention
de tromperie.

Norwège

D'après les renseignements qui m'ont été envoyés par

le consulat français à Christiania, il n'y aurait de contrôle obligatoire que pour les objets de forte dimension, — ce qui signifie probablement que la petite bijouterie est fabriquée librement.

Le titre de l'or est de 18 karats, 750 millièmes, pour les bagues ; de 14 karats, 583 millièmes, pour les autres articles. Le titre de l'argent ne doit pas être inférieur à 830 millièmes. Le fabricant insculpe son nom ou, au moins, ses initiales, et l'indication de l'année.

Les ouvrages sont ensuite marqués des *armes de la ville* et des initiales de l'essayeur. Celui-ci est nommé par la municipalité et il reçoit, comme en France, une rétribution par essai. L'État ne s'en occupe pas et ne perçoit aucun droit. Il n'y a pas d'inspecteurs secrets comme en Suède.

Le regretté M. Broch, peu de temps avant sa mort, a bien voulu prendre, à ma demande, des renseignements complémentaires dont voici le résumé.

Le titre des ouvrages d'or ne doit pas être au-dessous de 750 millièmes pour des ouvrages pesant 45 grammes ou davantage, et au dessous de 500 millièmes pour les ouvrages dont le poids est au-dessous de cette limite.

Pour les objets d'or au-dessous de 7^{gr},5 et ceux d'argent au-dessous de 75 grammes, l'orfèvre n'est pas assujetti au contrôle, mais il doit toujours insculper le titre et son poinçon.

Il y aurait, d'après M. Broch, en préparation une nouvelle loi sur la garantie, laquelle reposerait sur les bases de la loi allemande.

Il résulte des renseignements fournis à la conférence monétaire internationale de 1881, par Broch, que la

Suède et la Norwége ont employé aux usages industriels, la Suède : 248 kilogrammes d'or et 2.540 kilogrammes d'argent ; la Norwége : 25 kilogrammes d'or et 1.695 kilogrammes d'argent.

Danemark

Une loi du 5 avril 1888 pose les bases suivantes pour le poinçonnage :

Tous les ouvrages nationaux homogènes, d'or ou d'argent, pourront être poinçonnés si le titre est, au moins, de 585 millièmes pour l'or et de 826 millièmes pour l'argent. Le titre sera indiqué en millièmes, avec un S s'il s'agit d'argent. L'objet devra porter, en outre, le nom et la marque du fabricant. Cette marque sera nettement distincte de celle des autres fabricants et le type en sera déposé dans les mains de l'administration.

Si un marchand appose sa marque personnelle il devient responsable de l'ouvrage comme s'il l'avait fabriqué. Il est prohibé d'employer des quantités exagérées de soudure et d'ajouter des métaux communs dissimulés sous de l'or ou de l'argent ; la marque leur sera refusée, ainsi qu'aux ouvrages plaqués, dorés ou argentés. Le doré est marqué comme argent.

Ces règlements s'appliquent aux ouvrages étrangers, sauf que la marque du fabricant sera remplacée par celle du marchand.

Des peines, telles que des amendes, la privation du brevet de fabricant ou de négociant, sont appliquées rigoureusement dans les cas d'inobservation de ces prescriptions.

Cette loi entrera en vigueur le 1er janvier 1893.

M. le docteur Haldor Topsoé, inspecteur royal des fabriques, membre de l'Académie royale des sciences de Copenhague, a bien voulu m'adresser les renseignements complémentaires qui suivent :

1° Les poinçons officiels, qui seront insculpés à partir de l'application de la nouvelle loi, ne sont pas encore décidés, mais d'après toute probabilité on conservera les poinçons employés depuis l'époque où on a donné les premières prescriptions sur le titre des objets d'or et d'argent. Ces poinçons représentent les trois tours des armes de la ville de Copenhague, au pied desquelles on voit des ondes, sur lesquelles sont inscrits les deux derniers chiffres de l'année courante. Le monogramme de l'essayeur officiel (pour le moment: S. G.) est appliqué à côté du poinçon officiel.

2° Les règlements qui ont été promulgués avant la publication de la nouvelle loi sont les suivants :

L'ordonnance du 7 novembre 1685 fixa le titre pour les objets d'argent à 13 deniers et demi de fin ; ce règlement fut plus tard modifié, dernièrement par l'ordonnance du 16 juin 1792, suivant laquelle il n'y a pas de titre obligatoire pour les objets d'argent, qui pourtant ne peuvent être marqués du poinçon officiel, que si le titre est supérieur à 826 millièmes. Pour les objets d'or, l'ordonnance du 7 novembre 1685 fixa le titre à 23 et 21 karats qui, plus tard (26 août 1778), furent réduits à 20 et 18 karats. Enfin l'ordonnance du 21 février 1821 donna le titre tout à fait libre, de sorte que tout objet d'or peut être marqué du poinçon officiel, à la condition d'y ajouter un poinçon indiquant le titre en karats.

Par suite, d'après les règlements en vigueur jusqu'au

moment où la nouvelle loi sera appliquée, la fabrication et le commerce sont libres; l'essai officiel des objets d'or et d'argent est tout à fait volontaire et l'approbation officielle est seulement exigée pour l'argent aux titres supérieurs à 820 millièmes.

3° L'essayeur de la Monnaie est en même temps l'essayeur de la garantie. Il perçoit, d'après un tarif approuvé par le gouvernement, une rémunération modérée pour chaque essai.

Espagne

La fabrication et le commerce sont libres en Espagne.

Il existe, cependant, un service d'essai et de contrôle, parce que le public peut, s'il n'a pas confiance dans son vendeur, ou pour toute autre raison, demander la vérification du titre.

Ce travail est exécuté par un essayeur nommé par le gouvernement, sur la proposition du gouverneur de la province et après un avis de la Chambre du pays.

Cet essayeur, nommé *fiel contraste*, ce qui veut dire *préposé contrôleur*, n'est pas rétribué par l'État qui, au contraire, en échange de ce titre, se réserve le droit de l'employer pour divers services sur les monnaies en circulation. Il est payé par l'intéressé, l'État ne prélève rien. Actuellement il y aurait un *fiel contraste* dans 29 provinces sur 49.

Il y a des lois nombreuses, plus ou moins anciennes, non coordonnées, quelquefois contradictoires sur le contrôle. Les titres sont fixés, mais, comme la surveillance fait défaut, les orfèvres travaillent à des titres variables, souvent très bas.

De temps en temps, les orfèvres, directement, ou par l'intermédiaire d'un fonctionnaire non rétribué (verificator de la plateria), demandent au gouvernement que les bijoux étrangers soient inspectés aux douanes, et qu'on refuse l'entrée à ceux qui ne sont pas aux titres légaux. Mais ces inspections rares sont illusoires, et l'on vend beaucoup de vaisselle d'argent, étrangère, à bas titre, ou de métaux argentés. Une loi précise est demandée depuis de longues années.

En somme, il n'y a que les bons orfèvres qui demandent le contrôle pour leurs ouvrages.

Des ordonnances du 10 mars 1771 avaient fixé le titre des articles en or à 22 karats et un quart (916 millièmes); un décret du 23 janvier 1790 a descendu à 18 karats et un quart (750 millièmes) le titre de la bijouterie proprement dite, des boîtes de montre, des objets creux, soudés, ornés de pierres.

Il en a été de même pour l'argent; un décret du 19 octobre 1792 a descendu le titre de la bijouterie de 11 dineros (916 millièmes) à 9 dineros (750 millièmes).

Une corporation puissante — celle de Saint-Éloi — avait demandé, en 1842, que l'exercice de la profession d'orfèvre fût défendu à tous ceux qui ne faisaient pas partie de ce collège. Le régent, tout en déclarant qu'il y a lieu de laisser subsister les corporations en tant qu'associations artistiques, rejeta cette pétition et décréta que tout individu avait le droit d'ouvrir une fabrique ou un magasin d'orfèvrerie, à la condition de se soumettre aux dispositions réglant la matière, contenues dans le Code des essayeurs du 2 septembre 1805, et à la loi du 8 juin 1813.

Il y a trois poinçons : le n° 1 pour l'or et l'argent, à 916 millièmes ; le n° 2 pour l'or, à 750 millièmes ; le n° 3 pour l'argent, à 750 millièmes quand l'objet pèse moins d'une once, soit 28 grammes.

Les droits sont faibles : une douzaine d'articles, pesant une once au plus, est taxée 25 centimes ; une chaîne, ou tout bijou pesant trois onces au plus, paie 50 centimes, et 1 franc s'il pèse de trois onces à huit onces. Au-dessus de ce poids, le droit atteint 3 fr. 75.

Les pièces de vaisselle d'argent paient 1 fr. 12 si le poids est inférieur à 230 grammes, et 2 fr. 50 au-dessus.

Les ouvrages étrangers paient, à leur entrée en douane, un droit de 150 francs par kilogramme pour l'or et de 35 francs pour l'argent (renseignement de don *Luis de la Escossura*).

La fabrication nationale et très restreinte ; les bijoux français sont très recherchés.

Portugal

La fabrication et le commerce des bijoux, qui étaient libres autrefois, sont soumis à un contrôle qui s'exerce dans trois villes : Lisbonne, Porto, Braga. L'essai est fait à l'Hôtel de la monnaie.

On emploie surtout le procédé du touchau ; la coupellation ne sert que dans les cas douteux, lorsqu'on soupçonne la fraude.

Il n'y aurait qu'un seul titre :

> 800 millièmes. . . . . . pour l'or
> 830   —   . . . . . . — l'argent
> avec une tolérance de trois millièmes.

Tout ouvrage non au titre est sévèrement repoussé.

Les fabricants déposent à l'Hôtel de la monnaie une marque qui doit être insculpée sur l'objet. Les importateurs d'ouvrages étrangers ont aussi un poinçon, dont le type est déposé, lequel est apposé sur ces ouvrages.

Les droits sont les suivants :

Pour l'or : 20 reis si l'objet ne pèse pas 4 grammes.
— 5 reis par gramme s'il pèse plus de 4 grammes.
— 3 reis par gramme pour les objets lourds tels que chaînes, etc.
Pour l'argent : 20 reis jusqu'à 40 grammes.
— 1 demi-reis, par gramme, au-dessus de 40 grammes.

La figure suivante représente les poinçons pour les trois villes portugaises.

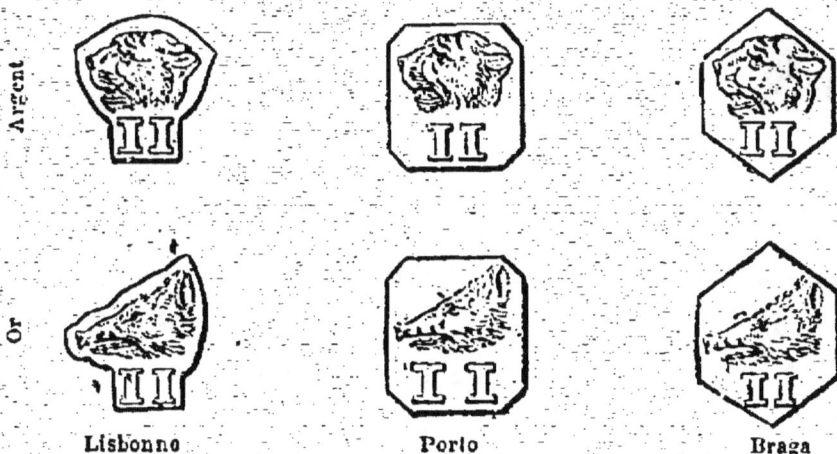

Lisbonne   Porto   Braga

Fig. 66.

Turquie

Il n'existe pas de contrôle pour les ouvrages en or. Il y a, pour les objets en argent fabriqués dans l'empire ottoman, un contrôle facultatif exercé à la Monnaie de Constantinople, par les essayeurs de l'État.

L'essai était encore exécuté très sommairement, du

temps du sultan Mahmoud, grand-père du sultan actuel ; il consistait dans l'action du feu sur une petite lame de l'alliage placée dans une coupelle à l'air ; une appréciation très inexacte du titre était donnée par la coloration que prenait l'alliage, comparativement à d'autres de composition connue ; ce procédé a été employé dans les premiers temps en France. On se servait aussi de l'essai par la pierre de touche. On a fait usage de la coupellation plus tard et on en use maintenant, ainsi que de la voie humide *(Bonkowski-bey)*.

Il n'y a pas d'inspections chez les fabricants et les marchands. Les transactions se font sur des essais à la pierre de touche exécutés le plus souvent par d'anciens ouvriers de la Monnaie.

Grèce

Il n'y a ni contrôle ni règlements sur la garantie (M. P. Zalocostas)

Égypte

La fabrication et le commerce des ouvrages en métaux précieux sont libres.

Il existe, cependant, un service de contrôleurs assermentés du gouvernement égyptien, qui essaient les objets et les marquent d'un poinçon indiquant le titre en karats.

Il n'y a guère que les indigènes qui, en vue de ne pas être trompés, demandent ce contrôle surtout pour les bijoux fabriqués avec des ducats autrichiens dont on fond en Égypte de grandes quantités.

Les Européens préfèrent les bijoux étrangers, français notamment, ou, s'ils les achètent dans le pays, ils comptent plutôt sur la facture du marchand que sur le contrôle.

Les bijoux allemands d'or à bas titre, dont on faisait, en Égypte, une très grande consommation, sont dépréciés depuis quelques années.

Républiques de l'Amérique du Sud

La fabrication et le commerce des ouvrages d'or et d'argent sont libres au Vénézuela, au Pérou, au Chili, en Colombie, en Bolivie, au Mexique, au Brésil. Dans ce dernier pays les ouvrages, quelle que soit leur valeur, paient, à l'entrée en douane, 4200 reis le kilogramme, soit au change commercial de 400 reis par franc, 10 fr. 50.

Presque tous les bijoux viennent de l'Europe; ils ne sont pas poinçonnés à l'entrée.

États-Unis de l'Amérique du Nord

Il n'existe pas, aux États-Unis, de contrôle, soit obligatoire, soit facultatif, des ouvrages d'or et d'argent; il n'y a donc pas de poinçonnage officiel. Certaines maisons marquent leurs ouvrages de leur nom ou d'un signe connu, mais ce poinçon de fabricant est absolument facultatif. Il y a, dans les établissements monétaires, des bureaux qui font des essais pour le public à un tarif déterminé, mais les lingots seuls sont marqués du poinçon de la Monnaie dans laquelle l'essai a été exécuté.

Les lingots fins portent *l'aigle américain*.

Il y a des divergences sur les poids de matières d'or et d'argent employées aux usages industriels dans ce pays. Les tableaux, pages 390 et 391, contiennent les résultats fournis par les fabricants eux-mêmes dans une enquête très sérieuse faite par M. Burchard, en 1883.

État montrant la valeur de l'or employé dans l'industrie pendant l'année 1883, d'après les renseignements fournis par les établissements auxquels on s'est adressé (Soëtbeer).

FABRICATIONS	NOMBRE DE FABRIQ.	MONNAIE DES ÉTATS-UNIS	A LA MARQUE DES ÉTATS-UNIS OU DES MAISONS D'AFFINAGE	PLAQUES DE VIEILLE JOAILLERIE ET AUTRE VIEUX MATÉRIEL	MONNAIE ÉTRANGÈRE	LINGOTS INDIGÈNES	FILS OU PLAQUES TOURNÉES	TOTAL DE L'OR
		dollars	dollars	dollars	dollars	dollars	dollars	dollars
Boîtes de montres..	32	575.812	2.976.555	38.101	1.508	520	5.817	3.598.308
Chaînes de montres.	14	374.997	285.884	1.907	600	135.410	27.252	827.000
Plombage des dents.	7	700	33.437	3.775	»	»	»	37.912
Plumes.	14	14.578	92.325	6.100	5.227	2.134	27.550	145.924
Instruments.	45	68	»	3.558	»	621	94	5.199
Feuilles.	51	178.424	792.551	57.498	6.816	6.700	42.835	1.084.824
Plaques..	219	379.291	67.928	5.500	590	8.933	66.626	528.868
Lunettes.	41	192.400	7.169	8.830	1.315	4.987	727	215.428
Usages chimiques.	27	7.438	7.685	3.551	553	207	12.180	31.611
Joaillerie et fourniture d'horlogerie.	11	24.498	13.983	9.123	»	1.569	30.054	79.227
Joaillerie et montres..	2.273	3.125.738	2.861.149	738.688	177.794	541.306	458.745	7.905.163
TOTAL. . .	2.734	4.875.587	7.137.661	876.641	194.400	702.387	672.688	14.459.464

État montrant la valeur de l'argent employé dans l'industrie pendant l'année 1883, d'après les renseignements fournis par les établissements auxquels on s'est adressé (Soëtbeer).

FABRICATIONS	MONNAIES DES ÉTATS-UNIS	A LA MARQUE DES ÉTATS-UNIS OU DES MAISONS D'AFFINAGE	PLAQUES DE VIEILLE JOAILLERIE ET AUTRE VIEUX MATÉRIEL	MONNAIE ÉTRANGÈRE	LINGOTS INDIGÈNE	FILS OU PLAQUES OURNÉES	TOTAL DE L'ARGENT	TOTAL DE L'OR ET DE L'ARGENT
	dollars	dollars	dollars	dollars	dollars	dollars	dollars	dollars
Boîtes de montres.	35.200	1.777.193	31.937	219	1.000	50	1.845.599	5.443.907
Chaînes de montres.	524	14.768	»	»	6.790	1.462	23.544	850.544
Plombage des dents.	450	6.060	»	»	»	228	6.738	44.650
Plumes.	216	4.254	100	1.655	505	»	6.730	152.654
Instruments.	931	3.752	693	755	864	6.995	13.990	19.189
Feuilles.	11	22.697	4.107	300	835	18.933	46.883	1.131.707
Plaques.	16.856	1.710.515	40.731	7.690	8.495	281.977	2.066.294	2.595.162
Lunettes.	3.631	16.461	1.254	205	250	1.981	23.782	239.210
Usages chimiques. .	9	375.429	35.554	500	1.580	3.347	416.419	448.630
Joaillerie et fournitures d'horlogerie.	245	4.806	800	»	1.505	975	8.331	87.558
Joaillerie et montres.	158.564	616.237	106.745	142.949	49.733	23.992	1.098.220	9.003.383
TOTAL. . .	216.637	4.552.172	221.951	154.273	71.557	339.940	5.556.530	20.015.994

Évaluation de M. Kimball pour l'année 1885.

MANUFACTURES	OR				ARGENT			
	MONNAIES DES ÉTATS-UNIS	MATIÈRES POINÇONNÉES OU LINGOTS AFFINÉS	JOAILLERIE ANCIENNE, OR MASSIF, MONNAIES ÉTRANGÈRES ET AUTRES MATIÈRES	TOTAL	MONNAIES DES ÉTATS-UNIS	MATIÈRES POINÇONNÉES OU LINGOTS AFFINÉS	JOAILLERIE ANCIENNE ARGENT MASSIF MONNAIES ÉTRANGÈRES ET AUTRES MATIÈRES	TOTAL
	dollars	dollars	dollars	dollars	dollars	dollars	dollars	dollars
Produits chimiques.	32.040	13.903	10.433	56.376	91	305.165	75.832	381.088
Tréfilerie.	251.741	210.831	215.143	677.715	27.824	1.166.463	198.345	1.392.632
Manufactures de plumes d'or.	7.433	34.886	14.136	56.455	55	3.191	812	4.058
Feuilles d'or et d'argent,	58.150	527.453	91.751	677.354	»	21.881	24.240	46.121
Appareils dentaires, etc..	3.970	149.186	21.630	174.786	4.682	107.717	15.402	127.801
Jumelles et instruments d'optique.	52.557	62.420	19.316	134.293	2.487	42.424	4.037	48.948
Divers.	116.604	44.168	30.172	190.944	838	5.330	1.355	7.523
Joaillerie et montres.	2.266.577	4.980.458	1.622.841	8.869.876	90.933	1.121.804	254.505	1.467.242
Totaux.	2.789.072	6.023.305	2.025.422	10.837.799	126.910	2.773.975	574.528	3.475.413

Les nombres sont beaucoup plus élevés que ceux qu'indique M. Kimball pour l'année 1885. Il est fort possible que les industriels aient, à dessein, enflé le chiffre de leurs affaires.

Je termine en donnant, d'après M. Soëtbeer, un aperçu de l'emploi des métaux précieux dans les pays civilisés.

Une partie notable des ouvrages est préparée avec des matières ayant déjà servi : c'est ce qui est indiqué, pour l'or et pour l'argent, dans la deuxième colonne ; il est difficile d'apprécier l'exactitude de cette déduction.

PAYS	OR			ARGENT		
	EMPLOI BRUT	DÉDUCTION POUR VIEUX MATÉRIAUX REFONDUS	EMPLOI NET	EMPLOI BRUT	DÉDUCTION POUR VIEUX MATÉRIAUX REFONDUS	EMPLOI NET
	kg	p. 100	kg	kg	p. 100	kg
États-Unis.	21.700	10	19.500	135.000	15	115.000
Grande-Bretagne. .	20.000	15	17.000	90.000	20	72.000
France.	21.000	20	16.800	100.000	25	75.000
Allemagne.	15.000	20	12.000	110.000	25	82.000
Suisse.	15.000	30	10.500	32.000	25	24.000
Pays-Bas et Belgique.	3.200	20	2.900	30.000	20	24.000
Autriche-Hongrie. .	2.800	15	2.400	40.000	20	32.000
Italie.	6.000	25	4.500	25.000	25	19.000
Russie.	3.000	20	2.400	40.000	20	32.000
Autres pays civilisés.	2.750		2.000	50.000	20	40.000
TOTAL. . .	110.000		90.000	632.000		515.000

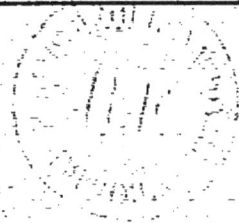

FIN

TABLE DES MATIÈRES

FIN DE LA TABLE DES MATIÈRES

TABLE ALPHABÉTIQUE

FIN DE LA TABLE ALPHABÉTIQUE

COMPLÉMENT

La Commission du budget vient de proposer la suppression de dix-neuf bureaux de garantie en raison de leur minime importance. Ces bureaux sont les suivants : Gap, Charleville, Aurillac, Bourges, Dijon, Périgueux, Brest, Montpellier, Rennes, Tours, Le Puy, Orléans, Angers, Beauvais, Clermont-Ferrand, Versailles, Toulon, Châtellerault, Limoges. Cette suppression aura vraisemblablement lieu.

Elle propose en outre de renvoyer à l'Administration l'étude de la réorganisation de la garantie, et notamment celle du mode de rétribution des essayeurs.

LYON. — IMPRIMERIE PITRAT AÎNÉ, RUE GENTIL, 4

www.ingramcontent.com/pod-product-compliance
Lightning Source LLC
Chambersburg PA
CBHW061105220326
41599CB00024B/3924